"十三五"江苏省高等学校重点教材（编号：2018-1-109）

工 程 力 学 Ⅰ

主　编　王晓军
副主编　楼力律　丁建波　孙晓锋　赵　静
参　编　陈　静　余　辉　黄　成　曹　霞

机 械 工 业 出 版 社

本套书分为《工程力学Ⅰ》《工程力学Ⅱ》两册。本书为《工程力学Ⅰ》，共11章，包括静力学基础和材料力学基础的主要内容，可满足应用型本科院校工程力学课程的教学需求。本书的部分内容取自王晓军、石怀荣编写的《工程力学Ⅰ》并对部分章节内容进行了调整，增加了对材料的力学性能和电测法基本原理及应用的介绍，并用二维码展示部分教学资源。

本书针对应用型本科院校机械类、土木类专业的学生编写，可作为高职高专、自学考试和成人教育的教材，也可作为有关科研和工程技术人员的参考书。

图书在版编目（CIP）数据

工程力学 . Ⅰ／王晓军主编 . —北京：机械工业出版社，2022.11（2024.3重印）
"十三五"江苏省高等学校重点教材
ISBN 978-7-111-72078-2

Ⅰ.①工…　Ⅱ.①王…　Ⅲ.①工程力学-高等学校-教材　Ⅳ.①TB12

中国版本图书馆 CIP 数据核字（2022）第 217329 号

机械工业出版社（北京市百万庄大街22号　邮政编码100037）
策划编辑：薛颖莹　　　　　　责任编辑：张金奎　李　乐
责任校对：张晓蓉　张　征　　封面设计：王　旭
责任印制：常天培
北京机工印刷厂有限公司印刷
2024 年 3 月第 1 版第 2 次印刷
169mm×239mm · 20.75 印张 · 403 千字
标准书号：ISBN 978-7-111-72078-2
定价：58.50 元

电话服务　　　　　　　　　网络服务
客服电话：010-88361066　　机 工 官 网：www.cmpbook.com
　　　　　010-88379833　　机 工 官 博：weibo.com/cmp1952
　　　　　010-68326294　　金 书 网：www.golden-book.com
封底无防伪标均为盗版　机工教育服务网：www.cmpedu.com

前　言

本书是为应用型本科院校编写的工程力学教材。党的二十大报告指出"教育、科技、人才是全面建设社会主义现代化国家的基础性、战略性支撑"。应用型本科院校工程力学课程的教学内容一般沿袭传统的体系，仅在深度和难度上有一定程度的减弱。传统的工程力学教材中，静力学部分按力系进行分章，逐章介绍每一种力系的简化方法、受力刚体的平衡；材料力学部分大体按变形的种类分章，逐章介绍每一种变形杆件的内力分析、应力分析、强度计算和变形计算，内容体系是完整的，但重复较多。本书对工程力学课程涉及的同类问题及其分析方法进行了归纳提炼，采用了新的体系：静力学基础中，按静力学基础和物体的受力分析、力系的简化、刚体的平衡的顺序编排；材料力学基础中，按杆件的内力分析、杆件横截面上的应力分析、应力状态分析、工程材料的力学性能和电测法简介、构件的强度设计、杆件的变形分析及刚度设计、压杆稳定及提高构件承载能力的措施、简单超静定问题的顺序编排。目的是使内容更紧凑、不重复、节省授课时数，同时能够引导学生理顺分析思路，会运用适用的原理和类似的方法分析和处理同类问题，提高学生分析问题、解决问题的能力和效率。

本书在保持王晓军、石怀荣编写的《工程力学Ⅰ》体系的基础上，对内容做了如下修改：

1. 在第 2 章中增加了"2.6 重心　形心　质心"内容。

2. 将原第 4 章中的内容与其他章节的部分内容进行了整合，并将原第 5 章变更为第 4 章，原第 6 章变更为第 5 章，原第 7 章变更为第 6 章，增加了"第 7 章 工程材料的力学性能和电测法简介"，单独介绍了材料的力学性能，并补充了电测法基本原理及应用的内容。

3. 对各章的例题和习题做了适当调整和增减，使题型更加适合本书读者，题量更加均衡。

4. 将文中约束类型及约束力、基本变形情况下的强度条件、常用截面形式梁的切应力计算公式及应力分布等同类问题，以图表形式进行表达，方便读者查找和比较。

5. 对本书的体例格式进行了进一步优化以突出重点。

6. 对本书的文字进一步修改、补充、润色和提炼。

7. 对本书的插图进一步完善，使其能更形象地表达相关内容。

8. 配套了全套电子课件。

9. 配套制作了部分典型题目、难题讲解视频文件。

10. 对于超出本书适用院校读者的内容，在书中用"＊"标注，读者可根据需要选读。

本书的编写、修改由王晓军、楼力律、丁建波、孙晓锋、赵静、陈静、余辉、黄成、曹霞共同完成。

本书虽经多次修改完善，但疏漏和欠妥之处在所难免，欢迎读者继续批评指正。

编　者

目 录

绪　　论

　　力学是研究物体宏观机械运动规律的科学，为揭示大自然中与机械运动有关的规律提供了有效的工具。力学既是一门基础科学，又是一门应用科学。力学所阐明的规律带有普遍性，是工程技术的理论基础，在机械工程、土木工程等领域中有广泛的应用。在应用的同时，力学也不断得到发展，并在航天技术、航空技术、跨海大桥等土木建筑技术、万吨级游轮等造船技术、高速列车等交通技术等新的、复杂的工程技术问题中，起到了重要的指导作用。

1. 工程力学的研究内容

　　力学的分类很多，有理论力学、材料力学、结构力学、流体力学、弹性力学、生物力学等。工程力学是力学与现代科学技术结合的一个力学分支，更加侧重于将力学成果应用于工程实际。

　　工程力学课程主要应用理论力学（静力学、运动学和动力学）、材料力学的理论和方法研究构件的工程应用问题，通过研究物体的受力，分析物体在力作用下的变形和破坏规律，为工程构件的合理设计提供必要的理论基础和科学的计算方法，以确保工程构件安全和经济。

2. 工程力学的研究方法

　　工程力学的研究方法可以分为理论分析、试验研究、数值计算。理论分析首先建立力学模型，依据已有的前提条件利用合适的计算方法推出新的结论，提供新的方法；试验研究是探索自然规律发现新的理论的重要途径，同时能验证理论和方法的正确性和可靠性；数值计算为解决工程问题提供了强大的工具，随着计算机技术的发展，大大拓展了力学在工程中的应用的范围和深度。

　　工程力学中，静力学、运动学和动力学部分的内容建立在经典力学的基础之上，主要采用演绎法，通过建立研究对象的力学模型，应用已知的力学原理和规律，推导出有关定理和推论，并可据此对工程中的力学问题做出预测。

　　工程力学中的材料力学部分将力学的基本原理应用于变形固体的分析，通过引入合理的假设对工程问题进行简化，得到与问题相关的概念、理论和方法，为解决工程实际问题提供设计准则和简便实用的计算方法。

材料力学实验在力学研究中占有十分重要的地位。各种材料在外力作用下表现出来的变形和破坏规律，是需要通过试验测定的；引入的合理假设也是源于实验观测；理论分析或仿真分析的结果也需要试验验证其正确性。

本书介绍的力学原理是成熟的、经典性的结果，本书着眼于这些原理的合理应用。

第Ⅰ篇　静力学基础

　　静力学研究物体在外力作用下的平衡问题，包括对工程物体进行受力分析，通过简化，找出平衡物体上力的本质。

　　静力学中的平衡，是指物体在惯性参考系中处于静止或匀速直线平移状态。对工程中大多数问题，可以把固连在地球表面的参考系作为惯性系来研究物体相对于地球的平衡问题。平衡是机械运动的特殊情况。物体在空间的位置形状随时间而发生的变化称为机械运动，这些变化包括移动、转动、流动和变形。静力学中只研究其中的移动和转动。

　　1. 静力学模型

　　静力学中研究的物体是实际物体理想化后的力学模型，包括质点和刚体。

　　质点：具有质量而其尺寸可以忽略不计的点。

　　刚体：任意两个质点之间距离保持不变的质点系。

　　当所研究的问题与物体的变形有关，例如物体的变形量较大，或者物体的运动依赖于变形时，就需要将物体视为质点系或刚体系了。

　　在工程分析中，要根据所研究的问题对实际物体进行简化，建立力学模型。例如，质量为 m 的均质杆由两条绳索悬挂静止，需要求解绳索的受力。若该系统如图Ⅰ-1a 所示，则绳索的拉力与物体的尺寸形状无关，则可将该物体抽象为质点；若该系统如图Ⅰ-1b 所示，此时绳索的拉力与物体的尺寸有关，因而该物体要抽象为刚体。又如乒乓球，若将它放置在地面上研究地面的支撑力，则可将其抽象为质点。但乒乓球在比赛中其运动形式涉及转动，在对乒乓球运动特性进行分析时，则应将其抽象为刚体。图Ⅰ-1c 所示为乒乓球的几种运动形式。再如，跳水运动员是通过控制身体各部位的相对运动来实现某个跳水的规定动作的（图Ⅰ-1d），而仿生象鼻子的机械臂是利用其变形实现其运动的（图Ⅰ-1e），这时就要将研究对象视为刚体系或质点系。

　　2. 力的运动效应

　　力是物体之间相互的机械作用，力能使物体的运动状态发生变化，这种作用效应称为力的外效应（也称为运动效应）；力也能使物体产生变形，这种作用效应称为内效应（变形效应）。在静力学中，常用的理想模型为质点和刚体，因

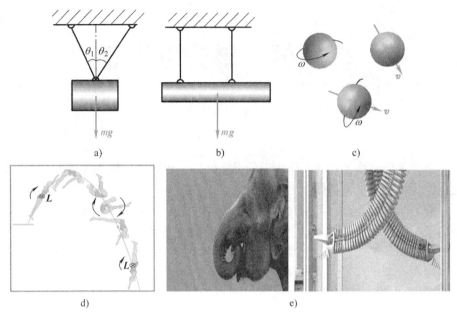

图 Ⅰ-1

此只研究力的运动效应。

力对物体的作用效应，取决于力的大小、方向和作用点的位置，即力的三要素。可以用定位矢量 F 表示力的三要素：矢量的模表示力的大小，矢量的方向表示力的方向，矢量的起始端表示力的作用点。在国际单位制中，力的单位是牛顿，简称牛，符号为 N（$1N=1kg\cdot m/s^2$）。过力的作用点且平行于矢量 F 的直线称为力的作用线。

本书用黑斜体字母表示矢量，对应的白斜体字母表示该矢量的模。

3. 力的分类

按力的作用范围，力可分为分布力和集中力。

分布力可分为体积力（作用于物体内部的各个质点，如重力）和表面力（作用于物体表面，如静水压力）。体积力和表面力的分布强度可以分别用单位体积和单位面积所受力的大小来度量，称为载荷集度，常用 q 表示，单位分别为 N/m^3 和 N/m^2。若分布力作用区域很窄，可简化为线力，其单位为 N/m 或 kN/m。例如，坝体（图Ⅰ-2a）受到的水的压力随深度线性变化，可以简化为线性分布力（图Ⅰ-2b）；建筑物（图Ⅰ-2c）受到的风的作用力可认为是沿其轴向均匀分布，可简化为均布力（图Ⅰ-2d）。在刚体静力学分析中，常常用其分布力的合力对分布载荷进行等效简化，其合力的大小等于分布载荷图形的面积，合力作用线通过分布载荷图形的几何中心，如图Ⅰ-2e所示。需要注意的是，当把构件视为变形体进行研究时，分布载荷与其静力等效的合力对构件的变形效应并不相同。

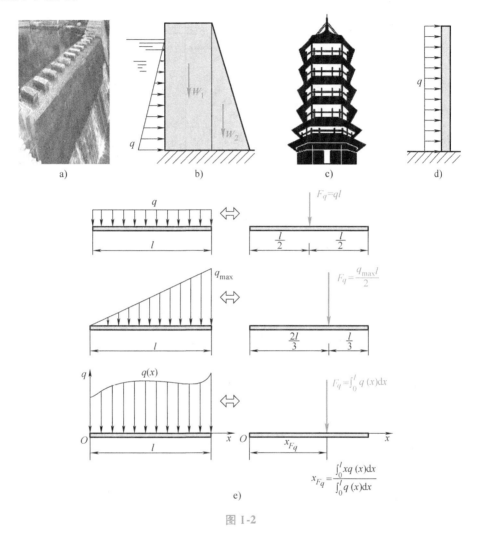

图Ⅰ-2

当力的作用面积远小于构件尺寸时，可认为该力作用在一个几何点上，称之为集中力。例如，桥式起重机的大梁（图Ⅰ-3a），起吊重量可简化为集中力 F_P，而大梁的自重，可以简化为均布载荷（图Ⅰ-3b）。

静力学基础部分着重研究三个方面的内容：

（1）物体的受力分析　即将所研究的构件从周围物体中分离出来，作为分离体，分析其上所受到所有的力，包括载荷以及由于载荷作用而产生的约束力。

（2）力系的简化　即在不改变力的作用效果的情况下，用简单的力系代替

图 I-3

复杂的力系，以便于分析和解决具体问题。

（3）**质点和刚体的平衡**　即研究物体处于平衡状态时其上的力系应满足的条件，并根据平衡条件求解作用于物体上的未知力，诸如由于载荷作用引起的约束力。

第 1 章

静力学基础和物体的受力分析

1.1 力系 等效力系 合力 平衡力系

1. 基本概念

（1）**力系** 作用在物体上的一组力，可以用记号 $\{F_1, F_2, \cdots, F_i, \cdots, F_n\}$ 表示。若物体上不作用任何力，称为零力系。

若力系中各力的作用线在同一平面内，此力系称为平面力系。若力系中各力的作用线不在同一平面内，则称为空间力系。若力系中各力的作用线汇交于一点，则称为汇交力系或共点力系（图 1-1a），若各力的作用线相互平行，则称为平行力系（图 1-1b），若各力的作用线是任意分布的，则称为任意力系或一般力系（图 1-1c）。

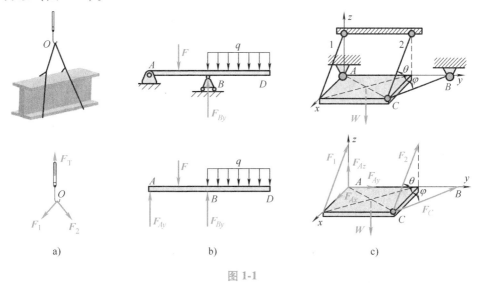

图 1-1

（2）**等效力系** 对同一刚体作用效果相同的几个力系，称为等效力系。

例如，图 1-2 所示的同一刚性杆被三种不同的方式约束着，当其均处于平衡状态时，桌面的支撑力 F_1、F_2（图 1-2 a）与绳索的拉力 F_3、F_4（图 1-2 b），以

及拉力 F_5（图 1-2c）都能使刚性杆处于静止状态，那么这几组力系相互之间就是等效力系，记为 $\{F_1, F_2\} \Leftrightarrow \{F_3, F_4\} \Leftrightarrow \{F_5\}$。

（3）合力 与某力系等效的一个力，称为合力。

图 1-2c 中的绳索的拉力 F_5，实际就是图 1-2a 中 F_1 和 F_2 的合力，也是图 1-2b 中 F_3 和 F_4 的合力。称 F_1 和 F_2、F_3 和 F_4 为 F_5 的分力。

若 F_R 为力系 $\{F_1, F_2, \cdots, F_i, \cdots, F_n\}$ 的合力，则可表示为

$$F_R = F_1 + F_2 + \cdots + F_n = \sum F \qquad (1-1)$$

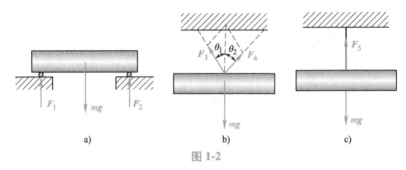

图 1-2

（4）平衡力系 作用效果与零力系等效的力系，称为平衡力系。

图 1-2a 中的刚体，若其上什么力都不作用（即受零力系的作用），该物体将处于平衡状态。若其在重力 mg 以及支持力 F_1、F_2 的作用下仍然保持平衡，则 mg、F_1、F_2 与零力系等效，即 $\{mg, F_1, F_2\} \Leftrightarrow \{0\}$，称力系 $\{mg, F_1, F_2\}$ 为平衡力系。

2. 力的合成与力系平衡的基本法则

（1）力的平行四边形法则 作用于物体上同一点的两个力，可以合成为一个合力。合力的作用点在该点，其大小和方向由这两个力所构成的平行四边形的对角线确定。如图 1-3a 所示，力 F_1、F_2 的合力为 F_R，即

$$F_R = F_1 + F_2$$

在实际求解中，也常常应用三角形法则：将共点的两个力首尾相连，合力的大小和方向就由从第一个力的起点到第二个力的终点的矢量来确定，如图 1-3b 所示。

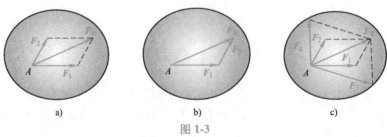

图 1-3

用力系的合力代替该力系的过程称为力的合成，用几个力代替一个力的过程称为力的分解。力的分解是力的合成的逆运算。如图 1-3c 所示，同样的力 F_R 既可以分解为 F_1、F_2，也能分解为 F_3、F_4。显然，一个力能分解为若干组分力。

（2）二力平衡原理 作用于刚体上的两个力使刚体保持平衡的充分必要条件是这两个力大小相等、方向相反且作用在同一直线上。

对于刚体而言，二力平衡原理是受两个力作用的刚体平衡的充分必要条件，如图 1-4a 所示；而对于图 1-4b 所示的变形体而言，这仅是其平衡的必要条件。

由两个力组成的平衡力系是最简单的平衡力系。

（3）三力平衡定理 作用于刚体上的三个力若为平衡力系，则这三个力的作用线共面，或汇交于一点（图 1-5a）或彼此互相平行（图 1-5b）。

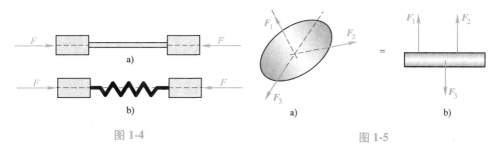

图 1-4　　　　　　　　　　　图 1-5

1.2　力的投影　合力投影定理

1. 力在轴上的投影

如图 1-6a 所示，设有力 F 和直角坐标系 $Oxyz$。由 F 的始端和末端分别向轴 y 作垂线，得到垂足 a 和 b，线段 ab 冠以正负号表示为力 F 在 y 轴上的投影，记为 F_y。力的投影为代数值，当由 a 至 b 的指向与投影轴的正向一致时取正号，反之取负号。同样的方法可以得到 F 在轴 x、z 上的投影，分别记为 F_x 和 F_z。若 α、β 和 γ 分别为力 F 与轴 x、y 和 z 轴正向间的夹角，则有

$$F_x = F\cos\alpha, \quad F_y = F\cos\beta, \quad F_z = F\cos\gamma \tag{1-2}$$

这种方法称为直接投影法。

也可以先将力 F 向 Oxy 平面投影得到 F_{xy}，再将 F_{xy} 投影到轴 x 和 y 上，如图 1-6b 所示，有

$$F_x = F\sin\gamma\cos\theta, \quad F_y = F\sin\gamma\sin\theta, \quad F_z = F\cos\gamma \tag{1-3}$$

这种方法又称为二次投影法。

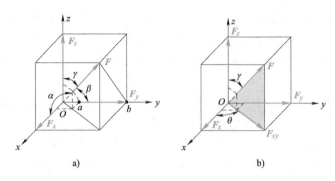

图 1-6

例题 1-1 力 F 作用在正六面体的对角线上，如图 1-7a 所示，若正六面体的边长为 a，写出力 F 在直角坐标系中轴 x、y 和 z 上的投影。

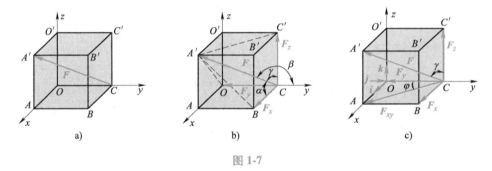

图 1-7

解：1）直接投影法。

根据力在坐标轴上投影的概念，可以先求解力 F 与 x、y、z 轴正向夹角 α、β、γ，再利用直接投影法求解 F 在轴 x、y 和 z 上的投影。

设正六面体的边长为 a，分别连接点 A'、B，点 A'、O 和点 A'、C' 得到直角三角形 $A'BC$、$A'OC$ 和 $A'C'C$，如图 1-7b 所示，易知

$$\cos\alpha = \frac{a}{\sqrt{3}\,a} = \frac{\sqrt{3}}{3}, \quad \cos\beta = -\frac{\sqrt{3}}{3}, \quad \cos\gamma = \frac{\sqrt{3}}{3}$$

由式（1-2）得到力 F 在三个坐标轴 x、y、z 上的投影

$$F_x = F\cos\alpha = \frac{\sqrt{3}\,F}{3}, \quad F_y = F\cos\beta = -\frac{\sqrt{3}\,F}{3}, \quad F_z = F\cos\gamma = \frac{\sqrt{3}\,F}{3}$$

2）二次投影法。

根据几何关系有

$$\cos\varphi = \frac{\sqrt{2}}{2}, \quad \sin\varphi = \frac{\sqrt{2}}{2}, \quad \cos\gamma = \frac{\sqrt{3}}{3}, \quad \sin\gamma = \frac{\sqrt{2}\,a}{\sqrt{3}\,a} = \frac{\sqrt{6}}{3}$$

由式（1-3）可得

$$F_x = F\sin\gamma\sin\phi = F \times \frac{\sqrt{6}}{3} \times \frac{\sqrt{2}}{2} = \frac{\sqrt{3}}{3}F$$

$$F_y = -F\sin\gamma\cos\phi = -F \times \frac{\sqrt{6}}{3} \times \frac{\sqrt{2}}{2} = -\frac{\sqrt{3}}{3}F$$

$$F_z = F\cos\gamma = F \times \frac{\sqrt{3}}{3} = \frac{\sqrt{3}}{3}F$$

2. 力的解析表达式

将 $\boldsymbol{F}$ 分别向直角坐标系 $Oxyz$ 的各轴投影，得到 F_x、F_y、F_z（图 1-7c），则力 $\boldsymbol{F}$ 可以表示成为其解析表达式

$$\boldsymbol{F} = F_x\boldsymbol{i} + F_y\boldsymbol{j} + F_z\boldsymbol{k}$$

式中，$\boldsymbol{i}$、$\boldsymbol{j}$、$\boldsymbol{k}$ 分别为坐标轴 x、y、z 的单位矢量。

3. 合力投影定理

设由 n 个力组成的力系作用于同一个点 O，该力系的合力为 $\boldsymbol{F}_R$（图 1-8）。过点 O 建立直角坐标系 $Oxyz$，力系中的每一个力 $\boldsymbol{F}_i$ 以及合力 $\boldsymbol{F}_R$ 都可以表达为其解析表达式，即

$$\boldsymbol{F}_i = F_{ix}\boldsymbol{i} + F_{iy}\boldsymbol{j} + F_{iz}\boldsymbol{k} \quad (i = 1,2,\cdots,n) \text{ (a)}$$

$$\boldsymbol{F}_R = F_{Rx}\boldsymbol{i} + F_{Ry}\boldsymbol{j} + F_{Rz}\boldsymbol{k} \qquad \text{(b)}$$

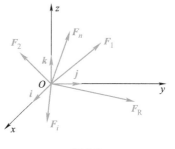

图 1-8

将式（a）中的 n 个方程相加，与式（b）比较，根据 $\boldsymbol{F}_R = \sum\boldsymbol{F}$ 可以得到

$$F_{Rx} = \sum F_x, \quad F_{Ry} = \sum F_y, \quad F_{Rz} = \sum F_z \tag{1-4}$$

式（1-4）表明：合力在某轴上的投影，等于各分力在同一轴上投影的代数和，这就是合力投影定理。

若已知各分力在直角坐标轴上的投影，则合力的大小为

$$F_R = \sqrt{\left(\sum F_x\right)^2 + \left(\sum F_y\right)^2 + \left(\sum F_z\right)^2} \tag{1-5}$$

方向余弦为

$$\cos\langle \boldsymbol{F}_R,\boldsymbol{i}\rangle = \frac{\sum F_x}{F_R}, \quad \cos\langle \boldsymbol{F}_R,\boldsymbol{j}\rangle = \frac{\sum F_y}{F_R}, \quad \cos\langle \boldsymbol{F}_R,\boldsymbol{k}\rangle = \frac{\sum F_z}{F_R} \tag{1-6}$$

其中，$\boldsymbol{i}$、$\boldsymbol{j}$、$\boldsymbol{k}$ 是沿空间直角坐标系坐标轴 x、y、z 的单位矢量。

1.3 力矩

问题：如图 1-9 所示，大小与方向相同的力 $\boldsymbol{F}$ 分别作用在杆（刚体）的 A、O 和 B 点三个不同位置上，由于力 $\boldsymbol{F}$ 的作用线位置不同，杆的转动状态是不相

同的。如何能表达作用力的作用线位置不同的影响呢?

力能使物体移动,也能使物体转动。力的移动效应可以由力矢量的大小和方向来度量,而用于度量力的转动效应的量称为**力矩**。力能使物体绕某一点转动,如图 1-10a 所示,力 **F** 作用在扳手上,可以转动螺钉。力也能

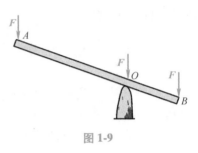

图 1-9

使物体绕轴转动,如图 1-10b 所示,力 **F** 作用在门Ⅰ上,可以使得该门绕着其门轴转动。

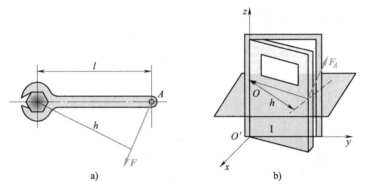

a)   b)

图 1-10

1. 力对点之矩

用**力对点之矩**度量力使物体绕某点转动的效应。称该点为力矩中心,简称**矩心**,称矩心到 **F** 作用线的垂直距离 h 为**力臂**。

如图 1-11a 所示,力 **F** 作用在 A 点,**r** 为点 O 到点 A 的矢径,定义力对点 O 之矩等于矢径 **r** 与力 **F** 的矢量积:

$$M_O(F) = r \times F \tag{1-7}$$

该矢量的作用方位及指向由右手法则确定,如图 1-11b 所示。力对点的矩与矩心的位置有关,因此力对点的矩是定点矢量。力矩的单位为 N·m。

将力 **F** 和矢径 **r** 分别表示为其解析表达式,有

$$F = F_x i + F_y j + F_z k, \quad r = xi + yj + zk$$

利用矢量叉乘的计算方法,有

$$M_O(F) = r \times F = \begin{vmatrix} i & j & k \\ x & y & z \\ F_x & F_y & F_z \end{vmatrix} = M_{Ox}i + M_{Oy}j + M_{Oz}k \tag{1-8}$$

式 (1-8) 中 M_{Ox}、M_{Oy}、M_{Oz} 分别为 $M_O(F)$ 在坐标轴 x、y、z 上的投影,即

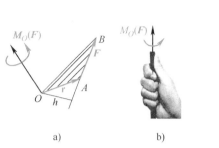
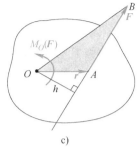
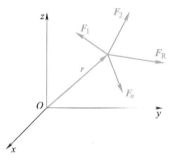

图 1-11

$$M_{Ox}(\boldsymbol{F}) = yF_z - zF_y$$
$$M_{Oy}(\boldsymbol{F}) = zF_x - xF_z$$
$$M_{Oz}(\boldsymbol{F}) = xF_y - yF_x$$

(1-9)

在平面问题中（图 1-11c），可以用代数量表达力对点的矩，即

$$\boldsymbol{M}_O(\boldsymbol{F}) = \pm Fh \qquad (1\text{-}10)$$

约定：力使物体绕矩心逆时针转向时取正号，顺时针转向时取负号。

2. 合力矩定理

图 1-12 所示汇交力系 $\{\boldsymbol{F}_1, \boldsymbol{F}_2, \cdots, \boldsymbol{F}_n\}$ 的合力为 $\boldsymbol{F}_R$，即 $\boldsymbol{F}_R = \boldsymbol{F}_1 + \boldsymbol{F}_2 + \cdots + \boldsymbol{F}_n$，代入式（1-7），有

$$\boldsymbol{M}_O(\boldsymbol{F}_R) = \boldsymbol{r} \times \boldsymbol{F}_R = \boldsymbol{r} \times (\boldsymbol{F}_1 + \boldsymbol{F}_2 + \cdots + \boldsymbol{F}_n)$$
$$= \boldsymbol{r} \times \boldsymbol{F}_1 + \boldsymbol{r} \times \boldsymbol{F}_2 + \cdots + \boldsymbol{r} \times \boldsymbol{F}_n$$

图 1-12

式中，按照力对点的矩的定义，$\boldsymbol{r} \times \boldsymbol{F}_i (i = 1, 2, \cdots, n)$ 为分力 $\boldsymbol{F}_i$ 对矩心 O 的矩，即 $\boldsymbol{M}_O(\boldsymbol{F}_1) = \boldsymbol{r} \times \boldsymbol{F}_1$，$\boldsymbol{M}_O(\boldsymbol{F}_2) = \boldsymbol{r} \times \boldsymbol{F}_2$，$\cdots$，$\boldsymbol{M}_O(\boldsymbol{F}_n) = \boldsymbol{r} \times \boldsymbol{F}_n$，代入上式，有

$$\boldsymbol{M}_O(\boldsymbol{F}_R) = \boldsymbol{M}_O(\boldsymbol{F}_1) + \boldsymbol{M}_O(\boldsymbol{F}_2) + \cdots + \boldsymbol{M}_O(\boldsymbol{F}_n)$$

即

$$\boldsymbol{M}_O(\boldsymbol{F}_R) = \sum \boldsymbol{M}_O(\boldsymbol{F}_i) \qquad (1\text{-}11)$$

这就是合力矩定理：力系的合力对某点的矩等于力系中各个分力对同一点的矩之和。它是由 17 世纪法国数学家、力学家伐里农首先提出的。

可以证明，只要力系 $\{\boldsymbol{F}_1, \boldsymbol{F}_2, \cdots, \boldsymbol{F}_n\}$ 有合力，式（1-11）都成立。

对于平面问题，由于此时力对点之矩为代数量，可将式（1-11）中的矢量换成代数量。即：平面力系的合力对平面内任意一点之矩，等于力系中各个分力对同一点之矩的代数和。

在计算力矩时，常将力分解为易于确定力臂的分力，再应用合力矩定理计算力矩。如图1-13a所示，求解力 F 对大圆轮与地面接触点 A 的矩。若用力矩的定义去求解，则确定点 A 到 F 的作用线距离非常不便。若将力按图1-13b所示的方向分解，利用合力矩定理则容易得到结果。即

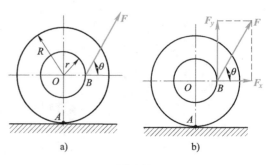

图 1-13

$$M_A(\boldsymbol{F}) = M_A(\boldsymbol{F}_x) + M_A(\boldsymbol{F}_y) = F_y \cdot r - F_x \cdot R = F(r\sin\theta - R\cos\theta)$$

3. 力对轴之矩

考察力 F 对刚体所产生的绕轴 z 转动的效应。如图1-14a所示。力 F 是一个任意方向的力，设轴 z 为取矩轴。将 F 分解为 F_z 和 F_{xy}，其中 F_z 平行于 z 轴，F_{xy} 在垂直于 z 轴的平面上，O 为 z 轴与该平面的交点。F 对刚体产生的绕 z 轴转动的效应可以由其两个分力所产生的效应来替代。实践表明，平行于 z 轴的分力 F_z 不对刚体产生绕 z 轴转动的效应，只有垂直于 z 轴的分力 F_{xy} 对刚体产生绕 z 轴的转动效应。

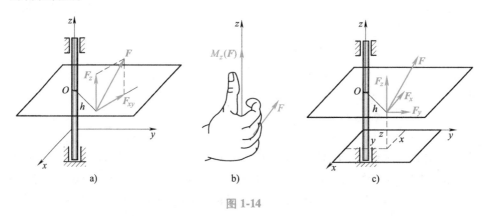

图 1-14

力 F 对轴 z 之矩定义为

$$M_z(\boldsymbol{F}) = \pm h F_{xy} \tag{1-12}$$

式中，h 为原点 O 到力 F_{xy} 作用线的垂直距离；F_{xy} 是力 F_{xy} 的模。力对轴的矩是代数量，按右手法则，拇指的指向与轴的正向一致为正，反之为负（图1-14b）。

根据力对轴之矩的定义可知，当力与轴相交（$h=0$）或力与轴平行（$F_{xy}=0$）时，力对轴的矩为零，即在这两种情况下，该力不能使刚体绕此轴转动。

可以证明，合力矩定理可以扩展到对轴的矩的情况。将 F_{xy} 分解为 F_x、F_y，如图1-14c所示。根据合力矩定理，有

$$M_z(\boldsymbol{F}) = M_O(\boldsymbol{F}_{xy}) = M_O(\boldsymbol{F}_x) + M_O(\boldsymbol{F}_y) = -yF_x + xF_y$$

同理，也可以得到力对 x 轴、y 轴之矩的表达式。总之，有

$$\left. \begin{array}{l} M_x(\boldsymbol{F}) = yF_z - zF_y \\ M_y(\boldsymbol{F}) = zF_x - xF_z \\ M_z(\boldsymbol{F}) = xF_y - yF_x \end{array} \right\} \tag{1-13}$$

4. 力矩关系定理

比较式（1-9）和式（1-13），可以得出

$$\left. \begin{array}{l} M_{Ox}(\boldsymbol{F}) = M_x(\boldsymbol{F}) = yF_z - zF_y \\ M_{Oy}(\boldsymbol{F}) = M_y(\boldsymbol{F}) = zF_x - xF_z \\ M_{Oz}(\boldsymbol{F}) = M_z(\boldsymbol{F}) = xF_y - yF_x \end{array} \right\} \tag{1-14}$$

该式成立的条件是 O 点要在相应的 x 轴或 y 轴或 z 轴上，即：力对点之矩在通过该点的轴上的投影等于力对该轴的矩，称之为力矩关系定理。

例题 1-2　如图 1-15 所示，作用于齿轮上的啮合力 $F_n = 1\text{kN}$，齿轮分度圆的直径 $D = 160\text{mm}$，压力角 $\alpha = 20°$，求啮合力 $\boldsymbol{F}_n$ 对于轮心 O 的矩。

分析：齿轮是机械中常用的传动构件。计算力矩时，若力臂不容易确定，常采用合力矩定理进行计算。

解：根据合力矩定理进行计算。

首先将力 F_n 分解为沿齿轮半径方向和圆周切线方向的两个力，分别为

$$F_r = F_n \sin\alpha, \quad F_t = F_n \cos\alpha$$

根据合力矩定理，有

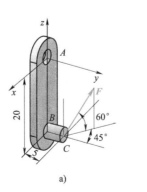

图 1-15

$$M_O(\boldsymbol{F}_n) = M_O(\boldsymbol{F}_t) + M_O(\boldsymbol{F}_r) = F_t r + 0 = 75.2\text{N} \cdot \text{m}$$

例题 1-3　如图 1-16 所示，手柄上点 C 处作用一力 $\boldsymbol{F}$，已知 $F = 600\text{N}$，$\boldsymbol{F}$ 与水平面的夹角为 60°，且其在水平面的投影与 y 轴的夹角为 45°。试求力 $\boldsymbol{F}$ 对 x、y、z 三轴的矩。

注：教材中没有标出具体长度单位的数据，一般按照工程图学习惯，默认长度单位为 mm，故图中 20 表示长度为 20mm。

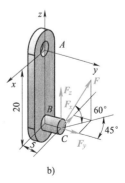

a)　　　　　b)

图 1-16

解：1）首先将力 $\boldsymbol{F}$ 分解为 $\boldsymbol{F}_x$、$\boldsymbol{F}_y$、$\boldsymbol{F}_z$。分别计算其大小得

$$F_x = -F\cos60°\sin45° = -600\text{N} \times \frac{1}{2} \times \frac{\sqrt{2}}{2} = -212.13\text{N}$$

$$F_y = F\cos60°\cos45° = 600\text{N} \times \frac{1}{2} \times \frac{\sqrt{2}}{2} = 212.13\text{N}$$

$$F_z = F\sin60° = 600\text{N} \times \frac{\sqrt{3}}{2} = 519.61\text{N}$$

2）力 $\boldsymbol{F}$ 作用点 C 的坐标为

$$x = 0, \quad y = BC = 5\text{mm}, \quad z = AB = -20\text{mm}$$

3）利用式（1-13）计算力 $\boldsymbol{F}$ 对各坐标轴的矩，得

$$M_x(\boldsymbol{F}) = yF_z - zF_y = 0.005\text{m} \times 520\text{N} - (-0.02\text{m}) \times 212\text{N} = 6.84\text{N} \cdot \text{m}$$

$$M_y(\boldsymbol{F}) = zF_x - xF_z = -0.02\text{m} \times (-212\text{N}) - (0 \times 520\text{N}) = 4.24\text{N} \cdot \text{m}$$

$$M_z(\boldsymbol{F}) = xF_y - yF_x = 0 \times 212\text{N} - 0.005\text{m} \times (-212\text{N}) = 1.06\text{N} \cdot \text{m}$$

1.4 力偶

1. 力偶的定义

力偶：由两个等值、反向平行、不共线的力构成的力系。如图 1-17a 所示，记为 $(\boldsymbol{F}，\boldsymbol{F}')$。这两个力的作用线所确定的平面称为**力偶作用面**，这两个力作用线之间的距离 h 称为**力偶臂**。

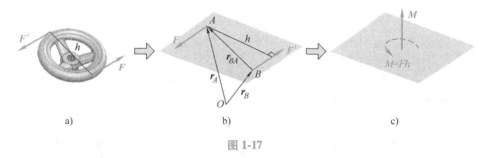

a)   b)   c)

图 1-17

力偶中两个力等值反向，其矢量和为零，因此力偶不会使物体发生移动。力偶的两个力对任意一点的矩之和不为零，力偶会使物体发生转动。

如图 1-17b 所示，由力 $\boldsymbol{F}$、$\boldsymbol{F}'$ 构成的力偶，其中 $\boldsymbol{F}' = -\boldsymbol{F}$。任取空间中的一点 O，考察力偶 $(\boldsymbol{F}、\boldsymbol{F}')$ 对点 O 之矩，有

$$\boldsymbol{M}_O = \boldsymbol{M}_O(\boldsymbol{F}) + \boldsymbol{M}_O(\boldsymbol{F}') = \boldsymbol{r}_A \times \boldsymbol{F} + \boldsymbol{r}_B \times \boldsymbol{F}'$$

$$= \boldsymbol{r}_A \times \boldsymbol{F} + \boldsymbol{r}_B \times (-\boldsymbol{F}) = (\boldsymbol{r}_A - \boldsymbol{r}_B) \times \boldsymbol{F} = \boldsymbol{r}_{BA} \times \boldsymbol{F}$$

其中 $\boldsymbol{r}_{BA}$ 是自点 B 指向点 A 的矢径。由此可知，由于点 O 是任选的，所以力偶对

于任意点之矩与所选择的点的位置无关。因此可以用下式来度量力偶使刚体绕任意一点的转动：

$$M = r_{BA} \times F \qquad (1-15)$$

式中，M 称为力偶矩矢（图 1-17c），力偶矩的单位是 N·m。由于 M 与点 O 的位置无关，因此力偶矩矢为自由矢量。

平面问题中，力偶矩可以用代数量表达：

$$M = \pm Fh \qquad (1-16)$$

正负号表示力偶的转动方向：逆时针转向为正，顺时针转向为负。

2. 力偶的性质

1）一个力偶不能与一个力等效，也不能与一个力平衡。

2）力偶可以在其作用面内任意移转，或者移转到平行平面内，不会改变力偶的作用。

3）保持力偶的转向以及力偶矩矢量的大小不变的前提下，改变力偶中的力和力偶臂的大小，不会改变力偶对刚体的作用。

我们的生活和工程中，常常会利用力偶的转动效应。例如，用十字扳手装卸螺栓（图 1-18a），用铰杠攻螺纹（图 1-18b）等，总吨位为 16 万 t 的海洋独立号游轮采用吊舱式电力推进系统，与位于船首的螺旋桨互相配合，利用海水的反作用力形成的力偶，使得这艘巨大的游轮能快速地原地旋转，从而具有理想的灵活性（图 1-18c）。

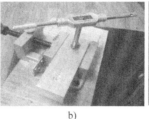

a)　　　　　　　　　　　b)　　　　　　　　　　　c)

图 1-18

1.5　物体的受力分析

1. 约束与约束力

工程中的机器或者结构，一般由许多零部件组成的。这些零部件是按照一定的形式相互连接。因此，它们的运动必然互相牵连和限制。运动受到限制或约束的物体，称为被约束体。限制被约束体运动的其他物体，称为约束（体）。约束体与被约束体接触产生作用力，从而限制了物体的运动，这种力称为约束力。若约束限制了物体沿某个方向的移动（相对运动），则表明约束对物体施加一个与此移动相反方向的约束力；若约束限制了物体某个方向的转动，则表明约束在物体上施加一个与此转向相反的约束力偶。即约束力的方向总是与所能阻碍的运动方向相反。作用在物体上除约束力以外的力统称为主动力，如重力、风载荷等。约束力与主动力性质不同，主动力不存在（或者为零）时，约束力也不存在（或等于零），也就是说约束力是依赖主动力的。

2. 工程中常见的约束

将工程中常见的约束理想化，可以归纳为几种基本类型：

（1）**柔索约束**　由不可伸缩的绳索、胶带、链条等形成的约束称为柔索约束。这类约束只能限制物体沿着柔索伸长方向的运动，因此它对物体只有沿着柔索背离被约束物体运动趋势方向的拉力，如图 1-19 所示，常用符号为 F_T。

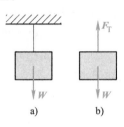

图 1-19

（2）**光滑接触面约束**　光滑接触面只能限制物体在接触点沿接触面的公法线向约束体内部方向的运动，不能限制物体沿接触面切线方向的运动，故约束力通过接触处沿着两接触面公法线方向并指向被约束体，简称法向约束力，通常用 F_N 表示，如图 1-20 所示。

（3）**光滑圆柱铰链约束**　在两个有着圆孔的构件之间采用短圆柱定位销连接所形成的约束，称为圆柱铰链，如图 1-21a 所示。在不考虑摩擦的情况下，铰链连接的两个构件可以绕销钉轴相对转动，但不能相互分开。在忽略摩擦的情况下，约束力通过销钉与销钉孔的接触点并沿其公法线方向（即通过销钉中心）。由于销钉与孔之间存在间隙使得接触点的具体位置很难确定，从而难以确定约束力的具体方向。为此，利用合力与分力的等效性，通常用两个通过铰链中心的、大小未知的正交分力 F_x、F_y 来表示铰链的约束力，如图 1-21b 所示。

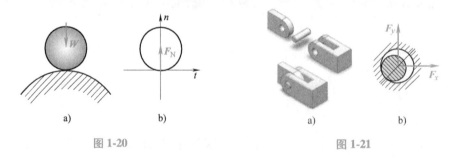

图 1-20　　　　　　　　　　　　　图 1-21

光滑铰链约束在工程中还可以分成以下几类：

1）**固定铰链**：组成铰链的构件中，有一部分和基础（如墙体、柱体、机身）固定连接，如图 1-22a 所示。图 1-22b 表示这种约束的简图与约束力的形式，图 1-22c 表示工程力学教材中常见的简化图示。

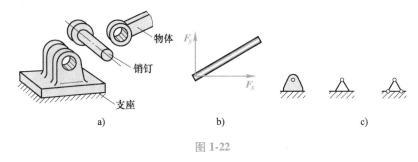

图 1-22

2）可动铰链（辊轴支座）：由光滑面和铰链两种约束组合而成的一种复合约束，如图 1-23a 所示。由于辊轴的作用，被支承构件可沿支承面的切线方向做微小的移动，但不能离开支承面。故其约束力的作用线必定垂直于支承面且通过铰链中心。可动铰链常用于桥梁或房屋屋架上，当温度改变而出现热胀冷缩时，它允许被约束体的一端沿支承面移动。这种约束的简图与约束力的形式如图 1-23b 所示，图 1-23c 表示了工程力学教材中常见的可动铰链的简化图示。

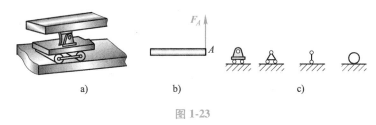

图 1-23

3）连接铰链（中间铰链）：连接两个可以相对转动但不能相对移动构件的铰链，如图 1-24a 所示，图 1-24b 表示这种约束的简图与约束力的形式，图 1-24c 表示工程力学教材中常见的简化图示。

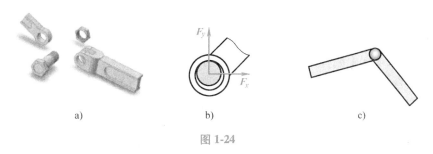

图 1-24

（4）固定端约束   车削加工中，工件的一端用三角卡盘固定，如图 1-25a 所示，工件在此端既不能移动，也不能转动，所受约束力可以简化为一对正交分力 F_{Ax}、F_{Ay} 和一个力偶 M_A（图 1-25c），这样的约束称为**固定端约束**。图 1-25b 所示为教材中常见的固定端约束的简化图示。固定端约束在生产生活中很常见，例如楼梯与墙体的连接处（图 1-25d）、齿轮上的齿根与轮缘的连接处（图 1-25e）等都可以简化为固定端约束。

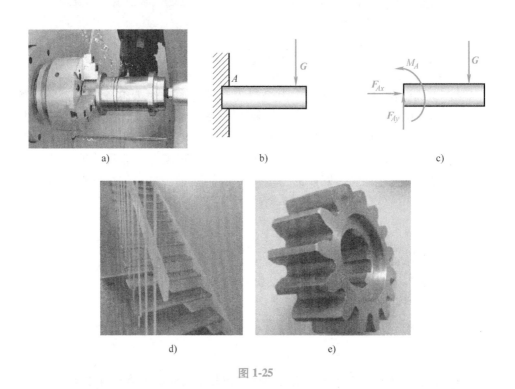

图 1-25

（5）二力构件（链杆约束）　工程中有一类构件，其两端由铰链（视为光滑铰链）与其他构件相连。由于其承受的载荷比较大，该构件本身的自重可以被忽略。如图 1-26a 中支架杆 CD，以及图 1-26b 所示网架结构中的各个杆件。

以图 1-26a 中曲杆 CD 为例，杆 CD 两端部为铰链约束，其约束力分别为 F_C 与 F_D。杆 CD 是平衡的，则由二力平衡原理可知，F_C 与 F_D 将沿着 C、D 两点的连线方向，如图 1-26c 所示。在两个力作用下平衡的构件称为二力构件或二力杆，二力杆所受的约束力必定沿两个力作用点的连线，等值反向。那么，无论二力杆的形状如何，被二力杆约束的物体所受到的来自二力杆的约束力，必然沿二力杆上两个铰链中心点的连线方向，如图 1-26d 所示的力 F_C'。

工程中常见约束类型、简图以及相应的约束力，见表 1-1。

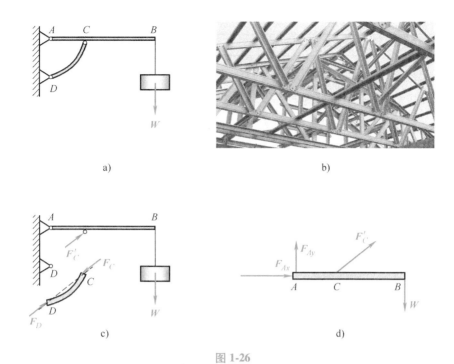

图 1-26

表 1-1　工程中常见的约束类型、简图及其相应的约束力

约束类型	实例	简图及约束力	约束力数目
柔索约束		F_{T1}　F'_{T1}　F_{T2}　F'_{T2}	1 个背离被约束物体的力
光滑接触面约束	W　F_N	n　W　t　F_N　n　t a)　　b)	1 个沿接触面公法线指向被约束物体的力

（续）

约束类型	实例	简图及约束力	约束力数目
连接铰链（中间铰链）	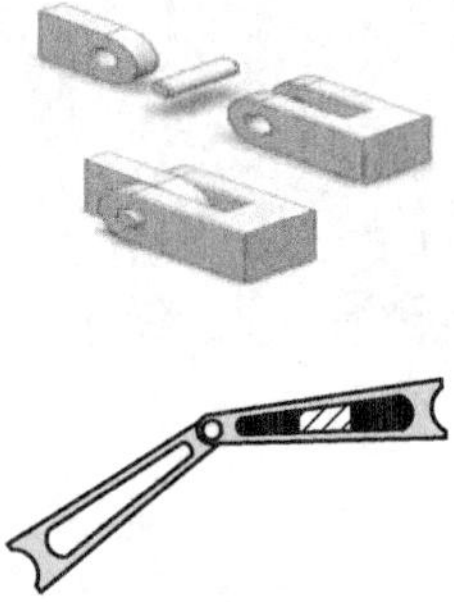	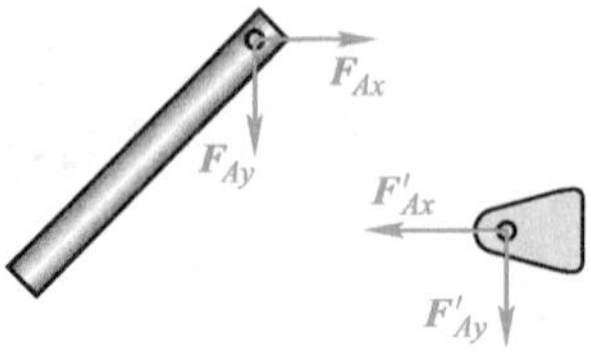	1 个径向力，当其方向未知时，用 2 个正交分力表示
可动铰链（辊轴支座）		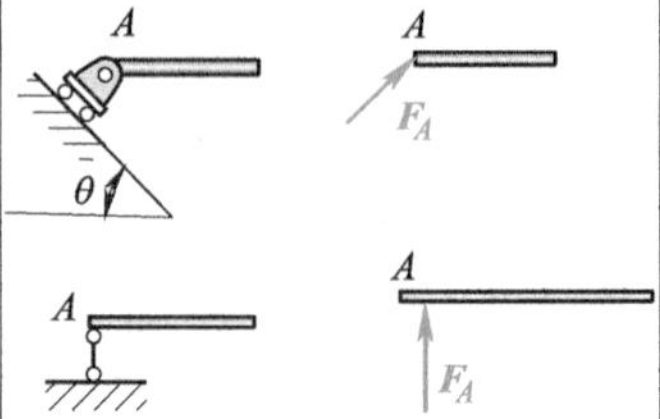	1 个垂直于支撑面的约束力，指向未定
固定铰链约束		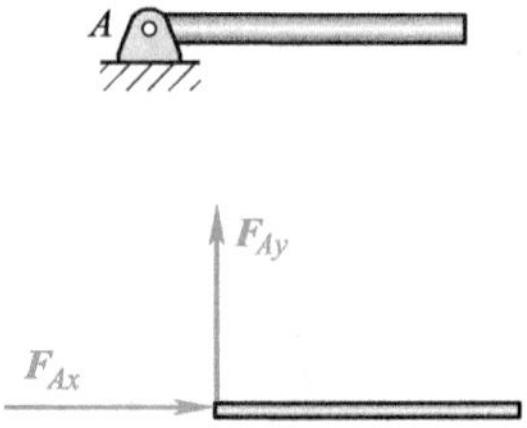	1 个径向力，当其方向不确定时，用 2 个正交分力表示
径向轴承		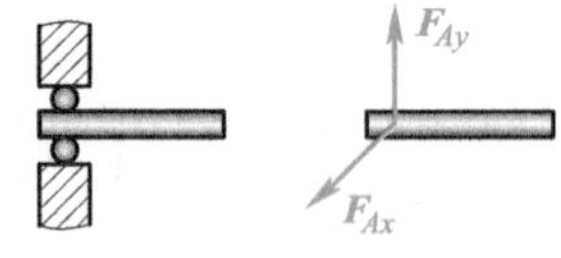	1 个垂直于杆件轴线的径向力，可用 2 个正交分力表示
推力轴承	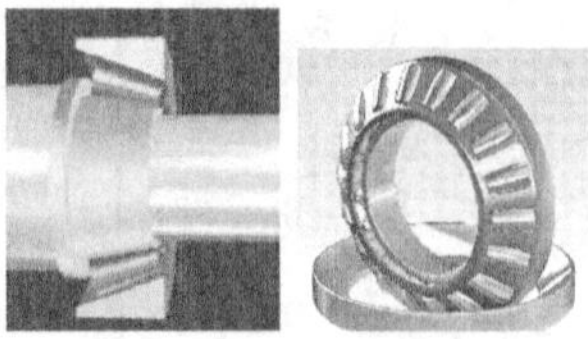	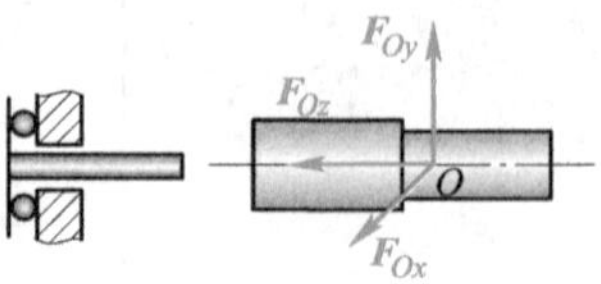	1 个沿轴线的轴向力和 1 个径向力（可分为 2 个正交分力）

（续）

约束类型	实例	简图及约束力	约束力数目
二力 构件	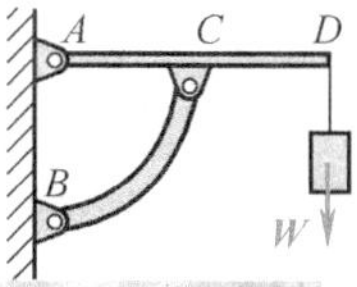 	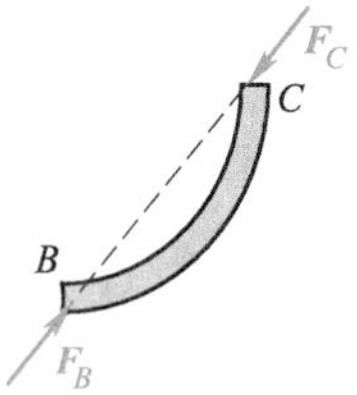	1 个沿链杆两端连线的力（一般预设受拉）
固定端 约束	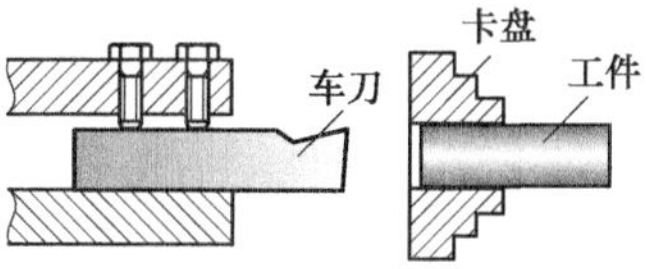	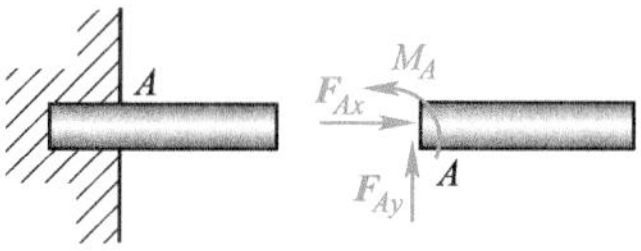	1 个约束力偶和1 个径向力（通常分解为 2 个正交分力）
三通 接头		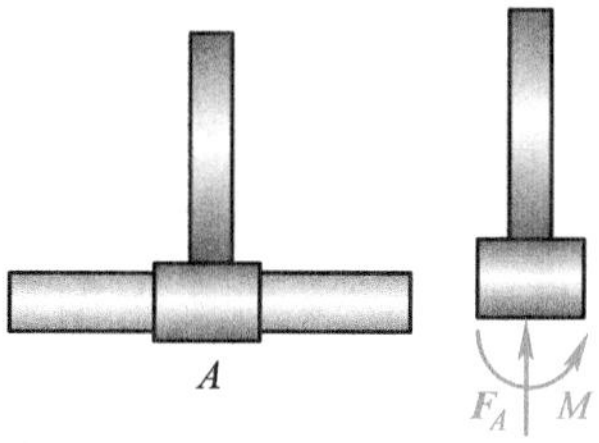	1 个垂直于杆的力和 1 个力偶
球形 铰链		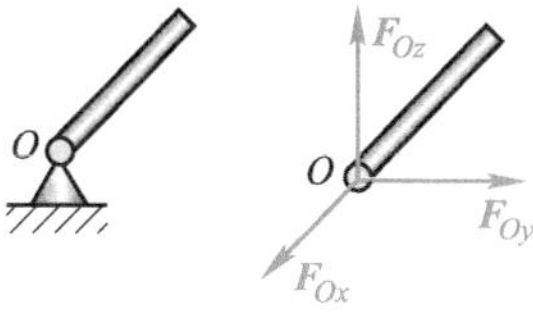	1 个径向力（通常分解为 3 个正交分力）

3. 物体的受力分析

工程构件在工作状态下一般由多个力共同作用。为了能定量地求解出未知约束力，首先要定性地确定构件上所受的力的方位。所谓受力分析，是指确定研究对象上有多少作用力（包括主动力和约束力）、各力作用线和作用方向的分析过程，并绘制其受力图。进行受力分析时，研究对象可以用简单线条绘制的简图来表示。

以图 1-27a 所示杆件为例，说明受力分析的步骤：

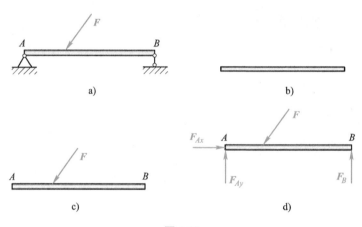

图 1-27

（1）取分离体　确定研究对象，解除研究对象上的所有约束（图 1-27b）。

（2）画上主动力　在研究对象的相应位置上绘制主动力（图 1-27c）。

（3）绘制约束力　在原约束作用的位置，画出与之等效的约束力（图 1-27d）。

在绘制受力图时，相接触的两个物体之间存在着作用力与反作用力，物体间的作用力和反作用力总是同时出现、同时消失，等值反向，分别作用在两个相互作用的物体上，这就是作用力与反作用力定律。

下面举例说明受力图的画法及注意事项。

例题 1-4　绘制图 1-28a 所示结构整体和各个部件的受力图（不计结构自重）。

解：1）分析部件 BC：部件 BC 为二力构件，受力图如图 1-28b 所示。

2）分析部件 AC：其上受主动力 F 的作用。A 为固定铰链约束，约束力为 F_{Ax}、F_{Ay}，中间铰链 C 与部件 BC 上的铰链 C 是相互作用的两个部分，因此需按作用力与反作用力的关系绘制铰链 C 的约束力，如图 1-28c 所示。

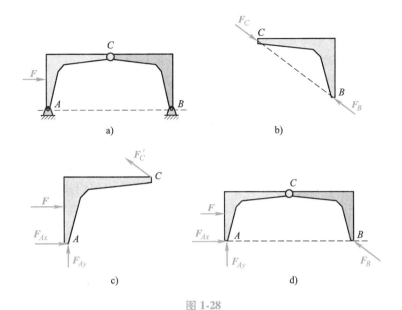

图 1-28

3）分析整体：对于整体来讲，铰链 C 为其内部结构，其相互作用力不画出；部件与整体相同位置处的约束力要保持一致，即 A 端的约束力的绘制要与部件 AC 上 A 端约束力的画法一样。由此可以得到整体结构的受力分析图，如图 1-28d 所示。

例题 1-5　框架结构 $ABCD$ 如图 1-29a 所示，在 CD 杆的 H 位置处安装有滑轮并挂重量为 W 的重物，不计各杆的自重，试画出杆 AB、杆 CD（带滑轮）的受力图。

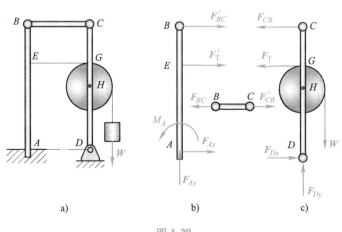

图 1-29

解：1）取 AB 杆为研究对象，AB 杆上没有已知力作用。其中 A 点为固定端约束，其约束力为 F_{Ax}、F_{Ay} 和 M_A；BC 为二力构件，其约束力为 F'_{BC}；E 处为柔索约束，作用有约束力 F'_T。杆 AB 的受力图如图 1-29b 所示。

2）选取 CD 杆与滑轮作研究对象。其中 D 处为固定铰支座，用一对正交分力表示其约束力；由于杆 BC 为二力杆，则构件 CD 上 C 处的约束力与构件 AB 上 B 处的约束力等值反向；G 处为柔索约束，其作用力与构件 AB 上 E 处的约束力等值反向，其受力图如图 1-29c 所示。

这里，需要说明的是，一般我们不将连接在杆上的滑轮单独拆开绘制其受力分析图，这是因为拆开滑轮后，会增加并不需要求解的约束力。当然，如果要分析滑轮和杆件相连部位的销钉的受力，特别是在材料力学部分需要分析连接件的强度时，这时候拆开滑轮分析是必要的。

例题 1-6　图 1-30a 所示为一简易支架，已知支架受载荷集度为 q 的均布载荷作用。不计各杆的自重，试画出整体结构及各个部件的受力图。

解：1）研究整体，整体在 A、B 两处受到固定铰链约束，按照固定铰链约束的性质，分别画出 A、B 两处的约束力，整体的受力图如图 1-30b 所示。

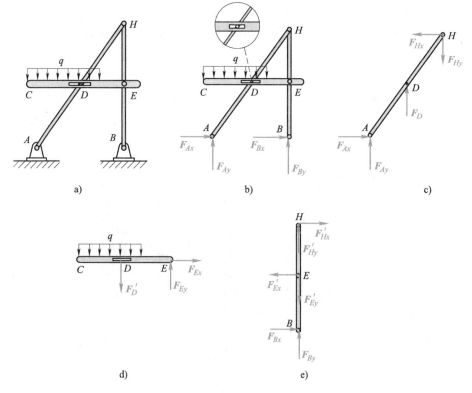

图 1-30

2）*AH* 杆上 *H* 处为圆柱铰链约束，*AH* 杆和 *CE* 杆之间是在 *D* 处通过滑槽和销钉约束的，与光滑接触面约束类似，滑槽限制了销钉垂直于滑槽方向的运动，因此 *AH* 杆在 *D* 处受垂直于 *CE* 杆的约束力，*A* 处的约束力和整体受力图中 *A* 处的约束力一致；*AH* 杆的受力图如图 1-30c 所示。

3）水平杆 *CE* 上受载荷集度为 *q* 的均布载荷作用，*E* 处为圆柱铰链约束，*D* 处的约束力与 *AH* 杆上 *D* 处的约束力互为作用力与反作用力，如图 1-30d 所示。

4）*BH* 杆上各处的约束力与其他杆上与之相连接处的约束力互为作用力与反作用力。如图 1-30e 所示。

受力分析是定性分析。通过受力分析，明确问题中的已知力和未知力。在静力学问题中，可以利用平衡条件等计算出未知力的大小；在动力学问题中，可以建立系统的受力与系统的角速度、角加速度、速度、加速度等运动物理量之间的关系。所以，受力分析是解决复杂力学问题的第一步工作，也是最为重要的工作。

思 考 题

1-1　二力平衡条件与作用和反作用定律本质的区别是什么？

1-2　力偶还能进一步简化吗？

1-3　以下说法是否正确：

1）受两个力作用的构件称为二力构件。

2）物体受三个力作用，则这三个力一定共面，要么相互平行，要么汇交于一点。

3）两个力的合力的大小一定大于它的任意一个分力的大小。

4）任何情况下，力系对物体的作用都能被其合力替代。

1-4　如思考题 1-4 图所示的杆件上作用力偶（*F*, *F*），若改变其作用位置，则哪种情况（思考题 1-4 图 a～c）下力偶的作用效果不会改变？

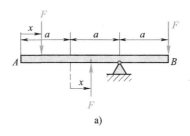

思考题 1-4 图

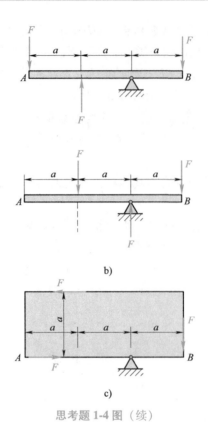

思考题 1-4 图（续）

1-5　力偶的合矢量等于零，按合力矩定理，力偶对任意一点的矩也等于零。这个说法是否正确？

1-6　不计摩擦时，思考题 1-6 图所示齿轮油泵机构中存在哪些约束？天车起重机又能简化为什么样的力学模型？

齿轮油泵

天车起重机

思考题 1-6 图

1-7　思考题 1-7a 图所示无重直杆 ACD 在 C 处以光滑铰链与刚杆 BC 连接，若以整体为研究对象，以下受力图中哪一个是正确的？

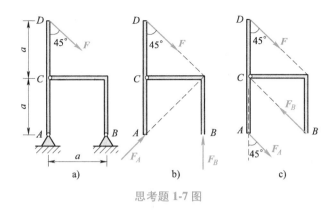

思考题 1-7 图

习　　题

1-1　试计算习题 1-1 图中各力在轴 x、y 上的投影值，其中 $F_1 = 2kN$，$F_2 = 5kN$，$F_3 = 10kN$，$F_4 = 5kN$，并计算该力系的合力在轴 x、y 上的投影值。

1-2　如习题 1-2 图所示，将大小为 100N 的力 F 沿 x、y 方向分解，若 F 在 x 轴上的投影为 50N，而沿 x 方向的分力的大小为 200N，求 F 在 y 轴上的投影。

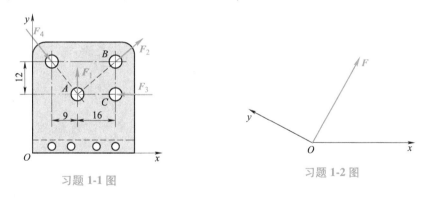

习题 1-1 图　　　　　　　　　　　　　习题 1-2 图

1-3　试计算习题 1-3 图中力 F 对点 A 的矩。

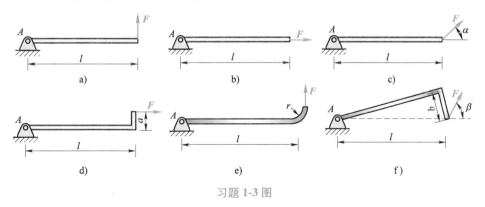

习题 1-3 图

1-4 如习题 1-4 图所示，用铰接结构悬挂在顶面上的丁字尺中，求其主动力系的合力对 O 点的力矩。图中各力、尺寸、角度均为已知。

1-5 如习题 1-5 图所示悬臂刚架，已知载荷 $F_1 = 12\text{kN}$，$F_2 = 6\text{kN}$。试求 F_1 与 F_2 的合力 F_R 对 A 点的矩。

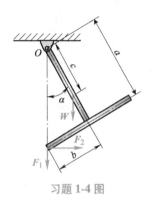

习题 1-4 图

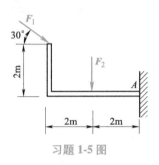

习题 1-5 图

1-6 试计算习题 1-6 图中力 F 对点 A、B 的矩。

1-7 已知 F、R、r 和 α，如习题 1-7 图所示，求轮轴上作用的力 F 对轮与地面接触点 A 的力矩。

1-8 试求习题 1-8 图所示主动力系（F，F）对点 E 的合力矩。

1-9 如习题 1-9 图所示十字杆，已知 $F_1 = F_1' = 5\text{kN}$，$F = F' = 2\text{kN}$，图中长度单位为 m。不计杆重，试求所示力系对 B 点的矩。

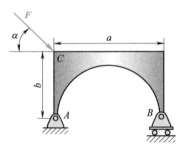

习题 1-6 图

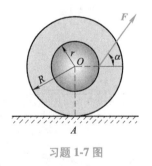

习题 1-7 图

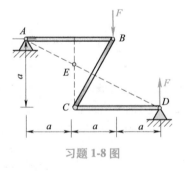

习题 1-8 图

1-10 如习题 1-10 图所示，已知在边长为 a 的正六面体上作用有 $F_1 = 6\text{kN}$，$F_2 = 2\text{kN}$，$F_3 = 3\text{kN}$。试计算各力在坐标轴上的投影分量以及各力对坐标轴 x、y 和 z 之矩。

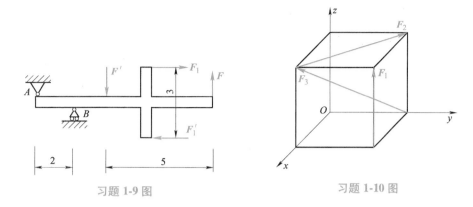

习题 1-9 图　　　　　　　　　　习题 1-10 图

1-11　如习题 1-11 图所示，在直角弯杆的 C 端作用着力 $\boldsymbol{F}$，$F=20\text{N}$，试求该力对各坐标轴以及坐标原点 O 之矩。已知 $OA=a=4\text{m}$，$AB=b=6\text{m}$，$BC=c=3\text{m}$，$\alpha=30°$，$\beta=60°$。

1-12　某工业机器人局部简化结构，必要的尺寸均在习题 1-12 图中标出，角 $\varphi=30°$，$\theta=60°$。力 $\boldsymbol{F}$ 作用在点 A，求力 $\boldsymbol{F}$ 对轴 x、y、z 之矩。

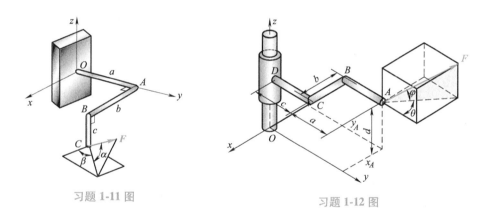

习题 1-11 图　　　　　　　　　　习题 1-12 图

1-13　试画出习题 1-13 图所示各物体的受力图。

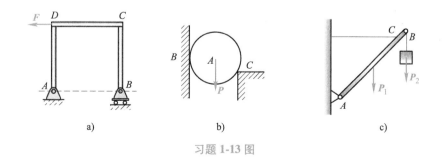

a)　　　　　　　b)　　　　　　　c)

习题 1-13 图

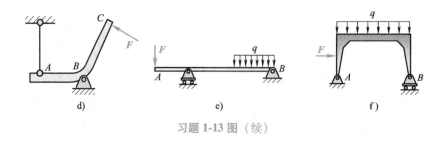

习题 1-13 图（续）

1-14 如习题 1-14 图所示，不计各处摩擦，绘制系统整体和各个部件的受力图。

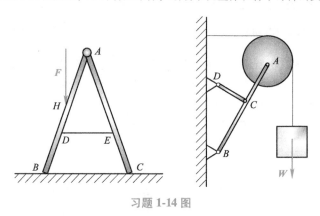

习题 1-14 图

1-15 试画出习题 1-15 图所示各个结构中每个物体及整体的受力图。

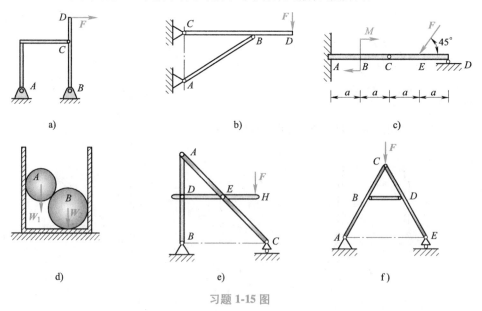

习题 1-15 图

第 2 章
力系的简化

构件在实际工程中经常会受到比较复杂的力系的作用，计算分析非常困难，因此常将其简化为等效力系，这个过程称为力系的简化或者力系的合成。本章首先讨论平面力系的简化，进而采用与平面力系相似的方法，简单讨论空间力系的简化问题。

2.1 力系等效的基本原理和方法

在对力系进行简化的过程中，必须要保证简化前后力系是等效的。常常依据以下几个原理和方法进行简化。

1. 力的平行四边形法则——用于简化共点力系

作用于物体上同一点的两个力，可以合成为一个合力。合力作用在该点，其大小和方向由这两个力构成的平行四边形的对角线确定。

2. 加减平衡力系原理

既然平衡力系与零力系等效，那么平衡力系不会改变刚体原有的运动状态。因此，在刚体上增加或减去一组平衡力系不会改变原力系对刚体的作用。力系的这一基本性质称为加减平衡力系原理。

3. 力的可传性原理——可用于将作用在刚体上某点的力沿其作用线滑移到某个新作用点位置

图 2-1a 中，在刚体的点 A 上作用着力 F，点 B 是 F 作用线上的另一点。在点 B 上沿着 F 的作用线施加一对平衡力 F'、F''，令 $|F| = |F'| = |F''|$，如图 2-1b 所示。根据加减平衡力系原理可知，图 2-1a 与图 2-1b 所示力系是等效的。在图 2-1b 中，F 与 F'' 等值、反向、共线，是一对平衡力，再次利用加减平衡力系原理将其去掉，得到图 2-1c。可知，图 2-1a 与图 2-1c 所示力系是等效的。即：作用在刚体上的力，沿其作用线滑移后，作用效应不变，这就是力的可传性原理。因此，对于刚体而言，力的三要素是力的大小、方向和其作用线位置。

4. 力的平移定理——可用于将作用在刚体上的力等效平移至其他位置上

设有一力 F 作用于刚体上点 A，点 O 是刚体上的另外一点，如图 2-2a 所示。在点 O 上沿平行于力 F 的作用线方向施加一对距离 F 作用线为 d 的平衡的力 F' 与 F''，令 $|F| = |F'| = |F''|$，如图 2-2b 所示。据加减平衡力系原理，图 2-2a 和

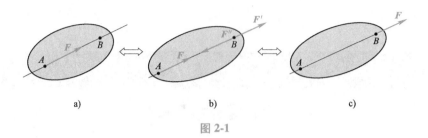

图 2-1

图 2-2b 所示的力系是等效的。其中，F 与 F'' 等值反向平行，组成了一个作用在由点 O 和力 F 所确定的平面内的力偶 M，如图 2-2c 所示。该力偶的力偶臂为 d，其力偶矩 $M = \pm Fd = M_O(F)$。

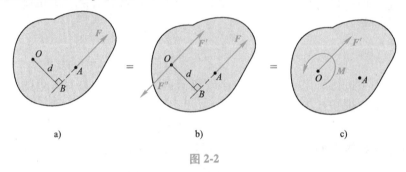

图 2-2

显然图 2-2 所示的三种情况是完全等效的，因此有：作用在刚体上的力 F，可以平行移动至刚体内任一点，为保持原来的作用效果，必须同时增加一个附加力偶，其力偶矩等于原力 F 对新作用点 O 的矩：

$$M = M_O(F) = \pm Fd \qquad (2-1)$$

这就是力的平移定理。

在对传动轴进行受力分析时（图 2-3a），常利用力的平移定理，将作用在齿轮接触点的各力平移至轴线处，得到其受力简图（图 2-3b）。

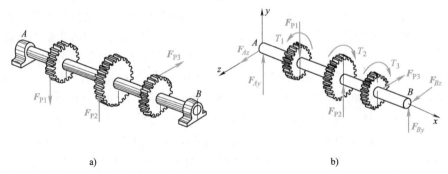

图 2-3

2.2 平面汇交力系的简化

1. 几何法

设作用在刚体上的四个力 F_1、F_2、F_3、F_4 为一汇交于点 O 的平面汇交力系（图 2-4a）。

1）利用平行四边形法则，先求出 F_1、F_2 的合力 F_{R1}，再求出 F_{R1} 与 F_3 的合力 F_{R2}，最后得到 F_{R2} 与 F_4 的合力 F_R，如图 2-4b 所示。

2）利用三角形法则，将这些力平移，首尾相连，再添加从第一个力起始位置指向最后一个力终点位置的有向线段 F_R。F_1、F_2、F_3、F_4、F_R 形成封闭的多边形，称为力多边形，其中作为封闭边的 F_R 的大小和方向就是力系合力的大小和方向。如图 2-4c 所示。

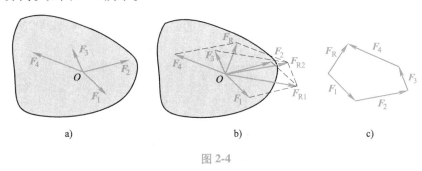

a)　　　　　　　　　　b)　　　　　　　　　　c)

图 2-4

推广到有 n 个力作用的平面汇交力系，可以得到结论：平面汇交力系的合成结果是一个作用在汇交点的合力，其大小和方向由汇交力系的力多边形封闭边确定。即

$$F_R = F_1 + F_2 + \cdots + F_n = \sum_{i=1}^{n} F_i \qquad (2\text{-}2)$$

2. 解析法

解析法是利用合力投影定理［式(1-4)］求解汇交力系的合力的。

例题 2-1　试用解析法求解图 2-5 所示汇交力系的合力 F_R。

解　1）以力系的汇交点为坐标原点，建立直角坐标系 Oxy。计算各力在坐标轴 x、y 上的投影。由式（1-4），可得

$$\sum F_x = F_{1x} + F_{2x} + F_{3x}$$
$$= F_1\cos0° + F_2\cos(-90°) - F_3\cos30° = (732 + 0 - 2000 \times 0.866)\text{N} = -1000\text{N}$$
$$\sum F_y = F_{1y} + F_{2y} + F_{3y}$$
$$= F_1\sin0° + F_2\sin(-90°) - F_3\sin30° = (0 - 732 - 2000 \times 0.5)\text{N} = -1732\text{N}$$

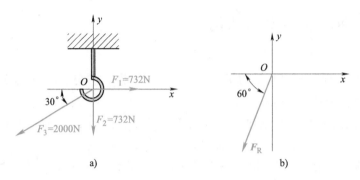

图 2-5

2）利用式（1-5）和式（1-6），计算合力 F_R 的大小与方向为

$$F_R = \sqrt{(\sum F_x)^2 + (\sum F_y)^2} = \sqrt{(-1000)^2 + (-1732)^2}\,\text{N} = 2000\text{N}$$

$$\cos\langle F_R,\ i\rangle = \cos\alpha = \frac{\sum F_x}{F} = -\frac{1000}{2000} = -0.5$$

$$\cos\langle F_R,\ j\rangle = \cos\beta = \frac{\sum F_y}{F} = -\frac{1732}{2000} = -0.866$$

合力的投影分量 F_{Rx}、F_{Ry} 都是负值，因此角 α 为合力 F_R 与 x 轴负方向的夹角，如图 2-5b 所示。实际中也常常用力与坐标轴夹角的正切值计算力的方向。

2.3 平面力偶系的简化

作用于同一刚体上同一平面内的多个力偶构成的力系称为平面力偶系。

在图 2-6a 所示的平面力偶系中有力偶（F_1，F_1'）和力偶（F_2，F_2'），且力偶矩分别为 $M_1 = -F_1 d_1$ 和 $M_2 = F_2 d_2$。利用力偶的等效条件，用图 2-6b 中的力偶（F_3，F_3'）和力偶（F_4，F_4'）分别等效替代力偶（F_1，F_1'）和力偶（F_2，F_2'），即

$$-F_3 d = -F_1 d_1 = M_1,\quad F_4 d = F_2 d_2 = M_2$$

再分别将作用于 A 点和 B 点的力合成，成为新的力偶，其中

$$F = F_4 - F_3,\quad F' = F'_4 - F'_3$$

则该力偶（F，F'）的力偶矩为

$$M = Fd = (F_4 - F_3)d = M_2 + M_1$$

推广到有若干个力偶作用的平面力偶系，可知：平面力偶系合成的结果是一个力偶，且该力偶的矩等于力偶系中各力偶之力偶矩的代数和：

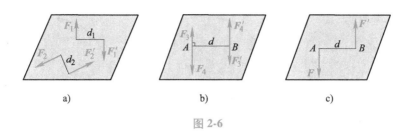

图 2-6

$$M = M_1 + M_2 + \cdots + M_n = \sum_{i=1}^{n} M_i \tag{2-3}$$

例题 2-2　用多头钻床在水平放置的工件上同时加工四个直径相同的孔，如图 2-7 所示。每个钻头的切削力偶矩 $M_1 = M_2 = M_3 = M_4 = -15\text{N} \cdot \text{m}$，求工件受到的总切削力偶矩。

 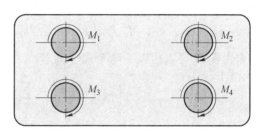

图 2-7

解：取工件为研究对象，根据式（2-3）可求出工件所受到的总切削力偶矩

$$M = \sum M_i = M_1 + M_2 + M_3 + M_4 = 4 \times (-15\text{N} \cdot \text{m}) = -60\text{N} \cdot \text{m}$$

负号表示总的切削力偶是顺时针的。

在机械加工中需要根据总切削力偶矩来考虑夹紧装置的结构及设计夹具。

2.4　平面一般力系的简化　主矢　主矩

1. 平面一般力系的简化的方法与结果

由多个力组成的一般力系的简化问题，可以应用力的平移定理，将力系中所有的力向同一点平移，再进一步简化。下面以平面一般力系为例，说明一般力系的简化方法与结果。

设刚体上作用有一平面一般力系 $\{\boldsymbol{F}_1, \boldsymbol{F}_2, \cdots, \boldsymbol{F}_n\}$，在力系的作用面内任取一点 O 作为简化中心，如图 2-8a 所示。

将力系中的各力向点 O 平移，根据力的平移定理，每一个平移的力 $\boldsymbol{F}_i$ 都会产生一个附加力偶 $M_i = M_O(\boldsymbol{F}_i)$，于是得到由 $\{\boldsymbol{F}_1', \boldsymbol{F}_2', \cdots, \boldsymbol{F}_n'\}$ 所构成的作

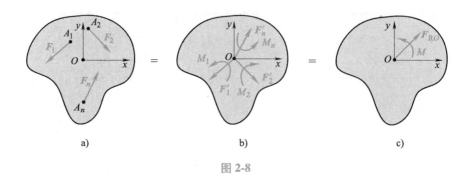

图 2-8

用于点 O 的平面汇交力系，以及由各附加力偶 $\{M_1，M_2，\cdots，M_n\}$ 构成的平面力偶系，如图 2-8b 所示。

将平面汇交系 $F'_1，F'_2，\cdots，F'_n$ 简化一个作用于点 O 的合力 $F_{RO} = \sum_{i=1}^{n} F'_i$ ，将力偶系 $M_1，M_2，\cdots，M_n$ 合成为一个合力偶 $M = \sum_{i=1}^{n} M_i$ ，如图 2-8c 所示。合力 F_{RO} 与合力偶 M 可以由以下两个式子确定：

$$F_{RO} = \sum_{i=1}^{n} F'_i = \sum_{i=1}^{n} F_i = F_R \tag{2-4}$$

$$M = \sum_{i=1}^{n} M_i = \sum_{i=1}^{n} M_O(F_i) = M_O \tag{2-5}$$

式 (2-4) 中，$F_R = \sum_{i=1}^{n} F_i$ 是力系中所有的力的矢量和，称为力系的 主矢。$M_O = \sum_{i=1}^{n} M_O(F_i)$ 为原平面力系中所有的力对点 O 之矩的代数和，称为原力系对简化中心的 主矩，点 O 称为 简化中心。

注意：合力 F_{RO} 是一个力，有大小、方向和作用线三个要素，而主矢 F_R 是矢量和，只有大小、方向，没有作用点；合力偶 M 为一个力偶，而主矩 M_O 是力系对某点的力矩之和。

由此得出结论：平面一般力系向作用面内任一点 O 简化，一般可以得到一个力和一个力偶。该力作用于简化中心 O，其大小及方向与原力系的主矢相同；该力偶之矩等于原力系对简化中心 O 的主矩。

由于主矢 F_R 只是原力系中各力的矢量和，它仅仅取决于原力系中各力的大小和方向，因此主矢 F_R 与简化中心的位置无关；而主矩 M_O 等于原力系中各力对简化中心 O 点之矩的代数和，简化中心位置的变化将影响原力系各力的矩，故一般情况下，主矩与简化中心的位置有关。因此主矩需标注简化中心的符号，例如 M_O。

可以用解析法和几何法分别计算主矢。

（1）**解析法** 在矩心 O 建立直角坐标系 Oxy（图 2-8a），则主矢沿坐标轴的投影为

$$F_{\mathrm{R}x} = \sum F_{ix}, F_{\mathrm{R}y} = \sum F_{iy} \qquad (2-6)$$

式中，F_{ix}、F_{iy} 分别为各力 F_i 沿坐标轴方向的投影。主矢的大小为

$$F_{\mathrm{R}} = \sqrt{F_{\mathrm{R}x}^2 + F_{\mathrm{R}y}^2} \qquad (2-7)$$

方向余弦为

$$\cos\langle F_{\mathrm{R}}, i \rangle = \frac{F_{\mathrm{R}x}}{F_{\mathrm{R}}}, \cos\langle F_{\mathrm{R}}, j \rangle = \frac{F_{\mathrm{R}y}}{F_{\mathrm{R}}} \qquad (2-8)$$

主矩的大小和转向可由式（2-5）确定。

（2）**几何法** 将原力系中所有力矢依次首尾相连，构成力多边形（图2-9），该力多边形的封闭边的大小和方向即为该力系主矢的大小和方向。

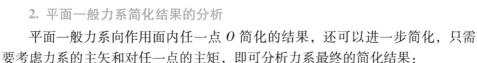

图 2-9

需要指出的是，力系向一点简化的方法是适用于任何力系的普遍方法。

2. 平面一般力系简化结果的分析

平面一般力系向作用面内任一点 O 简化的结果，还可以进一步简化，只需要考虑力系的主矢和对任一点的主矩，即可分析力系最终的简化结果：

（1）**力系简化为一个力**

1）若 $F_{\mathrm{R}} \neq 0$，$M_O = 0$：原力系简化为一个通过简化中心的力，该力矢的大小和方向与力系的主矢相同，即 $F_{\mathrm{R}O} = F_{\mathrm{R}}$。

2）若 $F_{\mathrm{R}} \neq 0$，$M_O \neq 0$：原力系可以进一步简化为一个合力。如图 2-10a 所示，将力偶 $M(M = M_O)$ 表示为（F，F'），并使力偶中的力 $|F| = |F_{\mathrm{R}}| = |F_{\mathrm{R}O}|$，其力偶臂 $d = \left|\dfrac{M_O}{F_{\mathrm{R}}}\right|$。将力偶在平面内移转，使 F' 与 $F_{\mathrm{R}O}$ 共线（图 2-10b）。将平衡力系（$F_{\mathrm{R}O}$，F'）减去，力系最终简化为一个作用于新位置的力 F（图2-10c）。

（2）**力系简化为一个力偶** 若 $F_{\mathrm{R}} = 0$，$M_O \neq 0$：原力系简化为一个力偶，其力偶矩等于原力系对简化中心的主矩。在这种情况下，原力系对任意一点的主矩与简化中心的位置无关。

（3）**力系平衡** 当 $F_{\mathrm{R}} = 0$，$M_O = 0$ 时，力系平衡。

对平面一般力系进行简化时，可以先选取一个简化中心，计算力系的主矢和

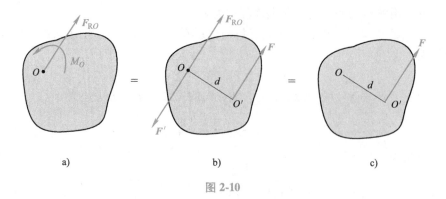

图 2-10

力系对简化中心的主矩，然后根据主矢和主矩的具体情况，做进一步分析简化。

例题 2-3　如图 2-11a 所示带运输机的滚筒，其半径 $R = 0.325$m，由驱动装置输入的力偶矩 $M = 4.65$kN·m，带紧边拉力为 $F_1 = 19$kN，带松边拉力为 $F_2 = 4.7$kN，带包角为 $\theta = 210°$，试将此力系向滚筒中心点 O 进行简化。

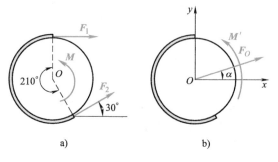

图 2-11

解：以点 O 为简化中心，取坐标系 Oxy 如图 2-11b 所示。

1）计算力系的主矢的大小与方向。由式（2-6），有

$$F_{Rx} = F_1 + F_2\cos30° = (19 + 4.7 \times \cos30°)\,\text{kN} = 23.07\text{kN}$$

$$F_{Ry} = F_2\sin30° = (4.7 \times \sin30°)\,\text{kN} = 2.35\text{kN}$$

则力系主矢的大小为 $F_R = \sqrt{F_{Rx}^2 + F_{Ry}^2} = \sqrt{23.07^2 + 2.35^2}\,\text{kN} = 23.2\text{kN}$

方向为 $\tan\alpha = \dfrac{F_{Ry}}{F_{Rx}} = \dfrac{2.35}{23.07} = 0.102$，$\alpha = 5.82°$

2）计算力系的主矩的大小与方向，由式（2-5）有

$$M_O = \sum M_O(\boldsymbol{F}_i) = M - F_1R + F_2R = (4.65 - 19 \times 0.325 + 4.7 \times 0.325)\,\text{kN·m}$$
$$= 0.0025\text{kN·m}$$

由此可知，力系向筒中心点 O 进行简化后得到的一个大小和方向与主矢 $\boldsymbol{F}_R$ 相同的力，即 $\boldsymbol{F}_O = \boldsymbol{F}_R$ 以及一个大小和转向与主矩 M_O 相同的力偶，即 $M' = M_O$。如图 2-11b 所示。

例题 2-4　重力坝受力如图 2-12a 所示。试求重力坝上所受力系的最简等效

力系。已知 $W_1 = 450\text{kN}$，$W_2 = 200\text{kN}$，$F_1 = 300\text{kN}$，$F_2 = 70\text{kN}$，$\theta = 16.7°$。

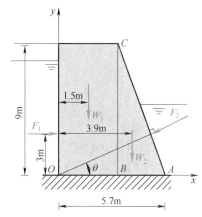

a)

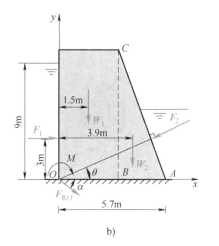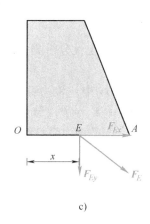

b)   c)

图 2-12

解： 为求最简等效力系，可以先选择一个点作为简化中心，再根据简化结果进一步简化。

1）将所有的力向 O 点简化，计算主矢和主矩。

主矢

$$F_{Rx} = \sum F_x = F_1 - F_2\cos\theta = (300 - 70\cos 16.7°)\text{kN} = 232.9\text{kN}$$

$$F_{Ry} = \sum F_y = -W_1 - W_2 - F_2\sin\theta = (-450 - 200 - 70\sin 16.7°)\text{kN}$$
$$= -670.1\text{kN}$$

主矢的大小和方向分别为

$$F_R = \sqrt{F_{Rx}^2 + F_{Ry}^2} = 709.4\text{kN}$$

$$\tan\alpha = \frac{F_{Rx}}{F_{Ry}}, \quad \alpha = -70.84°$$

主矩　　$\sum M_O(\mathbf{F}) = -F_1 \times 3\mathrm{m} - W_1 \times 1.5\mathrm{m} - W_2 \times 3.9\mathrm{m} = -2355\mathrm{kN \cdot m}$

可知，原力系向 O 点简化得到一个合力 $\mathbf{F}_{RO}$ 和一个力偶 M，如图 2-12b 所示。其中

$$F_{RO} = F_R = 709.4\mathrm{kN}, \quad \alpha = -70.84°$$

$$M = \sum M_O(\mathbf{F}) = -2355\mathrm{kN \cdot m}$$

2）由于主矢 $\mathbf{F}_R \neq \mathbf{0}$、主矩 $\sum M_O(\mathbf{F}) \neq 0$，可以进一步简化为一个作用在另一点上的力 $\mathbf{F}_E$，且 $F_E = F_R = 709.4\mathrm{kN}$。下面来确定合力作用位置。

根据合力矩定理可知 $M_O(\mathbf{F}_E) = M + M_O(\mathbf{F}_{RO}) = M$，且有

$$M_O(\mathbf{F}_E) = M_O(\mathbf{F}_{Ex}) + M_O(\mathbf{F}_{Ey}) = 0 + xF_{Ey}$$

可得合力在 x 轴上的截距，由此确定合力的位置（图 2-12c）

$$x = \frac{M_O(\mathbf{F}_E)}{F_{Ey}} = \frac{M}{F_{Ry}} = \frac{-2355\mathrm{kN \cdot m}}{-670.1\mathrm{kN}} = 3.514\mathrm{m}$$

例题 2-5　试定性分析图 2-13 所示平面力系简化的最简结果。

解：图 2-13a 中，该力系的多边形封闭，即主矢 $\mathbf{F}_R = \mathbf{F}_1 + \mathbf{F}_2 + \mathbf{F}_3 = \mathbf{0}$，但力系对点 A 的主矩 $M_A = M_A(\mathbf{F}_2) \neq 0$，因此该力系最终简化为一个力偶。

图 2-13b 中，力系的主矢为 $\mathbf{F}_R = \mathbf{F}_1 + \mathbf{F}_2 + \mathbf{F}_3 = 2\mathbf{F}_3 \neq \mathbf{0}$，对点 A 的主矩为 $M_A = M_A(\mathbf{F}_2) \neq 0$，因此该力系最终简化为一个力。

固定端约束力的分析

固定端处所受的约束力（图 2-14a），可视为一个任意分布的约束力系（图 2-14b）。利用任意力系简化的方法，将该力系向固定端截面形心简化，得到一个力（用一对正交分力来表示该力）和一个力偶，则固定端的约束力可以用一对正交分力和一个约束力偶来表达（图 2-14c）。

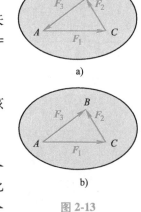

a)

b)

图 2-13

闻名遐迩的悬空寺（位于山西省大同市浑源县）悬挂于石崖中间，其承载的主要构件并不是外观看到的十几根碗口粗的木柱（图 2-15a），而是经过特殊处理后插入崖体的横梁（图 2-15b），被插入的墙体就可以视其为固定端约束。正是这些深埋在山中的横梁，托起整个楼阁，中国匠人赋予了横梁奉献与担当的精神。

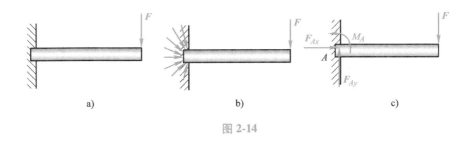

图 2-14

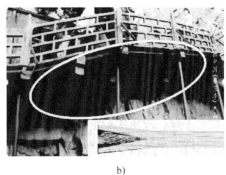

a)　　　　　　　　　　b)

图 2-15

注：图片素材来源于 CCTV-1。

2.5　空间一般力系的简化

1. 空间一般力系向一点简化　主矢　主矩

空间一般力系指的是在空间中任意分布的力系，对其简化的过程与平面力系的方法是相同的：运用力的平移定理将空间力系中所有的力向某一简化中心平移，得到一个空间汇交力系和一个空间力偶系（图 2-16b），并将这两个力系进一步分别合成为一个力和一个力偶，如图 2-16c 所示。

同样地，该力的大小和方向与力系的主矢相同，该力偶的力偶矩矢与力系对简化中心的主矩矢相同，即 $F_O = \sum\limits_{i=1}^{n} F_i' = \sum\limits_{i=1}^{n} F_i = F_R$，$M_O = \sum M_O(F_i)$。主矢的大小和方向余弦分别为

$$F_R = \sqrt{F_{Rx}^2 + F_{Ry}^2 + F_{Rz}^2} = \sqrt{(\sum F_{ix})^2 + (\sum F_{iy})^2 + (\sum F_{iz})^2}$$
$$\cos\alpha = \frac{\sum F_{ix}}{F_R}, \cos\beta = \frac{\sum F_{iy}}{F_R}, \cos\gamma = \frac{\sum F_{iz}}{F_R} \tag{2-9}$$

在主矢计算过程中，并没有涉及简化中心的位置，主矢与简化中心的位置

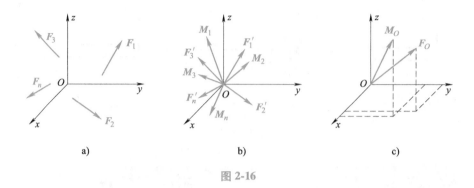

图 2-16

无关。

实际计算主矩时，可根据力矩关系原理［式(1-14)］，先计算各力对坐标轴的矩的代数和，得到主矩在坐标轴上的投影：

$$M_{Ox} = \sum M_x(F_i), \quad M_{Oy} = \sum M_y(F_i), \quad M_{Oz} = \sum M_z(F_i) \quad (2\text{-}10)$$

进而得到主矩 $\boldsymbol{M}_O$ 的大小和方向余弦

$$\left.\begin{array}{l} M_O = \sqrt{M_{Ox}^2 + M_{Oy}^2 + M_{Oz}^2} = \sqrt{\left[\sum M_x(F_i)\right]^2 + \left[\sum M_y(F_i)\right]^2 + \left[\sum M_z(F_i)\right]^2} \\[4mm] \cos\alpha' = \dfrac{\sum M_x(F_i)}{M_O}, \cos\beta' = \dfrac{\sum M_y(F_i)}{M_O}, \cos\gamma' = \dfrac{\sum M_z(F_i)}{M_O} \end{array}\right\}$$

$$(2\text{-}11)$$

2. 空间力系的简化结果

空间一般力系可以根据不同情形，进一步简化为更简单的力系，最后简化结果可能有：

（1）力系平衡　此时力系的主矢及力系对任意一点 O 的主矩都等于零，即 $\boldsymbol{F}_R = \boldsymbol{0}$，$\boldsymbol{M}_O = \boldsymbol{0}$，空间力系为平衡力系，在此力系作用下的刚体处于平衡状态。

（2）力系简化为合力偶　此时力系的主矢为零，力系对任意一点 O 的主矩不为零，即 $\boldsymbol{F}_R = \boldsymbol{0}$，$\boldsymbol{M}_O \neq \boldsymbol{0}$。该力偶矩等于力系对简化中心 O 的主矩。这种情况下简化结果与简化中心无关。

（3）力系简化为合力　简化过程中会出现两种情况：

1）当力系的主矢不为零，对 O 点的主矩为零，即 $\boldsymbol{F}_R \neq \boldsymbol{0}$，$\boldsymbol{M}_O = \boldsymbol{0}$ 时，力系简化为通过简化中心 O 的合力，合力矢的大小和方向等于力系的主矢，即 $\boldsymbol{F}_O = \boldsymbol{F}_R$。

2）当力系的主矢不为零，对 O 点的主矩也不为零，即 $\boldsymbol{F}_R \neq \boldsymbol{0}$，$\boldsymbol{M}_O \neq \boldsymbol{0}$，且 $\boldsymbol{F}_R$ 与 $\boldsymbol{M}_O$ 互相垂直时力系可以进一步简化为一个力。如图 2-17a 所示，力系向 O 点简化得到一个力 $\boldsymbol{F}_O = \boldsymbol{F}_R \neq \boldsymbol{0}$，以及一个力偶 $\boldsymbol{M} = \boldsymbol{M}_O \neq \boldsymbol{0}$，将 $\boldsymbol{M}$ 表示为作用在

F_O 作用面内的力偶（F_R'，F_R''），且 $F_R = F_R' = -F_R''$，此时力偶臂 $d = \dfrac{M}{F_R}$。令 F_R' 与 F_O 共线，使之成为平衡力系（图 2-17b），去掉这个平衡力系，力系最终简化为一个合力 F_R'，如图 2-17c 所示。

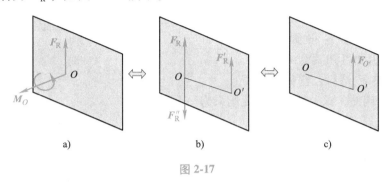

图 2-17

（4）**力系简化为力螺旋** 此时力系的主矢及力系对点 O 的主矩都不为零，即 $F_R \neq 0$，$M_O \neq 0$ 且 F_R 与 M_O 不垂直（图 2-18a）。力系向 O 点简化得到 $F_O = F_R \neq 0$，$M = M_O \neq 0$。可将力偶 M_O 分解为与 F_R 平行的力偶 M_2 和垂直于 F_R 的力偶 M_1，作用于简化中心上的合力 F_O 和与之垂直的力偶 M_1 可进一步简化为作用在点 O' 的力 $F_{O'}$。得到的 $F_{O'}$ 与 M_2 平行，无法进一步简化合成，它们构成了一种最简力系——力螺旋。工程中用电钻钻孔时钻头对工件的作用就是施加了力螺旋（图 2-18b）。

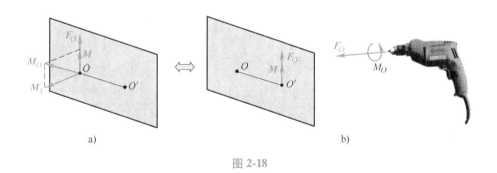

图 2-18

与平面力系的方法相同，可以通过求解空间力系的主矢和对任意一点的主矩，分析主矢和主矩的情况来判断空间力系简化的最终结果。

例题 2-6 正方体上作用着图 2-19a 所示力系，已知 $F_1 = F_3 = F_4 = F_5$，试定性分析该力系简化的最简结果。

解：1）主矢： $F_R = F_1 + F_2 + F_3 + F_4 = F_2 \neq 0$

2）主矩：力 $\boldsymbol{F}_1$ 和 $\boldsymbol{F}_5$ 组成力偶矢 $\boldsymbol{M}_1$，力 $\boldsymbol{F}_3$ 和 $\boldsymbol{F}_4$ 组成力偶矢 $\boldsymbol{M}_2$，力偶矢 $\boldsymbol{M}_1$ 和 $\boldsymbol{M}_2$ 合成力偶矢 $\boldsymbol{M}$，可知 $\boldsymbol{M} \neq \boldsymbol{0}$，如图 2-19b 所示。由已知条件 $F_1 = F_3 = F_4 = F_5$ 容易得到 $|\boldsymbol{M}_1| = |\boldsymbol{M}_2|$，由此可知其合力偶矩矢 $\boldsymbol{M}$ 与力矢 $\boldsymbol{F}_2$ 平行，它们组成了

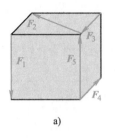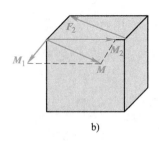

图 2-19

力螺旋。因此，该力系最终简化结果为一个力螺旋。

2.6 重心 形心 质心

在工程中，经常需要对分布载荷进行简化以方便进行力学分析，用简单的等效力系来替代较为复杂的分布载荷。对于刚体而言，其上两个力系等效的充分必要条件是它们的主矢相等，向任意一点简化主矩也相等。注意，变形体是没有等效力系的。

1. 分布载荷的合力

如图 2-20a 所示，设作用在长度 l 上的分布载荷 $q(x)$ 在微段 $\mathrm{d}x$ 上的微力 $\mathrm{d}F = q(x)\mathrm{d}x$，则分布载荷的合力的大小

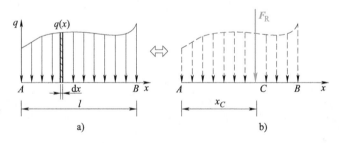

图 2-20

$$F_R = \int_l q(x)\,\mathrm{d}x \tag{2-12}$$

利用合力矩定理求解分布载荷合力作用线位置。取 A 点为矩心，有 $\int_l x q(x)\,\mathrm{d}x = F_R x_C$，将式（2-12）代入，可确定合力作用线的位置

$$x_C = \frac{\displaystyle\int_l x q(x)\,\mathrm{d}x}{\displaystyle\int_l q(x)\,\mathrm{d}x} \tag{2-13}$$

如图 2-20b 所示。

对于均布载荷（$q(x)=$ 常数 q），根据式（2-12）、式（2-13），可知其合力的大小 $F_R=ql$，合力作用线通过受载线段的中心，如图 2-21a 所示。对于最大载荷集度为 q_{max} 的三角形线性载荷，其合力大小及其作用线位置如图 2-21b 所示。

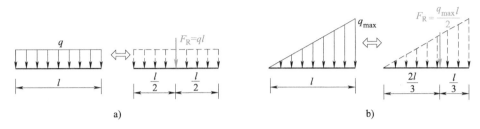

图 2-21

2. 重心、形心和质心

地球对其表面附近物体的引力称为**重力**。重力的大小称为物体的**重量**。重力作用在物体的每一个微小的部分上，是一个分布力系。工程上把物体各微小部分的重力视为空间平行力系，一般所说的重力，就是这个空间平行力系的合力。无论如何放置，在地球表面的刚体重力的合力作用线都通过该物体上的一个确定的点，这一点就称为物体的**重心**。相对于物体本身来说，一个物体的重心位置是固定不变的。

重心在工程中具有重要的意义。例如，重心的位置决定了机器人行动是否安全稳定，重心的位置也决定了载重物体或运动物体是否会发生倾覆。总之，重心对于物体的平衡、运动、构件是否能安全工作等都有密切的联系。

如图 2-22 所示的重为 W 的物体，取直角坐标系 $Oxyz$，其中 z 轴平行于物体的重力。将物体分割为许多微小部分，其中位于坐标 (x_i, y_i, z_i) 某一微小部分 M_i 的重力为 W_i，物体重心 C 的坐标 (x_C, y_C, z_C)，有 $W=\sum W_i$。利用合力矩定理，可得物体重心 C 的坐标公式为

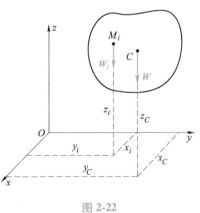

图 2-22

$$x_C=\frac{\sum W_i x_i}{W}, y_C=\frac{\sum W_i y_i}{W}, z_C=\frac{\sum W_i z_i}{W}$$

$$(2-14)$$

若物体是均质的，那么单位体积的重量 γ 是常数，设物体体积为 V，则有 $W=\gamma V$。由上式可得

$$x_C = \frac{\sum \Delta V_i x_i}{V}, \quad y_C = \frac{\sum \Delta V_i y_i}{V}, \quad z_C = \frac{\sum \Delta V_i z_i}{V} \tag{2-15}$$

式中，ΔV_i 表示微小部分 M_i 的体积，有 $W_i = \gamma \Delta V_i$。式（2-15）表明，均质物体的重心位置与物体的重量无关，完全取决于物体的大小和形状，均质物体的重心又称为形心。式（2-15）确定的点称为几何形体的形心。

对于均质物体等厚度薄板，则其形心坐标公式为

$$y_C = \frac{\sum A_i y_{Ci}}{A}, \quad z_C = \frac{\sum A_i z_{Ci}}{A} \tag{2-16}$$

将物体分割为无限多的小块，则式（2-16）可改写为积分形式

$$y_C = \frac{\int_A y \mathrm{d}A}{A}, \quad z_C = \frac{\int_A z \mathrm{d}A}{A}$$

由 n 个质点组成的质点系的质量为 m，设第 i 个质点 M_i 的质量为 m_i，相对于固定点 O 的矢径为 $\boldsymbol{r}_i$，则质点系的质量中心（简称质心）C 的矢径为

$$\boldsymbol{r}_C = \frac{\sum m_i \boldsymbol{r}_i}{m} \tag{2-17}$$

在地球表面附近，重力与质量成正比，将 $W_i = m_i g$，$W = mg$ 代入式（2-14），可得

$$x_C = \frac{\sum m_i x_i}{m}, y_C = \frac{\sum m_i y_i}{m}, z_C = \frac{\sum m_i z_i}{m} \tag{2-18}$$

式（2-18）为质心的坐标公式。在重力场中，物体的重心和质心的位置是重合的，均质物体的重心、形心和质心重合。

对于均质物体，若在几何形体上具有对称面、对称轴或对称点，则物体的重心或形心就在此对称面、对称轴或对称点上。若物体具有两个对称面，则重心在两个对称面的交线上；若物体有两根对称轴，则重心在两个对称轴的交点上。对于 z 方向等厚度的物体或薄板类构件，可将物体简化为垂直于厚度方向的平面图形。

例题 2-7 角钢的截面尺寸如图 2-23a 所示，在图示坐标下，确定其形心的位置。

解：将截面图形分割成为图 2-23a 所示的两个矩形 A_1 和 A_2，矩形 A_1 和 A_2 的形心 C_1 和 C_2 的坐标分别为

$$x_{C_1} = 10\text{mm}, \quad y_{C_1} = \left(20 + \frac{120-20}{2}\right)\text{mm} = 70\text{mm}$$

$$x_{C_2} = 50\text{mm}, \quad y_{C_2} = 10\text{mm}$$

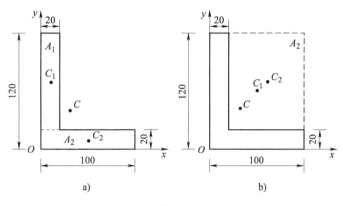

图 2-23

面积分别为

$$A_1 = \left[(120 - 20) \times 20 \right] \text{mm}^2 = 2000 \text{ mm}^2, \quad A_2 = (100 \times 20) \text{mm}^2 = 2000 \text{ mm}^2$$

根据式（2-16），计算截面的形心坐标

$$x_C = \frac{\sum A_i x_{C_i}}{A} = \frac{A_1 x_{C_1} + A_2 x_{C_2}}{A_1 + A_2} = \frac{2000 \times 10 + 2000 \times 50}{2000 + 2000} \text{mm} = 30 \text{mm}$$

$$y_C = \frac{\sum A_i y_{C_i}}{A} = \frac{A_1 y_{C_1} + A_2 y_{C_2}}{A_1 + A_2} = \frac{2000 \times 70 + 2000 \times 10}{2000 + 2000} \text{mm} = 40 \text{mm}$$

本题亦可将截面图形视为尺寸 100mm×120mm 的大矩形 A_1，挖去尺寸 80mm×100mm 的矩形 A_2，如图 2-23b 所示，此时矩形 A_1 和 A_2 各自的形心 C_1 和 C_2 的坐标分别为

$$x_{C_1} = 50 \text{mm}, \quad y_{C_1} = 60 \text{mm}$$

$$x_{C_2} = \left(20 + \frac{100 - 20}{2} \right) \text{mm} = 60 \text{mm}, \quad y_{C_2} = \left(20 + \frac{120 - 20}{2} \right) \text{mm} = 70 \text{mm}$$

面积分别为

$$A_1 = (120 \times 100) \text{mm}^2 = 12000 \text{mm}^2,$$

$$A_2 = \left[-(120 - 20) \times (100 - 20) \right] \text{mm}^2 = -8000 \text{mm}^2$$

由式（2-16），可得截面的形心坐标

$$x_C = \frac{\sum A_i x_{C_i}}{A} = \frac{A_1 x_{C_1} + A_2 x_{C_2}}{A_1 + A_2} = \frac{12000 \times 50 - 8000 \times 60}{12000 - 8000} \text{mm} = 30 \text{mm}$$

$$y_C = \frac{\sum A_i y_{C_i}}{A} = \frac{A_1 y_{C_1} + A_2 y_{C_2}}{A_1 + A_2} = \frac{12000 \times 60 - 8000 \times 70}{12000 - 8000} \text{mm} = 40 \text{mm}$$

工程中，对一些非均质或形状复杂的零部件，可以通过实验方法来确定其重心的位置，例如采用悬挂法、称重法等。

 思 考 题

2-1 力的可传性要满足哪两个条件?

2-2 一个平面汇交力系简化的最终结果会是什么情况?

2-3 一个力偶系简化的最终结果会是什么情况?

2-4 主矢与合力、主矩与合力矩有什么异同?

2-5 试说明平面一般力系和空间一般力系向一点简化过程的相同和不同之处。

2-6 什么是力螺旋? 你能在工程实际中找到力螺旋的实例吗?

2-7 试用力的平移定理,说明用单手扳动丝锥进行攻螺纹所产生的不良影响。

2-8 如思考题2-7图所示,沿着长方体的不相交且不平行的棱边作用三个大小相等的力,问边长 a, b, c 满足什么条件,该力系才能简化为一个力?

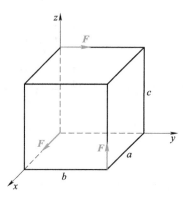

思考题 2-7 图

2-9 请查阅资料,试对悬空寺横梁进行受力分析,阐述横梁的设计对其承受载荷有哪些益处,以及从悬空寺承载构件的实际情况中能得到哪些启示?

习　　题

2-1 平面汇交力系如习题2-1图所示,其中 $F_1 = 200N$, $F_2 = 300N$, $F_3 = 100N$, $F_4 = 250N$。试求此力系的合力。

2-2 如习题2-2图所示,已知 $F_1 = 150N$、$F_2 = 200N$、$F_3 = 250N$、$F_4 = 100N$。试分别用几何法和解析法求其合力 $\boldsymbol{F}_R$。

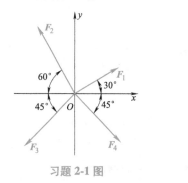

习题 2-1 图

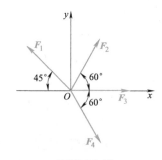

习题 2-2 图

2-3 如习题2-3图所示,某厂房吊车梁架的柱子,承受吊车传来的力 $F_1 = 250kN$,屋顶传来的力 $F_2 = 30kN$,试求力系向底面中心 O 简化的结果,图中的单位是 mm。

2-4 如习题2-4图所示,一绞盘有三个长度均为 l 的手柄,角度 $\varphi = 120°$,每个柄端各作用一垂直于柄的力 F,试求:(1) 向中心点 O 简化的结果;(2) 向 BC 连线的中点 D 简化的结果。

2-5 水平梁 AB 受三角形分布的载荷作用,如习题2-5图所示。载荷的最大集度为 q,梁

长 *l*。试求合力作用线的位置。

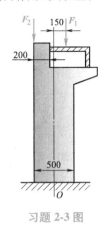

习题 2-3 图

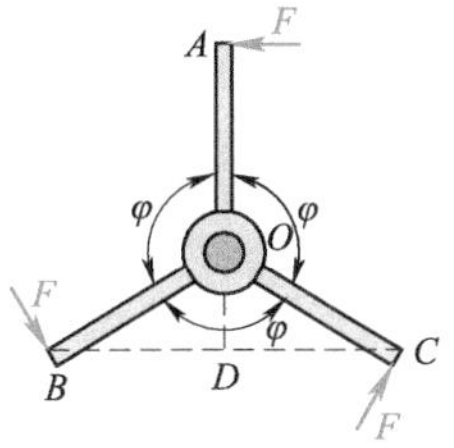

习题 2-4 图

2-6 如习题 2-6 图所示力系中，$F_1 = F_1' = 150\text{N}$，$F_2 = F_2' = 200\text{N}$，$F_3 = F_3' = 250\text{N}$。求合力偶的大小。

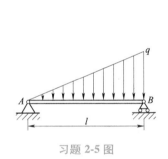

习题 2-5 图

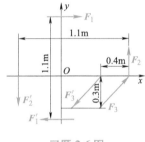

习题 2-6 图

2-7 如习题 2-7 图所示，作用于刚体上的三个平面力偶 $(\boldsymbol{F}_1, \boldsymbol{F}_1')$，$(\boldsymbol{F}_2, \boldsymbol{F}_2')$，$(\boldsymbol{F}_3, \boldsymbol{F}_3')$，其中 $F_1 = 200\text{N}$，$F_2 = 600\text{N}$，$F_3 = 400\text{N}$。求这三个平面力偶的最终简化结果。（图中的长度单位为 mm）

2-8 在习题 2-8 图所示平面力系中，已知：$F_1 = 10\text{N}$，$F_2 = 40\text{N}$，$F_3 = 40\text{N}$，$M = 30\text{N} \cdot \text{m}$。试求其合力，并画在图上。（单位：m）

2-9 习题 2-9 图所示平面力系向 O 点简化，得图示主矢 $F' = 20\text{kN}$，主矩 $M_O = 10\text{kN} \cdot \text{m}$。图中长度单位为 m，求力系分别向点 A（3，2）和点 B（-4，0）简化的结果。

2-10 如习题 2-10 图所示，悬臂梁长 $4a$，受集中力 $\boldsymbol{F}$、均布载荷 q 和矩为 M 的力偶作用，求该力系向 A 点简化的结果。

2-11 如习题 2-11 图所示，在图示正方体的表面 $ABIE$ 内作用一力偶，其矩为 $M = 50\text{kN} \cdot \text{m}$，转向如图所示；又沿着 GA、BH 作用有两个力 $\boldsymbol{F}$ 和 $\boldsymbol{F}'$，且 $F = F' = 50\sqrt{2}\text{kN}$，立方体的棱长 $a = 1\text{m}$。试求该力系向 C 点简化的结果。

2-12 如习题 2-12 图所示，在图示正立方体中，已知作用在 D_1 点的力 $F = 20\text{kN}$，立方体的棱长 $a = 1\text{m}$，力偶 $M = 10\sqrt{2}\text{kN} \cdot \text{m}$，作用在水平面 $ABCD$ 上。试求力系向 O 点简化的主矢、主矩，并表示在图上。

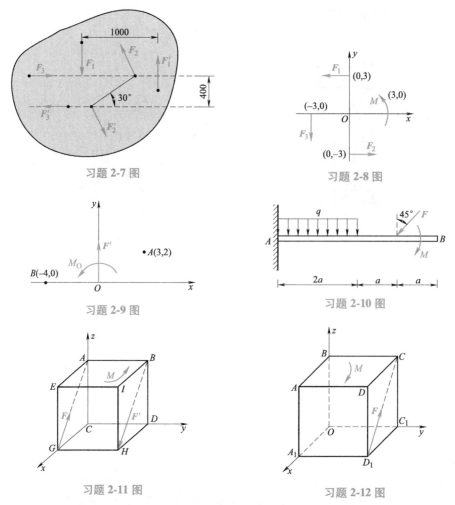

习题 2-7 图

习题 2-8 图

习题 2-9 图

习题 2-10 图

习题 2-11 图

习题 2-12 图

2-13　如习题 2-13 图所示，棱长为 6cm 的正方体的顶角上，作用有六个大小相等的力，每个力的大小等于 10N。试求此力系简化的最终结果。

2-14　求习题 2-14 图所示各图形的形心位置。

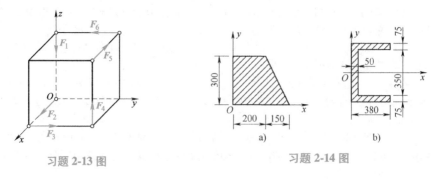

习题 2-13 图

a)　　　　b)

习题 2-14 图

第 3 章

刚体的平衡

对工程构件与机械零部件进行受力分析的目的是定性地确定作用在其上的力。本章根据第 2 章所述的力系的简化结果，以刚体平衡为条件建立起平衡方程，对未知力进行定量分析求解。本章首先介绍平面力系作用下刚体的平衡条件及平衡方程，重点讨论刚体和刚体系统的平衡问题及求解方法；然后简单介绍摩擦的概念，并简要讨论有摩擦刚体平衡问题的求解，最后介绍空间力系作用下刚体的平衡条件及平衡方程。

3.1 平面一般力系作用下刚体的平衡

1. 平面一般力系作用下刚体的平衡条件

在第 2 章和第 3 章中分别讨论过刚体平衡的受力条件，即：

1）二力平衡原理：刚体在两个力作用下平衡的充分必要条件是此二力等值、反向、共线。

2）三力平衡定理：刚体在三个力作用下平衡时，此三个力的作用线一定共面，或汇交于一点，或相互平行。

3）平面一般力系作用下刚体平衡的充分必要条件：力系的主矢和其对任意一点的主矩均等于零，即

$$F_R = \mathbf{0}, M_O = 0 \tag{3-1}$$

2. 平面一般力系作用下刚体的平衡方程

（1）基本形式（一矩式方程） 图 3-1 所示一组平衡力系，必然满足式（3-1），将式（3-1）向直角坐标系投影（图 3-1），可得

$$\sum F_{ix} = 0, \sum F_{iy} = 0, \sum M_O(F_i) = 0 \tag{3-2}$$

即在平面一般力系作用下刚体平衡的充分必要条件可以描述为：力系中各力在两个任选的不平行坐标轴上投影的代数和分别等于零，并且各力对于任意一点之矩的代数和也等于零。

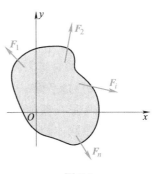

图 3-1

式（3-2）为平面一般力系的平衡方程的基本形式，因其有一个是力矩形式的方程，也称为一矩式方程。通常将力矩式方程简写为 $\sum M_O = 0$。式（3-2）中的三个平衡方程在数学上是相互独立的，因此用这组平衡方程至多可求解出三个未知量。由于平面力系的简化中心是任意的，因此在求解平衡问题时，可以取不同的矩心列出力矩方程。通过数学上的线性变换，由式（3-2）还可以得到平衡方程的其他两种形式。

（2）二矩式形式　三个平衡方程中有两个力矩方程，即

$$\left. \begin{array}{l} \sum F_{ix} = 0 \text{ 或 } \sum F_{iy} = 0 \\ \sum M_A = 0 \\ \sum M_B = 0 \end{array} \right\} \tag{3-3}$$

其中，投影方程所选择的投影轴不能与 A、B 两点的连线相垂直，否则，式（3-3）中的三个式子互相不再独立，这时将无法保证力系是平衡的。例如，若力系简化为不为零的力 F，当其作用线通过点 A 和点 B 的连线（图3-2），则 $\sum M_A = 0$ 和 $\sum M_B = 0$ 是成立的，由于力 F 与投影轴 x 垂直，$\sum F_{ix} = 0$ 也是成立的，即式（3-3）中三个方程都满足了，但实际上力系并不平衡。因此在使用式（3-2）的平衡方程时，需注意该式的应用条件。

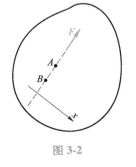

图 3-2

（3）三矩式形式　三个平衡方程全部为力矩方程，即

$$\sum M_A = 0, \sum M_B = 0, \sum M_C = 0 \tag{3-4}$$

其中，点 A、B 和 C 不能共线，否则上述三个力矩式方程不能相互独立，读者可自行思考其中的原因。

以上三种形式都是平面力系作用下刚体平衡要满足的平衡方程，三者是等价的。在实际应用时，需要根据具体情况选用，尽量做到求一个平衡方程中只包含一个未知量，从而减少联立方程带来的计算困难。

3. 几种平面特殊力系作用下刚体的平衡方程

式（3-2）是平面一般力系作用下刚体平衡方程的一般形式。平面一般力系是平面力系中最一般的情况，其他的平面力系可以看成是它的特例。在平面特殊力系作用下刚体的平衡方程可以由式（3-2）推导出。

（1）平面汇交力系作用下刚体的平衡方程　若将式（3-2）中力矩式方程的矩心选择在汇交点 O 上，由于所有的力都通过汇交点，对汇交点的矩为零，$\sum M_O(F_i) = 0$ 自然满足。式（3-2）可简化为

$$\sum F_{ix} = 0, \sum F_{iy} = 0 \tag{3-5}$$

此时，只有两个独立方程，最多可以求解两个未知量。事实上，式（3-5）也可写成一个投影方程和一个力矩式方程的形式，但矩心不能是汇交点。

（2）平面平行力系作用下刚体的平衡方程 由于平面平行力系中所有的力的作用线均相互平行，取直角坐标系 Oxy 的轴 y 与各力平行（图 3-3）。此时无论力系是否为平衡力系，式（3-2）中的第一式自然满足，因此有效的平衡方程为

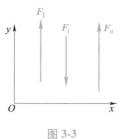

图 3-3

$$\sum F_{iy} = 0, \sum M_O = 0 \tag{3-6}$$

由于式（3-6）只有两个独立方程，因此最多只能求解两个未知量。需要注意的是，在式（3-6）中的轴 y 不能垂直于力的方向。

（3）平面力偶系作用下刚体的平衡方程 平面力偶系的主矢为零，该力偶系可以合成为一个力偶 $M = \sum\limits_{i}^{n} M_i$。若平面力偶系平衡，则其平衡方程为

$$\sum M_i = 0 \tag{3-7}$$

由于平面力偶系只有一个独立方程，故只能求解一个未知量。

4. 单个刚体的平衡问题求解

求解单个刚体的平衡问题时，一般按照下面的步骤进行：

1）选取合适的研究对象，画出研究对象的受力分析图。

2）建立合适的坐标系。

3）选择适当的平衡方程形式并予以求解。

在求解过程中，同一个问题可以有不同的求解思路。以下通过例题来说明求解的一些方法和技巧。

例题 3-1 如图 3-4a 所示的支架，在横梁 AB 的 B 端作用有一铅直向下的集中力 F，A、C、D 三处均为铰链连接，所有构件的自重不计。求铰链 A 的约束力和撑杆 CD 所受的力。

解：1）选取梁 AB 为研究对象，画其受力图。AB 上作用有主动力 F，在 A、C 两处有约束力。其中 CD 为二力杆（图 3-4c）。则 AB 在 C 处受到的约束力沿着 C、D 两点连线方向。A 处为固定铰支座，可采用两个正交分力来表示其约束力。如图 3-4b 所示，AB 所受力系为平面一般力系。

2）建立直角坐标系，并按照式（3-2）列写平衡方程

$$\sum F_{ix} = 0, F_{Ax} + F_C\cos 45° = 0 \tag{a}$$

$$\sum F_{iy} = 0, F_{Ay} + F_C\sin 45° - F = 0 \tag{b}$$

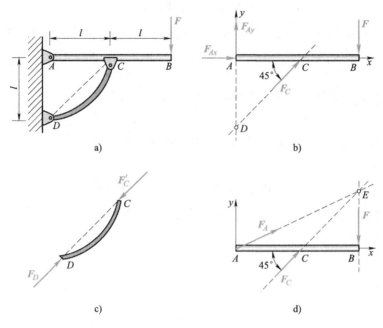

图 3-4

$$\sum M_A = 0, F_C\sin45° \cdot l - F \cdot 2l = 0 \qquad\qquad (c)$$

由式（c）可求得

$$F_C = \frac{2F}{\sin45°} = 2\sqrt{2}F$$

将结果代入式（a）和式（b），可分别解出

$$F_{Ax} = -2F, \quad F_{Ay} = -F$$

计算结果中的负号表示实际受力方向与受力图中预设的方向相反。

若将计算结果的两个正交分量进行合成，可得

$$F_A = \sqrt{F_{Ax}^2 + F_{Ay}^2} = \sqrt{5}F$$

本题也可以采用三矩式方程（图 3-4b）

$$\sum M_A = 0, \quad F_C\sin45° \cdot l - F \cdot 2l = 0$$

$$\sum M_C = 0, \quad -F_{Ay}l - Fl = 0$$

$$\sum M_D = 0, \quad -F_{Ax}l - F \cdot 2l = 0$$

在上述三式中，选择了两个未知力的交点作为方程的矩心，使得每个方程都只有一个未知力，求解更加方便快捷。

利用多个未知力的交点作为力矩式方程的矩心，是我们在解决平衡问题时

经常采用的技巧，在后面的例题中还将加以应用。

实际上，铰 A 上作用的是一个力 F_A，因此对于横梁 AB 仅受到 F_A、F_C 和 F 的作用。刚体在不平行的三个力作用下平衡，这三个力必然汇交于一点，构成一个汇交力系（图 3-4d）。读者可以自行对横梁 AB 画出受力分析，并按照汇交力系建立平衡方程及求解。

例题 3-2　如图 3-5a 所示，在直角折杆 AB 上作用一力偶矩为 M 的力偶。若不计各构件自重，试求支座 A 和 C 的约束力。

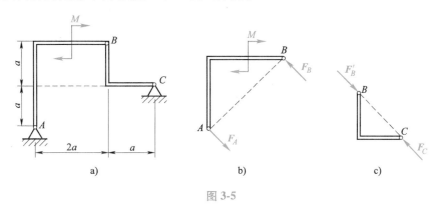

图 3-5

解：1）选取 AB 为研究对象，绘制其受力图，如图 3-5b 所示。

2）杆 BC 两端为铰链约束，不计自重时，BC 杆为二力杆，其受力如图 3-5c 所示。

3）列写平衡方程，由式（3-7）有

$$\sum M_i = 0,\, F_A \times 2\sqrt{2}\,a - M = 0$$

解得

$$F_A = F_B = F_C = \frac{\sqrt{2}M}{4a}$$

例题 3-3　不计自重的梁 AB 用三根支杆支撑，如图 3-6a 所示。已知 $F_1 = 20\text{kN}$，$F_2 = 40\text{kN}$，求各支杆的约束力。

解：1）选择梁 ABC 作为研究对象，画出受力分析图。梁 ABC 受主动力 F_1 和 F_2 的作用，AD、BE、CG 是二力杆，根据二力杆的受力特点，分别绘制它们对梁的约束力，如图 3-6b 所示。梁 AB 上所受的力组成平面一般力系，其中有三个未知力，本问题可解。为避免求解联立方程组，选择两个未知力作用线交点作为矩心，用二矩式方程求解。

2）建立直角坐标系。分别选取 O_1、O_2 为矩心建立平衡方程

$$\sum M_{O_1} = 0,\quad F_1 \times 6\text{m} + F_2\cos30° \times 2\text{m} + F_2\sin30° \times 4\text{m}$$

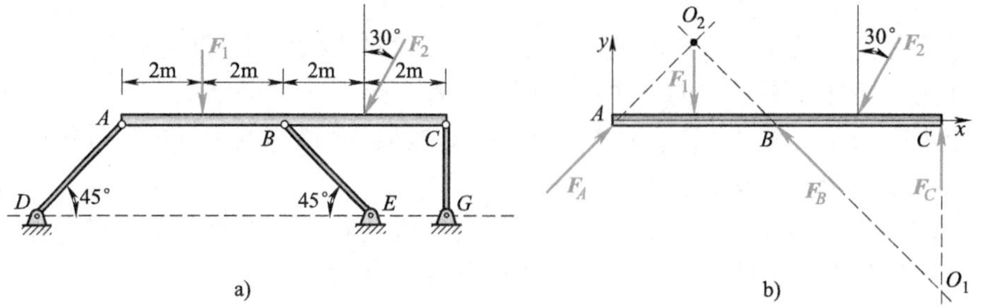

图 3-6

$$-F_A\sin45° \times 4\text{m} - F_A\cos45° \times 8\text{m} = 0$$

$$\sum M_{O_2} = 0,\quad -F_2\cos30° \times 4\text{m} - F_2\sin30° \times 2\text{m} + F_C \times 6\text{m} = 0$$

$$\sum F_x = 0,\ F_A\cos45° - F_B\cos45° - F_2\sin30° = 0$$

解得

$$F_A = \frac{F_1 \times 6\text{m} + F_2\cos30° \times 2\text{m} + F_2\sin30° \times 4\text{m}}{\sin45° \times 4\text{m} + \cos45° \times 8\text{m}} = 31.74\text{kN}$$

$$F_C = \frac{F_2\cos30° \times 4\text{m} + F_2\sin30° \times 2\text{m}}{6\text{m}} = 29.76\text{kN}$$

$$F_B = \frac{F_A\cos45° - F_2\sin30°}{\cos45°} = 3.46\text{kN}$$

若计算结果正确，则必满足不独立的投影方程$\sum F_y = 0$。验证

$$\sum F_y = F_A\sin45° - F_1 + F_B\sin45° - F_2\cos30° + F_C$$

$$= 31.74\text{kN} \times \frac{\sqrt{2}}{2} - 20\text{kN} + 3.46\text{kN} \times \frac{\sqrt{2}}{2} - 40\text{kN} \times \frac{\sqrt{3}}{2} + 29.76\text{kN} = 0$$

在求解$\boldsymbol{F}_B$时，也可用$\boldsymbol{F}_A$、$\boldsymbol{F}_C$作用线的交点作为力矩式方程的矩心，但是若$\boldsymbol{F}_A$、$\boldsymbol{F}_C$已经计算出大小，则用投影方程更为简便。

从上述几个例题可以看出，在求解平衡问题时，并不一定要拘泥于平衡方程的形式，应根据问题的具体情况，灵活选择力矩式方程或投影方程。

例题 3-4　悬臂梁 AB 如图 3-7a 所示，梁长 l，梁上作用的主动力有均布载荷 q、矩为 M 的集中力偶以及集中力 F。试求固定端 A 处的约束力。

解：1）以梁 AB 作为研究对象，画出受力分析图。梁 A 端是固定端，因此其约束力应包括两个正交分力和一个约束力偶 M_A。对于刚体，其上的均布载荷可依据静力等效原理，用其合力 $\boldsymbol{F}_q$代替，其大小为 $F_q = ql$，作用于梁 AB 的中间。如图 3-7b 所示。

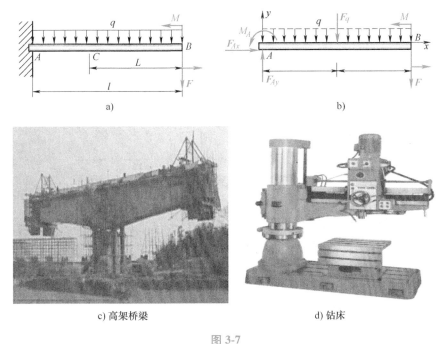

c) 高架桥梁　　　　　　d) 钻床

图 3-7

2）如图 3-7b 建立坐标系 Oxy，列平衡方程。由于存在约束力偶，故选择一矩式方程（力偶在坐标轴上的投影为零，投影方程中没有未知力偶，便于求解）

$$\sum F_x = 0, \quad F_{Ax} = 0$$

$$\sum F_y = 0, \quad F_{Ay} - ql - F = 0$$

$$\sum M_A = 0, \quad M_A - ql \times \frac{l}{2} + M - F \times l = 0$$

解得

$$F_{Ax} = 0$$

$$F_{Ay} = ql + F$$

$$M_A = \frac{1}{2}ql^2 + Fl - M$$

若将梁的长度减小至 L（即截面 C 处），用同样的方法可以求得 C 处的约束力分别为 $F_{Cx} = 0$，$F_{Cy} = qL + F < F_{Ay}$，$M_C = \frac{1}{2}qL^2 + FL - M < M_A$。由此可知，$A$ 处受力最大，若梁发生破坏则将会先从 A 处破坏。工程中，为了让梁既有较好的承载性能又没有过大的自重，常常设计成为变截面梁，如图 3-7c、d 所示。

例题 3-5　如图 3-8 所示，起重机的总重 $W_1 = 12\text{kN}$，吊起重物的重 $W_2 = 15\text{kN}$，平衡块重 $P = 15\text{kN}$，起重机尺寸为 $a = b = 1\text{m}$，$c = 1.2\text{m}$，$d = 0.8\text{m}$。求两轮的约束力。如若使起重机不致翻倒，试确定最大起重量 $W_{\max}$。

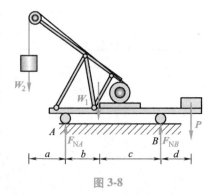

图 3-8

解：1）以起重机整体为研究对象，画出其受力图。由受力图可知，起重机受平面平行力系作用，只有两个独立方程，最多只能求解两个未知量。

2）列平衡方程，求解未知力

$$\sum M_A = 0, \quad W_2 a - W_1 b + F_{NB}(c + b) - P(b + c + d) = 0$$

$$F_{NB} = \frac{P(b + c + d) + W_1 b - W_2 a}{c + b} = \frac{15 \times (1 + 1.2 + 0.8) + 12 \times 1 - 15 \times 1}{1.2 + 1}\text{kN}$$

$$= 19.09\text{kN}$$

$$\sum F_y = 0, \quad -W_2 + F_{NA} - W_1 + F_{NB} - P = 0$$

$$F_{NA} = W_1 + W_2 + P - F_{NB} = (12 + 15 + 15 - 19.09)\text{kN} = 22.91\text{kN}$$

3）当起吊重量达到最大起重量 $W_{\max}$ 时，起重机应不致绕点 A 翻倒，约束力 F_{NB} 必须满足 $F_{NB} \geqslant 0$。由此得出

$$F_{NB} = \frac{P(b + c + d) + W_1 b - W_2 a}{c + b}$$

$$= \frac{15\text{kN} \times (1\text{m} + 1.2\text{m} + 0.8\text{m}) + 12\text{kN} \times 1\text{m} - W_2 \times 1\text{m}}{1.2\text{m} + 1\text{m}} \geqslant 0$$

解以上不等式得

$$W_2 \leqslant 57\text{kN}$$

即维持起重机安全可靠工作的最大吊起重量为 $W_{2\max} = 57\text{kN}$。

3.2　物体系统的平衡

若干个物体（刚体）用约束连接起来的系统称为物体系统（刚体系统）。刚体系统中各个部分之间的连接并不一定是刚性连接。当刚体系统平衡时，可以利用刚化原理将研究对象转化为一个刚体，利用前面所得到的平衡条件进行求解。

刚化原理：变形体在某一力系作用下处于平衡，若将处于平衡状态时的变形体换成刚体（刚化），则平衡状态不变。如图 3-9 所示弹簧系统，在弹簧处于平衡状态时（图 3-9a），可将弹簧刚化为刚体（图 3-9b），该系统仍然为平衡状

态。应用刚化原理，可将用于研究刚体平衡的基本理论与方法推广到研究某些非刚体或非刚体系统的平衡问题。

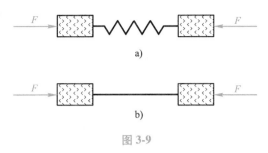

图3-9

物体系统平衡时，组成系统的每一个物体都处于平衡状态。工程实际中许多系统都是平衡系统。例如：一辆汽车、一台机器、一座楼房等都是由许多部件组成的，当这些零部件都处于平衡时整个系统就处于平衡状态了。

在求解刚体系统的平衡问题时，不仅要研究外界物体对系统的作用（外力），同时还要分析系统内部各物体之间的相互作用力（内力），未知量比较多。通常的做法是根据所需求的未知量，选择合适的研究对象，列出必要的方程进行求解。

求解刚体系统平衡问题的一般步骤是：

1）分析每一个研究对象所受未知力的数量，根据其所受力系的性质确定其独立的平衡方程数量，找到首先要分析的对象，确定合理的解题途径。

2）绘制研究对象的受力分析图。

3）按照解题顺序，逐步列方程求解。

以下通过几个例题加以说明。

例题 3-6　人字梯静止于光滑水平面上，其受力情况和结构尺寸如图 3-10a 所示。计算水平面对人字梯的约束力以及铰链 C 处的约束力。

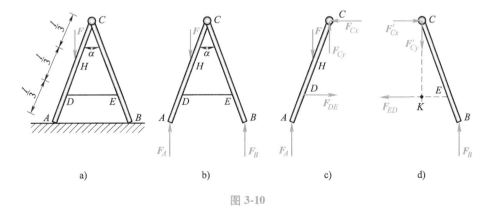

图 3-10

分析：由于要求解铰链 C 处的力，则需要将人字梯分为 AC 和 CB 两部分，才能将 C 处的内力转化为外力进行求解。这样就有三个可能的研究对象：整体、

杆 *AC*、杆 *CB*，它们的受力图如图 3-10a、b、c 所示。整体受平行力系的作用，未知力有两个，可以求解。而杆 *AC*、*CB* 均受平面一般力系的作用，并均有 4 个未知约束力。显然，先研究整体，得到约束力的解之后，杆 *AC* 和杆 *CB* 中的未知力就只有三个了，问题可以求解。

解：1）分析整体，绘制受力图，如图 3-10b 所示，列平衡方程

$$\sum M_A = 0, \quad F_B\left(2l\sin\frac{\alpha}{2}\right) - F\frac{2}{3}l\sin\frac{\alpha}{2} = 0$$

$$\sum F_y = 0, \quad F_A + F_B - F = 0$$

解得

$$F_B = \frac{F}{3}, \quad F_A = F - F_B = F - \frac{F}{3} = \frac{2F}{3}$$

2）取 *CEB* 为研究对象，绘制受力图，如图 3-10d 所示。取两个未知力的交点 *K* 为矩方程矩心，列写平衡方程

$$\sum F_y = 0, \quad F_B - F'_{Cy} = 0$$

$$\sum M_K = 0, \quad F_B l\sin\frac{\alpha}{2} - F'_{Cx}\frac{2}{3}l\cos\frac{\alpha}{2} = 0$$

解得

$$F'_{Cy} = F_B = \frac{F}{3}, \quad F'_{Cx} = \frac{3}{2}F_B\tan\frac{\alpha}{2} = \frac{F}{2}\tan\frac{\alpha}{2}$$

3）检验，取图 3-10c，得

$$\sum F_y = F_A - F + F_{Cy} = \frac{2F}{3} - F + \frac{F}{3} = 0$$

满足平衡方程。

例题 3-7 如图 3-11a 所示，组合梁由 *AC* 和 *CE* 用铰链进行连接，结构的尺寸和载荷均在图中标出。求梁的支座约束力。

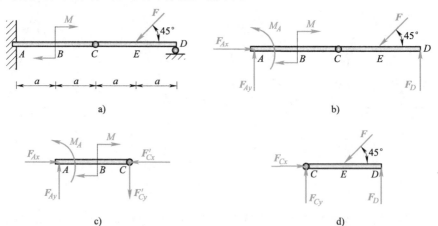

图 3-11

分析：该结构由两个部分构成，若以整体作为研究对象，其 A 端为固定端约束，D 端为活动铰支座，整体受含有 4 个未知力的平面一般力系作用，未知数超过了独立的平衡方程数目，仅从整体分析是无法求出所有的约束力的。若是以 AC 作为研究对象，其受力如图 3-11c 所示，有 5 个未知力；若是以 CD 作为研究对象，其受力如图 3-11d 所示，有 3 个未知量可解。求出这三个未知量，进而通过整体受力分析或分析 AC 部分，可求出剩余的待求约束力。

解：1）取 CD 为研究对象，绘制受力图如图 3-11d 所示，列写平衡方程

$$\sum F_x = 0, \quad F_{Cx} - F\cos 45° = 0,$$

$$\sum M_C = 0, \quad -F\sin 45° a + F_D \times 2a = 0$$

$$\sum F_y = 0, \quad F_{Cy} - F\sin 45° + F_D = 0$$

解得
$$F_{Cx} = \frac{\sqrt{2}}{2}F, \quad F_D = \frac{\sqrt{2}}{4}F, \quad F_{Cy} = \frac{\sqrt{2}}{4}F$$

2）取整体为研究对象，绘制受力图如图 3-11b 所示，列写平衡方程

$$\sum M_A = 0, \quad M_A - M - F\sin 45° \times 3a + F_D \times 4a = 0$$

$$\sum F_x = 0, \quad F_{Ax} - F\cos 45° = 0$$

$$\sum F_y = 0, \quad F_{Ay} - F\sin 45° + F_D = 0$$

解得
$$M_A = M + \frac{\sqrt{2}}{2}Fa, \quad F_{Ax} = \frac{\sqrt{2}}{2}F, \quad F_{Ay} = \frac{\sqrt{2}}{4}F$$

3）检验，取图 3-11c，请读者自行验证平衡方程是否成立。

说明：容易看到，CD 是构建在 AC 基础之上的，若脱离了 AC，它不能保持平衡状态，这样的部分我们通常称为结构的附属部分。而结构 AC 即使没有 CD 的存在，它也能够承载并保持平衡，这样的部分我们通常称为基本部分。结构在构建时，通常先有基础部分，再有附属部分，而在做结构的静力分析时恰恰相反，我们可以先求附属部分上的约束力，进而求解基本部分或整体的约束力。

例题 3-8　如图 3-12a 所示结构，$AB = BC = 1\text{m}$，$EK = KD$，$F_1 = 1732\text{N}$，$F_2 = 1000\text{N}$，忽略所有杆件的重力作用，计算约束力及杆 DC 受到的力。

分析：结构整体受力分析如图 3-12b 所示，共有五个未知量，因此可先由附属部分 EKD 出发，先求出二力构件 DC 所受到的力，然后以 ABC 为研究对象，求出 A 处的约束力。

解：1）取 EKD 为研究对象，如图 3-12c 所示。列写平衡方程
$$\sum M_E = 0, \quad F_D \cdot |DE|\cos 30° - F_1 \cdot |EK| = 0$$
$$\sum F_x = 0, \quad F_{Ex} - F_1\sin 30° = 0$$

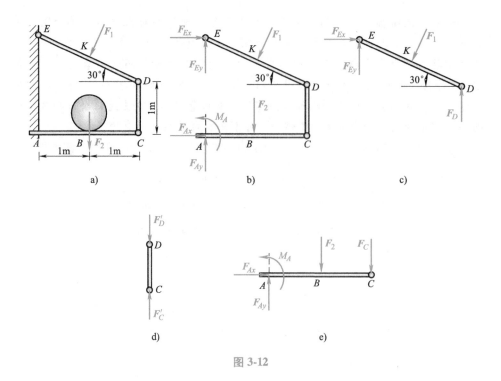

图 3-12

$$\sum F_y = 0, \quad F_{Ey} - F_1\cos30° + F_D = 0$$

解得
$$F_D = 1000\text{N}, \quad F_{Ex} = 866\text{N}, \quad F_{Ey} = 500\text{N}$$

2）由二力构件 DC（图 3-12d），可知 $F'_C = F'_D = F_D = 1000\text{N}$

3）取 ABC 为研究对象，受力如图 3-12e 所示，列写平衡方程

$$\sum M_A = 0, \quad M_A - F_C \cdot |AC| - F_2 \cdot |AB| = 0$$

$$\sum F_x = 0, \quad F_{Ax} = 0$$

$$\sum F_y = 0, \quad F_{Ay} - F_2 - F_C = 0$$

解得
$$M_A = 3000\text{N} \cdot \text{m}, \quad F_{Ax} = 0, \quad F_{Ay} = 2000\text{N}$$

3.3 考虑摩擦时物体的平衡

摩擦是一种普遍存在于有相对运动或有相对运动趋势的机械构件中的现象。在许多工程实践中，摩擦对物体的平衡与运动起到很重要的作用。摩擦在实际生活和生产中又表现为有利与有害的两个方面。人借助摩擦行走，车借助摩擦制动，传送带借助摩擦传送货物（图 3-13a）、带轮靠摩擦传动（图 3-13b），工程中摩擦焊就是利用工件接触面间摩擦产生的热量为热源进行焊接的方法（图 3-13c），这些都是摩擦有利的一面。但是摩擦会磨损零部件（图 3-13d），降低

效率，消耗能量等，这些又是摩擦有害的一面。

按照接触物体之间可能发生的运动进行分类，摩擦可以分为滑动摩擦和滚动摩擦。本书仅讨论有滑动摩擦的刚体的平衡问题。两个表面粗糙相互接触的物体，当发生相对滑动或存在滑动趋势时，在接触面上产生阻碍相对滑动的力，这种阻力称为滑动摩擦力，简称摩擦力。如果物体之间仅存在滑动趋势而没有滑动，这时候的摩擦力称为静摩擦力，一般用 $\boldsymbol{F}_s$ 表示。滑动发生之后的摩擦力，称为动摩擦力，用 $\boldsymbol{F}_d$ 表示。

摩擦力是一种被动力，它依赖于主动力的存在而存在。物体所受到的摩擦力的方向总是与物体的相对滑动或其滑动趋势方向相反。摩擦机理非常复杂，已超出本书的研究范围，这里仅对工程中常用的近似理论做简单介绍。

a)   b)

c)   d)

图 3-13

1. 库仑摩擦定律

考虑在粗糙水平面上放置一重为 W 的物体，并对其施加逐步增大的水平力 $\boldsymbol{F}_T$，当 $\boldsymbol{F}_T$ 不足以使物体运动起来时，物体保持静止，如图 3-14a 所示。根据物体的平衡条件，容易得出此时静摩擦力 $\boldsymbol{F}_s$ 的大小与水平力 $\boldsymbol{F}_T$ 相等，即

$$0 \leqslant F_s = F_T \leqslant F_{max} \tag{3-8}$$

由于静摩擦力不能随着 $\boldsymbol{F}_T$ 的增大无限制增大，当 $\boldsymbol{F}_T$ 的大小达到一定数值

时，物体处于将要滑动而没有滑动的临界状态，这时静摩擦力达到最大值 F_{smax}，称为**最大静摩擦力**，如图 3-14b 所示。实验表明，最大静摩擦力的大小与两物体之间的正压力 F_N 成正比，与物体之间的接触面积大小无关，即

$$F_{smax} = \mu_s F_N \tag{3-9}$$

式中，μ_s 称为**静摩擦因数**，与材料和接触面的粗糙程度有关，一般可以在机械工程手册中查到。如果需要较为准确的数值，则需通过试验测定。

此后，如果继续增大 F_T，物体将失去平衡而发生滑动，摩擦力将转变为动摩擦力 $\boldsymbol{F}_d$，如图 3-14c 所示。动摩擦力的方向与两接触面的相对运动速度方向相反，大小与正压力 F_N 成正比，即

$$F_d = \mu_d F_N \tag{3-10}$$

式中，μ_d 称为**动摩擦因数**。

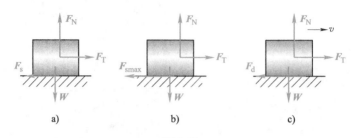

图 3-14

根据实验，可画出力 $\boldsymbol{F}_T$ 和摩擦力 $\boldsymbol{F}$ 的关系曲线，如图 3-15 所示。

以上的这些关于摩擦的规律是由 18 世纪法国物理学家、工程师库仑总结并提出，所以又称为**库仑定律**。应该指出，式 (3-9)、式 (3-10) 都是近似公式，实际情况复杂得多。例如，事实上动摩擦力会随着相对速度的增大而减

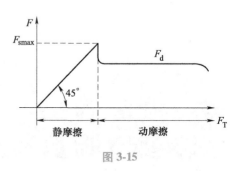

图 3-15

小。但由于库仑定律形式比较简单、计算方便，且所得结果又有足够的准确性，因此被工程界广泛应用至今。

2. 摩擦角与自锁

考虑摩擦时，处于静止的物体所受接触面的约束力包括法向约束力 $\boldsymbol{F}_N$ 和摩擦力 $\boldsymbol{F}_s$，如图 3-16a 所示。取其合力 $\boldsymbol{F}_R = \boldsymbol{F}_N + \boldsymbol{F}_s$，称其为接触面对物体的**全约束力**，或称**全反力**。设全约束力的作用线和接触面法线的夹角为 φ。当物体处于平衡的临界状态时，如图 3-16b 所示，此时摩擦力为最大静摩擦力 $F_{smax} = \mu_s F_N$，有 $\boldsymbol{F}_R = \boldsymbol{F}_N + \boldsymbol{F}_{smax}$。此时 φ 也达到了最大值 φ_m，称 φ_m 为**摩擦角**。可知

$$\tan\varphi_{m} = \frac{F_{smax}}{F_{N}} = \frac{\mu_{s}F_{N}}{F_{N}} = \mu_{s} \tag{3-11}$$

显然，当物体处于静止平衡状态时，有

$$0 \leqslant \varphi \leqslant \varphi_{m} \tag{3-12}$$

若两个物体接触面沿任意方向的静摩擦因数均相等，则当两物体处于临界平衡状态时，全约束力 $\boldsymbol{F}_{R}$ 的作用线将在空间构成一个顶角为 $2\varphi_{m}$ 的正圆锥面，称为**摩擦锥**，如图 3-16c 所示。

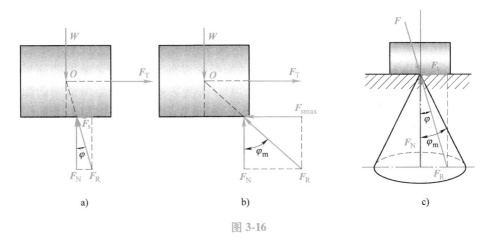

图 3-16

式（3-12）表明，只要物体处于静止平衡状态，那么在任何载荷作用下，全约束力的作用线永远处于摩擦锥之内。因此，只要作用在物体上的主动力合力 $\boldsymbol{F}_{R}$ 的作用线处于这个摩擦锥内时，无论怎样增大主动力的合力，都不可能破坏物体的静止平衡。这种现象称为自锁。反之，如果主动力合力 $\boldsymbol{F}_{R}$ 的作用线处于摩擦锥之外，则全约束力无法与 $\boldsymbol{F}_{R}$ 形成等值反向的平衡力系，无论该主动力合力有多小，物体必不能保持平衡静止。

自锁经常被应用到日常生活和工程技术中，例如螺纹式千斤顶的螺纹角、木器上的木楔的倾角都被设计成不超过其摩擦角（$0 \leqslant \varphi \leqslant \varphi_{m}$），如图 3-17a 所示，以保证其能自锁。而有些公共场所需要能自动关闭的房门，会采用自动闭门铰链。这种铰链合页的接触面倾角大于其摩擦角（$\varphi > \varphi_{m}$），如图 3-17b 所示。目的就是使得房门只在重力作用下能够克服最大静摩擦力自行关闭，这是利用了摩擦不自锁的原理。

3. 考虑摩擦时刚体的平衡问题

刚体有摩擦的平衡问题与忽略摩擦的平衡问题的求解方法基本上相同。求解过程中注意以下几点：

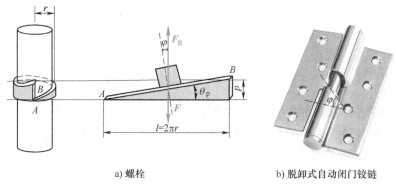

a) 螺栓   b) 脱卸式自动闭门铰链

图 3-17

1）作用在物体上的力系，除满足平衡条件以外，还应满足摩擦的物理条件（补充方程），即式（3-8）或式（3-10）。补充方程的数目与摩擦力的数目相同。

2）当物体静止平衡时，摩擦力是在一定范围内（$0 \leqslant F_s \leqslant F_{smax}$）的，含有摩擦的刚体平衡问题的解通常也会有一定的范围，并不一定是一个确定的值。

例题 3-9　某制动装置尺寸如图 3-18a 所示，作用在半径为 r 的制动轮 O 上的力偶矩为 M，摩擦接触面到制动手柄中心线间的距离为 e，摩擦块 C 与轮子接触表面间的动摩擦因数为 μ_d，求制动所必需的最小作用力 F_{1min}。

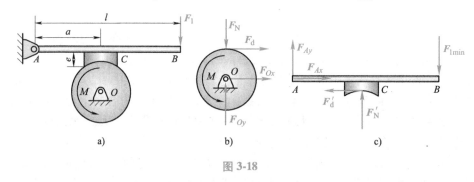

a)   b)   c)

图 3-18

分析：要求 F_1 最小而制动，即要求动摩擦力尽可能大。

解：1）以制动轮 O 为研究对象，画出其受力图，摩擦力 F_d 的指向与轮 O 转动的方向相反，如图 3-18b 所示。列力矩式方程

$$\sum M_O = 0, M - F_d r = 0 \tag{a}$$

2）取制动杆 AB 为研究对象，其受力如图 3-18c 所示，以点 A 为矩心，列力矩式方程

$$\sum M_A = 0, F_N' a - F_d' e - F_{1min} l = 0$$

根据作用力和反作用力关系，有

$$F_N a - F_d e - F_{1min} l = 0 \tag{b}$$

摩擦补充方程，即库仑定律

$$F_d = \mu_d F_N \tag{c}$$

联立式（a）、式（c），可得到

$$F_N = \frac{M}{\mu_d r}, F_d = \frac{M}{r}$$

再将上式代入式（b），即可求得

$$F_{1min} = \frac{\dfrac{Ma}{\mu_d r} - \dfrac{Me}{r}}{l} = \frac{M(a - \mu_d e)}{\mu_d r l}$$

所以制动的要求是

$$F_1 \geqslant F_{1min} = \frac{M(a - \mu_d e)}{\mu_d r l}$$

可见，制动手柄越长、制动轮直径越大，动摩擦因数越大，制动越省力。这是机械制动装置中利用摩擦的典型。

例题 3-10 不计自重的梯子斜靠在墙壁上，假设墙壁光滑，地面粗糙。体重为 W 的人在梯子上工作，如图 3-19a 所示。试确定梯子与地面的静滑动摩擦因数 μ_s 的最小值。

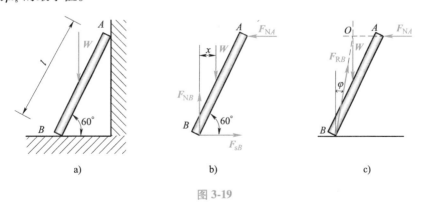

图 3-19

解法 1：取梯子为研究对象，画出受力分析图如图 3-19b 所示。
假设人在梯子上的位置到点 B 的水平距离为 x，建立平衡方程

$$\sum M_B = 0, \quad F_{NA} l \sin 60° - W x = 0$$
$$\sum F_x = 0, \quad F_{sB} - F_{NA} = 0$$

$$\sum F_y = 0, \quad F_{NB} - W = 0$$

解得　$F_{NA} = \dfrac{Wx}{l\cos30°}, \quad F_{sB} = F_{NA} = \dfrac{Wx}{l\cos30°}, \quad F_{NB} = W$

梯子不至于发生滑动的条件是 $F_{sB} \le F_{smaxB} = \mu_s F_{NB}$。则梯子不滑动的条件为

$$\frac{Wx}{l\cos30°} \le \mu_s W$$

当人处于最高点 A 时，x 达到最大值 $x_{max} = l\sin30° = \dfrac{l}{2}$，亦即 μ_s 是满足不滑动条件的最小值。则

$$\mu_s \ge \frac{Wx_{max}}{Wl\cos30°} = \frac{Wl\sin30°}{Wl\cos30°} = \tan30° = 0.577$$

解法 2： 取梯子为研究对象，画出受力分析图如图 3-19c 所示。

注意： 我们在处理静摩擦问题的临界状态时，常引入前文所述的摩擦角的概念来考虑摩擦表面的全约束力，往往会起到简化求解、过程直观的效果。

若梯子处于平衡状态，则其上所受全约束力 F_{RB}、约束力 F_{NA} 以及主动力 W 应满足三力平衡汇交原理。根据摩擦角的概念，此时全约束力 F_{RB} 与法线方向的夹角 φ 须落在摩擦角 φ_m 的范围之内，即 $\varphi \le \varphi_m$，即有

$$\tan\varphi \le \tan\varphi_m = \mu_s$$

随着人在梯子上位置的变化，当人到达 A 端时。三力汇交点移至点 A，F_{RB} 沿 $\overrightarrow{BA}$ 方向，φ 达到最大角度 30°。若此时系统仍保持静止平衡，则必然满足：

$$\tan30° \le \tan\varphi_m = \mu_s$$

自然有　　　　　　　　$\mu_s \ge \tan30° = 0.577$

3.4　空间力系作用下刚体的平衡

1. 空间一般力系作用下刚体的平衡条件及平衡方程

根据空间力系简化结果可知，空间一般力系作用下刚体的平衡条件为力系的主矢及力系对任意一点 O 的主矩为零，即 $\boldsymbol{F}_R = \boldsymbol{0}$，$\boldsymbol{M}_O = \boldsymbol{0}$ 时。根据式（2-9）和式（2-10），要满足以上条件，则必有：

$$\left. \begin{array}{l} \sum F_{ix} = 0, \sum F_{iy} = 0, \sum F_{iz} = 0 \\ \sum M_x(\boldsymbol{F}_i) = 0, \sum M_y(\boldsymbol{F}_i) = 0, \sum M_z(\boldsymbol{F}_i) = 0 \end{array} \right\} \tag{3-13}$$

式（3-13）为空间一般力系的平衡方程的一般形式，即力系中的各力在三个互不平行坐标轴上投影的代数和以及各力对三个坐标轴矩的代数和都必须同时为零。可以将式（3-13）中各个方程简写，例如 $\sum F_x = 0$，$\sum M_x = 0$ 等。

方程组（3-13）共有六个独立方程，能解决六个未知量。由于刚体在空间

一般力系作用下是平衡的，因此也可列出力系对任意轴的力矩平衡方程，只要能解出未知数，这些方程就一定是独立的。也就是说，空间一般力系的平衡方程可以有四矩式、五矩式和六矩式方程组。

2. 空间其他力系作用下刚体的平衡方程

空间一般力系是力系中最一般的情况，其他各种力系都可看成其特例。可从式（3-13）中推导出其他力系作用下刚体的平衡方程。

（1）空间汇交力系 取力系的汇交点为简化中心，则力系对该点的主矩 $\boldsymbol{M}_O = \boldsymbol{0}$，那么式（3-13）中 $\sum M_x(\boldsymbol{F}_i) = 0$，$\sum M_y(\boldsymbol{F}_i) = 0$，$\sum M_z(\boldsymbol{F}_i) = 0$ 将会自然满足且为恒等式，即使力系不平衡，这三个式子也成立，因此它们不能表示平衡状态。于是由式（3-13）得到空间汇交力系作用下刚体的平衡方程为

$$\sum F_x = 0, \quad \sum F_y = 0, \quad \sum F_z = 0 \tag{3-14}$$

通过式（3-14）最多只能求解三个未知量。

（2）空间平行力系 取 z 轴与各力平行，则式（3-13）中有 $\sum F_{ix} = 0$，$\sum F_{iy} = 0$，$\sum M_z(\boldsymbol{F}_i) = 0$ 会自然满足且为恒等式，即使力系不平衡，这三个式子也成立，因此它们不能表示平衡状态。于是可得空间平行力系作用下刚体的平衡方程为

$$\sum F_z = 0, \quad \sum M_x = 0, \quad \sum M_y = 0 \tag{3-15}$$

通过式（3-15），最多求解三个未知量。

（3）空间力偶系 空间力偶系的主矢为零，则该力系作用下刚体的平衡条件为该力系合力偶矩的大小为零，即 $\sum \boldsymbol{M} = \boldsymbol{0}$，平衡方程为

$$\sum M_x = 0, \quad \sum M_y = 0, \quad \sum M_z = 0 \tag{3-16}$$

只要保证空间力系作用下刚体平衡方程组中各个方程之间相互独立，在求解问题时，并不一定要拘泥于是力矩式方程还是投影方程。例如空间汇交力系，也可采用力矩式方程求解，方程的建立通常需要根据具体问题来灵活采用，尽可能使问题的求解过程简单直观，避免求解复杂的联立方程组。

3. 空间力系的平衡问题求解

在求解复杂静力学平衡问题时，尽可能使得投影方程和取矩方程中所含的未知量少，避免求解联立方程。对于某些问题还可以用求解平面问题的方法进行求解。

例题 3-11 空间构架由三根直杆铰接而成，如图 3-20a 所示。已知 D 端所挂重物的重量 $W = 10\mathrm{kN}$，各杆自重不计，求杆 AD、BD、CD 所受的力。

分析：容易看出杆 AD、BD、CD 均是二力构件，它们对 D 点的力与重物重力的作用线相交于点 D，构成一个空间汇交力系。因此本问题能列出三个独立平衡方程，求解三个未知量。画出受力分析图如图 3-20b 所示。如果列出三个投影

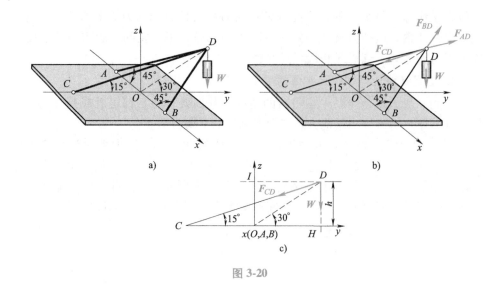

图 3-20

方程求解，那么每个投影方程至少包含两个未知量，则需要联立方程求解。考察轴 x 可以看出，F_{AD}、F_{BD} 均与轴 x 相交，若以轴 x 列矩方程，可直接求解 F_{CD}，进而求解其他未知量。

解：1）考虑 yOz 平面，如图 3-20c 所示，取 $\sum M_x(\boldsymbol{F}_i) = 0$，由于 F_{AD}、F_{BD} 均与轴 x 相交，这两个力对轴 x 的矩为零，故在图 3-20c 中未画出。设 DH 为 h，则有

即 $\qquad \sum M_x(\boldsymbol{F}_i) = 0, \quad -W|HO| - F_{CD}\sin15°|HO| + F_{CD}\cos15°|DH| = 0$

$$-Wh\cot30° - F_{CD}\sin15° \cdot h\cot30° + F_{CD}\cos15° \cdot h = 0$$

得 $\qquad F_{CD} = \dfrac{Wh\cot30°}{h\cos15° - h\sin15°\cot30°} = \dfrac{10 \times \cot30°}{\cos15° - \sin15° \times \cot30°}\text{kN}$

$$= 33.46\text{kN}$$

2）$\qquad\qquad \sum F_x = 0, \quad F_{AD}\cos45° - F_{BD}\cos45° = 0$

3）$\qquad \sum F_z = 0, \quad F_{AD}\sin45°\sin30° + F_{BD}\sin45°\sin30° - W - F_{CD}\sin15° = 0$

联立解得 $\qquad F_{AD} = F_{BD} = \dfrac{W + F_{CD}\sin15°}{2\sin45°\sin30°} = \dfrac{10 + 33.46 \times \sin15°}{2\sin45°\sin30°}\text{kN} = 26.39\text{kN}$

思考：虽然各力的计算结果都是正值，但应可以判断杆 CD 受拉，而杆 AD、BD 受压。本问题也可采用三个投影方程求解，读者可自行加以练习，并比较和例题解法的差异。

例题 3-12 起重绞车的鼓轮轴如图 3-21a 所示。已知：$W = 10\text{kN}$，$b = c =$

300mm，$a=200$mm，齿轮的半径 $R=200$mm。力 $\boldsymbol{F}_n$ 作用在齿轮的最高点，$\boldsymbol{F}_n$ 与齿轮的分度圆切线夹角为 $\alpha=20°$。鼓轮轴半径 $r=100$mm，A、B 两端为向心球轴承。试求齿轮的作用力 $\boldsymbol{F}_n$ 的大小以及 A、B 两端轴承对轴的约束力。

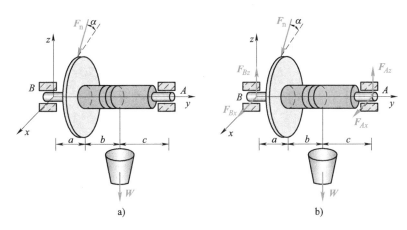

图 3-21

分析：若把组成空间力系的各个力投影到三坐标面上，那么空间力系就分解为三个坐标面上的平面力系。当空间力系是平衡力系时，所分解的三个坐标面上的平面力系也是平衡力系，空间力系的平衡问题就可依此转化为平面力系的平衡问题求解。通常称这种方法为空间力系的平面投影解法。对于具有转动轴的空间力系平衡问题，这种方法更为有效。

解：根据约束的性质，绘制鼓轮轴的受力图，如图 3-21b 所示。将鼓轮及鼓轮轴受力分别向三个坐标平面投影，得到结果如图 3-22 所示，根据三个投影面的受力图，分别列出平衡方程并求解，其中，$F_{nz}=R\sin\alpha$，$F_{nx}=R\cos\alpha$。

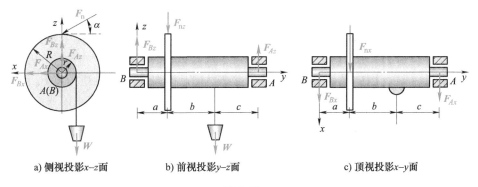

a) 侧视投影 x–z 面   b) 前视投影 y–z 面   c) 顶视投影 x–y 面

图 3-22

1）坐标平面 x-z，如图 3-22a 所示。列写平衡方程

$$\sum M_A = 0, \quad F_n R\cos\alpha - Wr = 0$$

$$F_n = \frac{Wr}{R\cos\alpha} = \frac{10\text{kN} \times 100\text{mm}}{200\text{mm} \times \cos20°} = 5.32\text{kN}$$

2）坐标平面 y-z，如图 3-22b 所示。列写平衡方程

$$\sum M_B = 0, \quad F_{Az}(a + b + c) - W(a + b) - F_{nz}a = 0$$

$$\sum F_z = 0, \quad F_{Az} + F_{Bz} - W - F_{nz} = 0$$

解得

$$F_{Az} = \frac{W(a + b) + F_{nz}\alpha}{a + b + c} = \frac{10\text{kN} \times (200\text{mm} + 300\text{mm}) + 5.32\text{kN} \times 200\text{mm} \times \sin20°}{200\text{mm} + 300\text{mm} + 300\text{mm}}$$

$$= 6.7\text{kN}$$

$$F_{Bz} = W + F_{nz} - F_{Az} = 10\text{kN} + 5.32\text{kN} \times \sin20° - 6.7\text{kN} = 5.12\text{kN}$$

3）坐标平面 x-y，如图 3-22c 所示，列写平衡方程

$$\sum M_B = 0, \quad -F_{Ax}(a + b + c) - F_{nx}a = 0$$

$$\sum F_x = 0, \quad F_{Ax} + F_{Bx} + F_{nx} = 0$$

解得

$$F_{Az} = \frac{-F_{nx}a}{a + b + c} = \frac{-5.32\text{kN} \times 200\text{mm} \times \cos20°}{200\text{mm} + 300\text{mm} + 300\text{mm}} = -1.25\text{kN}$$

$$F_{Bx} = -F_{Ax} - F_{nx} = -1.25\text{kN} - 5.32\text{kN} \times \cos20° = -3.75\text{kN}$$

工程中把空间物体的结构及受力图如同工程制图中处理线、面和形体投影一样，将其化为三个坐标平面上进行求解，这种将空间力系转化为平面问题来求解的方法，是将复杂问题简单化的处理方法，是在工程实践中常采用的方法。

综上所述，刚体平衡条件为：力系主矢为零，对任意一点主矩为零 $\boldsymbol{F}_R = \boldsymbol{0}$，$M_O = 0$。现总结于表 3-1 中。

表 3-1　各种力系作用下刚体的平衡方程的一般形式

刚体上力系的作用形式	平衡方程
空间一般力系	$\sum F_x = 0, \sum F_y = 0, \sum F_z = 0; \sum M_x = 0, \sum M_y = 0, \sum M_z = 0$
空间汇交力系	$\sum F_x = 0, \sum F_y = 0, \sum F_z = 0$

（续）

刚体上力系的作用形式	平衡方程
空间平行力系	$\sum F_z = 0,\ \sum M_x = 0,\ \sum M_y = 0$
空间力偶系	$\sum M_x = 0,\ \sum M_y = 0,\ \sum M_z = 0$
平面一般力系	$\sum F_x = 0,\ \sum F_y = 0,\ \sum M_O = 0$
平面汇交力系	$\sum F_x = 0,\ \sum F_y = 0$
平面平行力系	$\sum F_x = 0,\ \sum M_O = 0$
平面力偶系	$\sum M_i = 0$

利用平衡方程定量计算求解物体的平衡问题，是解决此类问题常常采用的方法。有时候，通过定性分析得到的结果往往能起到事半功倍的效果。

例题 3-13　结构如图 3-23a 所示，不计构件自重。已知物体的重量为 P，求维持平衡时力 F 的最小值及其方向。

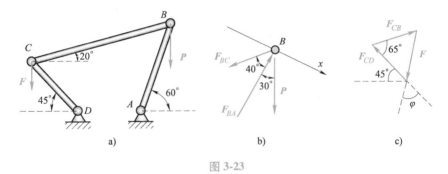

图 3-23

解：分析节点 B 的受力，如图 3-23b 所示，由平衡方程

$$\sum F_x = 0,\ P\sin 30° - F_{BC}\sin 40° = 0$$

可得

$$F_{BC} = \frac{\sin 30°}{\sin 40°}P$$

分析节点 C 的受力，如图 3-23c 所示，节点 C 平衡的充要条件为作用于其上的三个力构成封闭的力多边形。显然，当 F 的方向与 CD 垂直时，F 最小，即

$$F_{\min} = F\left(\varphi\right)\big|_{\varphi = 90°} = F_{CB}\sin 65° = \frac{\sin 30°\sin 65°}{\sin 40°}P$$

例题 3-14　结构如图 3-24 所示，已知主动力偶 M，试比较图 3-24a、b 所示两种情况下铰链约束力的大小，并判断图 3-24c 所示结构铰链约束力的方向（不计构件自重）。

解：图 3-24a 中，杆 AB 为二力杆，图 3-24b 中，杆 OA 是二力杆，根据力系的平衡条件，可以得到图 3-24a 中杆 OA 和图 3-24b 杆 AB 的受力图，如图 3-24d

所示。由 $d_A < d_B$ 可知

$$F > F'$$

图 3-24c 中,以整体为研究对象,主动力偶和为零,因此约束力必然满足平衡条件,即铰链 O 与铰链 B 处的约束力要等值、反向共线,由主动力偶 M 的方向,可以判断 F_O 与 F_B 的方向,如图 3-24e 所示。

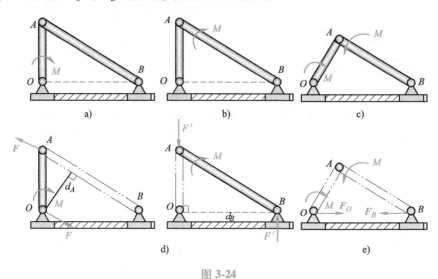

图 3-24

思 考 题

3-1 为什么在平面力系平衡方程的三矩式方程中三个矩心不能共线?

3-2 汇交力系平衡方程组中是否可包括力矩式方程?如果可以,分别就平面问题和空间问题讨论力矩式方程矩心或轴的选择应满足何种条件?

3-3 说明平面一般力系、平面汇交力系、平面平行力系、平面力偶系、空间一般力系、空间汇交力系、空间平行力系、空间力偶系分别能列出多少个独立的平衡方程,能求解多少个未知量。

3-4 静摩擦力和最大静摩擦力的区别是什么?它们分别是如何计算的?

3-5 试说明什么是摩擦角,摩擦角与静摩擦因数的关系是什么?

3-6 试说明什么是自锁,试通过文献检索了解工程中还有哪些利用自锁或利用摩擦不自锁的日常生活或工程实例。

3-7 如思考题 3-7 图所示的三种结构,$\theta = 60°$。如果 B 处都作用有相同的水平力 F,试问铰链 A 处的约束力是否相同?作图表示其大小与方向。

3-8 思考题 3-8 图所示三角板上作用有一力偶 M,三角板的尺寸 a、b 均已知,试确定杆 2 和杆 3 合力的大小。

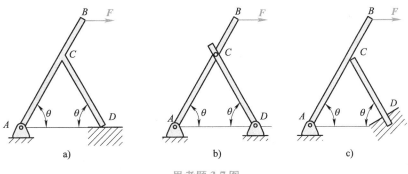

思考题 3-7 图

3-9 如思考题 3-9 图所示的三铰拱结构，结构对称，受到垂直方向、大小相等且对称于 y 轴的两个重力 W 的作用，是否可以直接判断铰链 A、B 处的水平方向约束力均为 0？某一方向的主动力只会引起该方向的约束力，这样的说法是否正确？结合本问题进行思考。

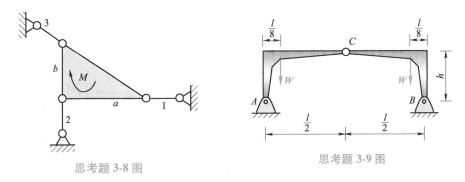

思考题 3-8 图

思考题 3-9 图

3-10 如思考题 3-10 图所示作用在左右两个木板上的压力大小均为 F 时，物体 A 静止不下滑。若把压力大小改为 $2F$，那么物体受到的摩擦力是原来的几倍？

3-11 如思考题 3-11 图所示物块重 5kN，与水平面的摩擦角 $\varphi_m = 35°$，若用大小为 5kN 的力推动物块，则物块的平衡状态如何？若 $\varphi_m = 25°$，则其平衡状态又如何？

3-12 如思考题 3-12 图所示的三杆结构，杆长相等，且铰接于 A、B、C 三点，$OA = OB = OC$，一个竖直力 F 作用于点 D，若需计算杆 BD 所受到的力，则应如何选择平衡方程使得计算最为简便？

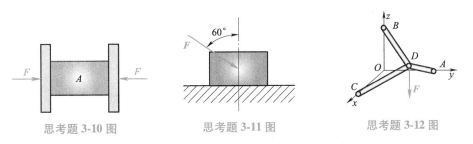

思考题 3-10 图

思考题 3-11 图

思考题 3-12 图

3-13 如思考题 3-13 图所示，散体堆积物圆锥顶角的大小与哪些因素有关？

3-14 如思考题 3-14 图所示，若传动带与其上的之间的静摩擦因数为 f_s，动摩擦因数为 f_d，传送带与水平面之间的最大倾角为多少？

思考题 3-13 图

思考题 3-14 图

3-15 一力偶矩为 M 的力偶作用在杆件 AB 上，如果杆 AB 用四种不同的方式支承，如思考题 3-15 图所示，求每一种支承情况下 A、B 的约束力。

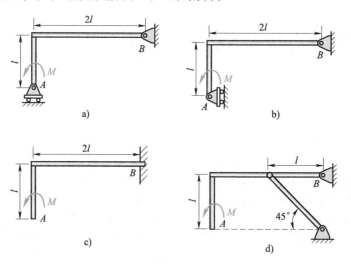

思考题 3-15 图

3-1 用起重机吊起大型机械主轴，已知轴的重量 $W = 40\text{kN}$，如习题 3-1 图所示。求两侧钢丝所受的拉力。

3-2 简易压榨机由两端铰接的杆 AB、BC 和压板 D 组成，如习题 3-2 图所示。已知 $AB =$

BC，杆的倾角为 α，点 B 的铅垂压力为 F。若不计各构件的自重与各处摩擦，求水平压榨力的大小。

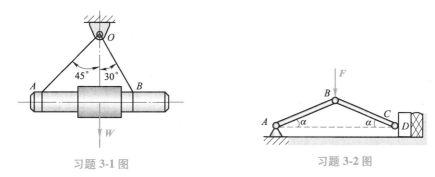

习题 3-1 图   习题 3-2 图

3-3　如习题 3-3 图所示，铰链四杆机构 $ABCD$，在节点 B、C 上分别有作用力 F_1 和 F_2，在图示位置处于平衡状态。若不计各杆自重，试确定 F_1 和 F_2 的关系。

3-4　四连杆机构如习题 3-4 图所示，已知 $OA=a$，$O_1B=b$ 以及 M_1。忽略各杆件自重，机构在图示位置下平衡，求力偶矩 M_2 的大小和杆 AB 所受到的力。

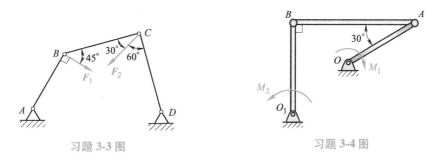

习题 3-3 图   习题 3-4 图

3-5　如习题 3-5 图所示十字杆，已知 $F_1=F_1'=5\text{kN}$，$F=F'=2\text{kN}$，图中长度单位为 m。不计杆重，试求支座 A、B 处的约束力。

3-6　曲柄滑块机构如习题 3-6 图所示位置静止平衡，图中单位均为 mm。已知滑块上的作用力 $F=200\text{N}$，不计所有构件的自重，求作用在曲柄 OA 上的力偶矩大小 M。

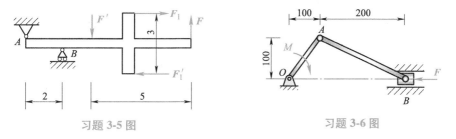

习题 3-5 图   习题 3-6 图

3-7　如习题 3-7 图所示，已知梁上受力为 $F=1\text{kN}$，$M=1\text{kN}\cdot\text{m}$，$q=1\text{kN/m}$，$a=1\text{m}$，求梁 A、B 两点的约束力。

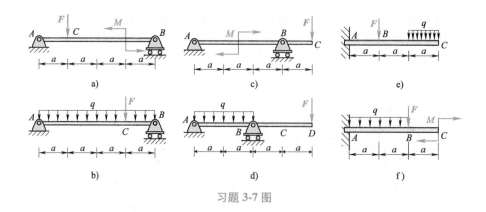

习题 3-7 图

3-8　受固定端约束的刚架 ABC 如习题 3-8 图所示，其中集中力 $F=50\text{kN}$，分布载荷 $q=10\text{kN/m}$，$M=30\text{kN}\cdot\text{m}$。求固定端 A 处的约束力。

3-9　塔式起重机如习题 3-9 图所示，机架重心位于点 C 且自重为 $W=500\text{kN}$，最大起重量为 $P_1=250\text{kN}$，平衡物重量为 P_2，即已知 $b=3\text{m}$、$e=1.5\text{m}$、$l=6.75\text{m}$。求平衡物的最小重量以及平衡物至轨道 A 的最大距离 x。

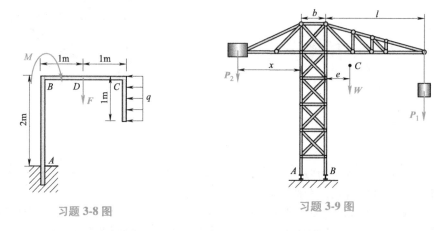

习题 3-8 图　　　　　　　　　　　　习题 3-9 图

3-10　多跨静定梁的载荷及尺寸如习题 3-10 图所示，图中尺寸单位为 m。试求各支座的约束力和中间铰链处的受力。

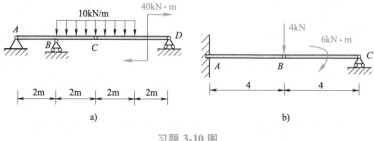

习题 3-10 图

3-11 习题 3-11 图所示为一种闸门启闭设备的传动系统。已知各齿轮的半径分别为 r_1，r_2，r_3，r_4，鼓轮的半径为 r，闸门重 W，齿轮的压力角为 α，不计各齿轮的自重，求最小的启门力偶矩 M 及轴 O_3 的约束力。

3-12 如习题 3-12 图所示，平面刚架 ACB 和 CD 通过铰链 C 连接，已知 $q = 10 \text{kN/m}$，$F = 50 \text{kN}$。不计刚架自重，试求支座 A、B、D 的约束力。

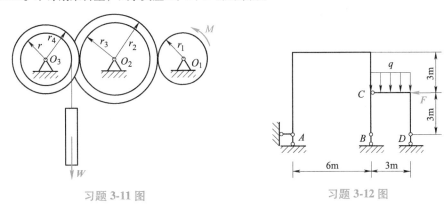

习题 3-11 图   习题 3-12 图

3-13 如习题 3-13 图所示，轧碎机的活动颚板 AB 长 600mm。设机构工作时石块施于板的垂直力 $F = 1000\text{N}$。又 $BC = CD = 600\text{mm}$，$OE = 100\text{mm}$。略去各杆的重量，试根据平衡条件计算在图示位置时电动机作用力偶矩 M 的大小。

3-14 如习题 3-14 图所示，构架由杆 AB、AC 和 DH 铰接而成，在杆 DH 上作用一力偶矩为 M 的力偶。不计各杆自重，试求杆 AB 上铰链处 A、D、B 的约束力。

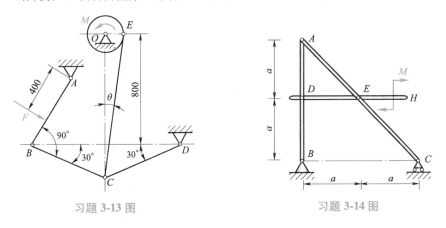

习题 3-13 图   习题 3-14 图

3-15 如习题 3-15 图所示的组合梁，已知集中力 $F = 10\text{kN}$，分布载荷 $q = 5\text{kN/m}$，力偶矩 $M = 10\text{kN} \cdot \text{m}$，结构尺寸 $a = 1\text{m}$。求组合梁各处的支座约束力。

3-16 如习题 3-16 图所示传动机构，已知带轮 I、II 的半径各为 r_1，r_2，鼓轮半径为 r，物体 A 重为 P，两轮的重心均位于转轴上。试求匀速提升 A 物时在 I 轮上所需施加的驱动力偶矩 M 的大小。

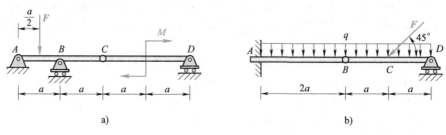

a)　　　　　　　　　　　　　　　　　b)

习题 3-15 图

3-17　如习题 3-17 图所示结构，重 W 的物体通过半径为 R 的滑轮悬吊，不计结构所有自重，求 A、B 两处的约束力，其中 $l = 2R$。

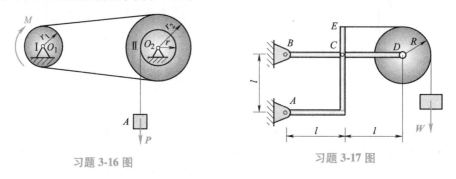

习题 3-16 图　　　　　　　　　　　习题 3-17 图

3-18　习题 3-18 图所示小型回转式起重机，已知 $F_1 = 10\text{kN}$，$F_2 = 3.5\text{kN}$，$AB = 5\text{m}$。试求向心轴承 A 与推力轴承 B 处的约束力。

3-19　习题 3-19 图所示构架，已知结构受集中力 F 的作用，不计各杆自重，杆 ABC 与杆 DEG 平行，尺寸如图所示。试确定铰支座 A、D 处的约束力。

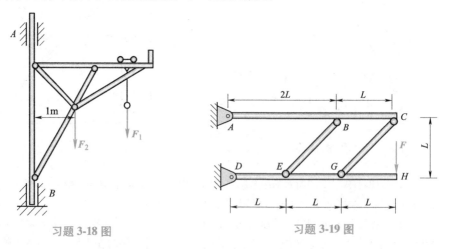

习题 3-18 图　　　　　　　　　　　习题 3-19 图

3-20 承重设备如习题 3-20 图所示，A、B、C、D 四处均为铰链连接，已知杆长 $L=500\text{mm}$，滑轮的半径 $r=100\text{mm}$，承受重物的重量 $W=1\text{kN}$。不计各处自重，试求铰链 A 和 D 处的约束力。

3-21 如习题 3-21 图所示的平面结构 AB 杆上作用有均布载荷 $q=10\text{kN/m}$，在 ED 杆上作用有外力矩 $M=30\text{kN}\cdot\text{m}$，已知 $a=1\text{m}$。求 A、E 两处的约束力。

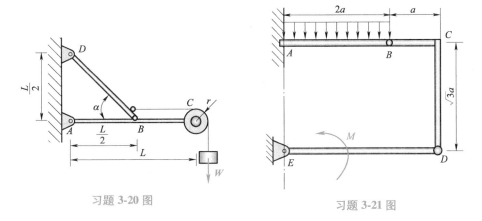

习题 3-20 图　　　　　　　　　习题 3-21 图

3-22 如习题 3-22 图所示结构中，各个轻质杆由光滑铰链连接而成。这一类结构称为桁架。连接各杆的铰链称为节点，通常假设载荷作用在节点上。已知 $l=2\text{m}$，$h=3\text{m}$，$F=10\text{kN}$。试计算其中杆 BB'、CC'、DD' 以及杆 AB'、AB 的内力。

3-23 试计算习题 3-23 图所示平面桁架 1、2、3、4 杆的内力。

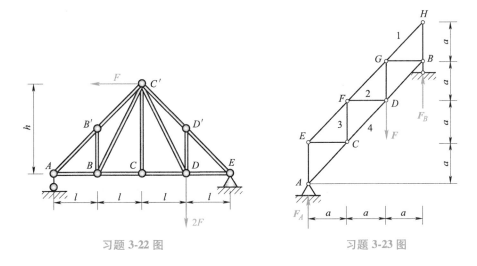

习题 3-22 图　　　　　　　　　习题 3-23 图

3-24 如习题 3-24 图所示，小物体 A 重 $G=10\text{N}$，放在粗糙的水平固定面上，它与固定面之间的静摩擦因数 $f_s=0.3$。今在小物体 A 上施加 $F=4\text{N}$ 的力，$\alpha=30°$，试求作用在物体上的摩擦力。

3-25 物块重 G，放于倾角为 α 的斜面上，它与斜面间的静摩擦因数为 f_s，如习题 3-25 图所示。当物块处于平衡时，试求水平力 F_1 的大小。

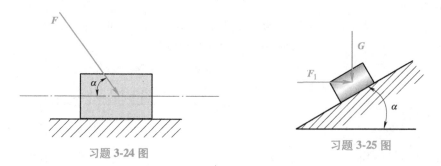

习题 3-24 图   习题 3-25 图

3-26 均质杆 AD 重力为 P，杆 BC 重力不计，如将两杆于 AD 的中点搭在一起，如习题 3-26 图所示。杆与杆之间的静摩擦因数 $f_s = 0.6$。试问系统是否静止？

3-27 如习题 3-27 图所示，各力的大小 $P_1 = 100\text{N}$，$P_2 = 200\text{N}$，$F = 1000\text{N}$；A 与 B，B 与墙之间的静摩擦因数均为 $f_s = 0.5$。试求它们之间的静摩擦力。

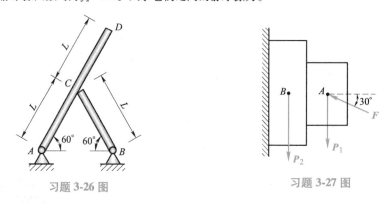

习题 3-26 图   习题 3-27 图

3-28 如习题 3-28 图所示轴对称鼓轮 O 重力为 P_0，鼓轮上吊挂的物块重为 P_1，鼓轮与制动块 D 的静摩擦因数为 f_s。试求系统平衡时，力 F 的大小（制动块的厚度及杆 AB 的自重不计）。

3-29 尖劈起重装置如习题 3-29 图所示，尖劈 A 顶角为 α，在 A、B 上分别作用力 $\boldsymbol{F}_1$ 和 $\boldsymbol{F}_2$。已知物块 A 与 B 之间的静摩擦因数为 μ_s。不计物块自重。求能够保持两者平衡的情况下 $\boldsymbol{F}_1$ 和 $\boldsymbol{F}_2$ 之间的大小关系。

3-30 如习题 3-30 图所示的悬臂刚架，作用有分别平行于 x、y 轴的力 $\boldsymbol{F}_1$ 和 $\boldsymbol{F}_2$（$\boldsymbol{F}_1$、$\boldsymbol{F}_2$ 通过各自截面的形心）。已知 $F_1 = 5\text{kN}$，$F_2 = 4\text{kN}$，刚架自重不计，求固定端 O 处的约束力及约束力偶。

3-31 如习题 3-31 图所示，自点 O 引出三根绳索，把重量 $W = 400\text{N}$ 的均质矩形平板悬挂在水平位置，DC 连线垂直于板平面，求各绳所受到的拉力。

3-32 三轮平板车如习题 3-32 图所示。平板车重 $W = 1.5\text{kN}$，重心位于 D 点。A、B 两轮的轮轴中心位于 H 点，已知 $AH = BH = 0.5\text{m}$，C 轮的轮心到 H 的距离 $CH = 1.5\text{m}$，ED 平行于 AC，$EH = 0.3\text{m}$，$ED = 0.5\text{m}$。试求 A、B、C 三车轮对地面的压力。

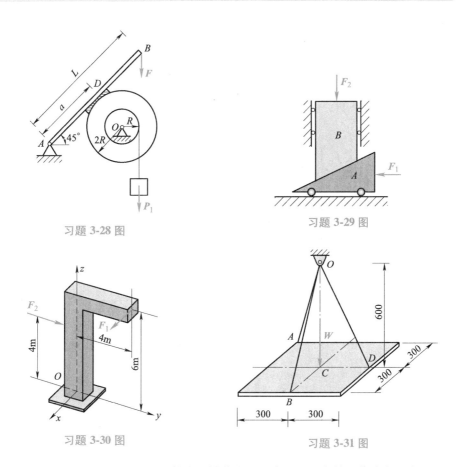

习题 3-28 图

习题 3-29 图

习题 3-30 图

习题 3-31 图

3-33 如习题 3-33 图所示，变速箱中间轴装有两个直齿圆柱齿轮，其分度圆半径 $r_1 =$ 100mm，$r_2 = 72$mm，啮合点分别在两个齿轮的最低点和最高点。在齿轮 I 上的圆周力 $F_{t1} =$ 1.58kN，齿轮压力角为 20°（轮啮合的径向力 $F_{r1} = F_{t1}\tan20°$）。不计各处自重，求当轴匀速转动时，作用于齿轮 II 上的圆周力 $\boldsymbol{F}_{t2}$ 的大小以及 A、B 两轴承的约束力。

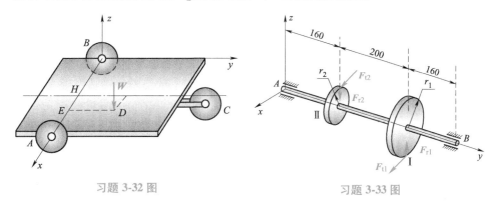

习题 3-32 图

习题 3-33 图

3-34 如习题 3-34 图所示的踏板制动机构，若作用在踏板上的铅直力 **F** 能使位于铅直位置知的连杆上产生拉力 $F_T = 400N$，求此时铅直力 **F** 以及轴承 A、B 上的约束力。各构件自重不计，相关尺寸如图所示，单位为 mm。

3-35 如习题 3-35 图所示正方形平板由六根不计重量的杆铰接支撑在水平位置，已知力 **F** 作用在平面 *BDEH* 内，并与对角线 *BD* 成 45°角，*OA* = *AD*。求各杆所受的力。

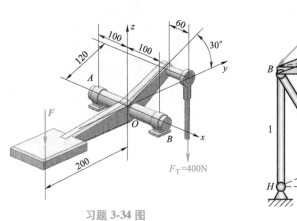

习题 3-34 图

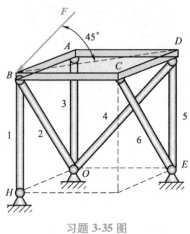

习题 3-35 图

第Ⅱ篇　材料力学基础

自古代人类开始建筑房屋时起，人们就觉察到有必要获得有关工程结构抵抗载荷的知识，以便得到能确定结构整体以及部件安全尺寸的法则。我们把机械与工程结构的组成部分统称为构件。构件可根据需要由不同的材料制成，如钢材、铸铁、石块、木料等。这些材料都具有一定的承受载荷而不至于破坏的能力。显而易见，不同材料的这种能力又有所不同。这些构件能够承受多大的载荷而不至于发生断裂或产生工程不允许的变形，以及在确定的载荷作用下，构件选用何种材料、制成何种形状和尺寸是我们关心的问题。随着人们对自然科学认识的深入以及科技手段的进步，与此相关的设计理论和方法逐步形成，材料力学就是关于这种设计理论和方法的一门基础学科。

以阿基米德为代表的古希腊科学家发展了静力学，奠定了材料力学学科的基础。静力学研究的对象是受载后不变形的刚体，事实上任何物体受载时都会或多或少地发生形状和尺寸的变化，这种变化称为变形。变形可以分为两类：载荷卸除后能消失的弹性变形和载荷卸除后不能消失的永久变形，即塑性变形。如图Ⅱ-1所示，原长为 l_0 的弹簧受到力 F 的作用，长度成为 l_0+l，

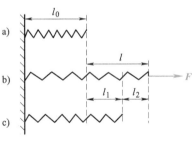

图Ⅱ-1

即产生变形 l。当外力 F 去除后，杆件的长度成为 l_0+l_1。在力 F 作用下产生的变形 l 中，l_2 随外力的去除而消失，l_2 是弹性变形；l_1 却保留了下来，l_1 是塑性变形。

为了保证工程结构或机械结构能够安全正常地工作，工程结构或机械结构中的构件应当满足以下三个方面的要求：

（1）强度要求　构件有足够的抵抗破坏的能力。为了保证机械与工程结构的正常工作，首先应使其不发生破坏，这里的破坏一般指过量塑性变形或断裂。例如，弹簧受力产生的变形应该在受力解除后能够恢复，又如起重机的钢丝绳在起吊重物时不允许发生断裂、高压容器不能发生爆裂、建筑结构不能发生开裂，这些都是对构件或结构的强度要求。

(2) **刚度要求** 构件有足够的抵抗变形的能力。工程中构件微量的弹性变形是允许的，但是过大的弹性变形就会导致构件不能正常工作。例如，若机床的齿轮轴在工作中产生过大的弹性变形，会造成齿轮啮合不良，轴与轴承产生不均匀磨损，降低加工精度、产生噪声；再如，桥式起重机大梁变形过大，会使跑车出现爬坡，引起振动；铁路桥梁变形过大，会引起火车脱轨乃至翻车。因此，在很多情况下需要对构件进行变形计算，以便控制其在允许的范围内。

(3) **稳定性要求** 构件有足够的保持原有平衡形式的能力。直杆在承受过大的轴向压力作用时，有可能在微小的扰动影响下，丧失其原有的直线平衡形态而转变为曲线平衡形态，这种现象称之为压杆的**失稳**。例如内燃机中的挺杆，液压缸中的活塞杆在轴向压力过大时会突然弯曲，就是失稳现象。除了压杆之外，薄壁杆和某些结构也存在稳定问题。例如狭长的矩形横截面梁（图Ⅱ-2a），当载荷 F 达到一定数值时，会突然侧向弯曲与扭转；受轴向压力的薄壁圆筒（图Ⅱ-2b），当外力达到某一数值时，圆管将突然发生皱褶，此为薄圆筒的失稳。失稳往往是突然发生的，而且其临界载荷往往远小于按照强度要求或刚度要求计算的极限载荷，因此容易被人们忽视而造成严重的工程事故，如 19 世纪末，瑞士的孟希太因大桥以及 20 世纪初加拿大的魁北克大桥都是由于桥架因受压弦杆失稳而使大桥突然坍塌的。

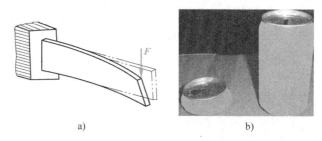

a)   b)

图Ⅱ-2

经验告诉我们，选用优质材料和增大构件的截面尺寸，通常能够提高构件在给定载荷下的工作安全性。但这种做法必然会导致制造成本的增加，并且材料的开采加工、零件的制成也必然会导致额外的能耗。只考虑构件的安全而不考虑其经济性，不仅增加了制造的成本，而且还和当今"低碳经济"相悖。

工程设计的任务是为构件选择适当的材料，确定其合理的尺寸、形状，确保构件具有足够的承载能力。材料力学是研究构件的强度、刚度和稳定性的学科，它提供了与此相关的基本理论、计算方法和实验技术，使人们能合理地确定工程构件、机械零部件的材料、结构形式与尺寸，达到安全与经济的目的。

工程实际中构件的种类繁多，根据其几何形状，可以简化分类为杆、板、壳、块（图Ⅱ-3）。长度尺寸远大于横向尺寸的构件，在材料力学中称为杆。杆内各横截面形心的连线称为轴线。轴线为直线的杆称为直杆;轴线为曲线的杆称为曲杆;截面尺寸或形状随截面位置变化的杆称为变截面杆;截面不变化的直杆简称为等直杆。工程中常见的梁、轴、柱均属于杆件。若构件在某一方向的尺寸(厚度)远小于其余两个方向的尺寸,称之为板(中面为平面)或壳(中面为曲面),例如钢板或者薄壁容器。若构件在三个方向(长、宽、高)的尺寸差不多,称为块,例如水坝等。在材料力学中,我们所研究的主要对象为杆件,至于对板、壳、块的力学研究,虽然要用到弹性力学的理论和方法,但是材料力学的基础是必需的。

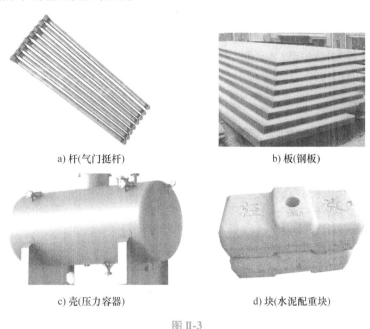

a) 杆(气门挺杆)   b) 板(钢板)

c) 壳(压力容器)   d) 块(水泥配重块)

图 Ⅱ-3

在科学研究中,常常会做一些接近于实际情况、突出与研究问题相关的主要因素、便于理论分析和计算的假设。材料力学研究可变形固体,对变形固体做如下的基本假设:

(1) 连续性假设 假设在构件所占空间内毫无间隙地充满了物质。根据这个假设,构件中的一些物理量(例如各点的位移、内力)可用连续函数表示,便于应用数学运算方法分析。

(2) 均匀性假设 假设材料的力学性能与其在构件中的位置无关。所谓力学性能是指材料在外力作用下所表现出的性能。根据这个假设,以后所讨论的物体的力学性能,都是指物体内各粒子性能的统计平均值。

(3) 各向同性假设 假设材料沿各个方向具有相同的力学性能。这样的材料称为各向同性材料。大部分金属材料可以看作各向同性材料；木材、玻璃钢等一些纤维性材料是非各向同性材料。本书讨论各向同性材料。

（4）**小变形假设**　认为构件受到外力作用后发生的变形量与原始尺寸相比非常微小。在研究变形固体的强度、刚度和稳定性问题的过程中，必然会涉及约束力的计算等内容，如果用变形体受载变形后的几何尺寸来分析计算，由于变形量未知，因此对约束力精确的计算是非常困难的。但在小变形情况下，可以将这种微小变形忽略，用变形前的尺寸进行计算。这样不仅可使计算大为简化，而且不至于造成约束力计算结果的明显误差。如图Ⅱ-4a 所示直角折杆，点 B 作用的集中力 F 会使折杆产生变形（图Ⅱ-4b）。若在最终变形形态下计算固定端的约束力偶为 $M_A = F(l+\Delta l)$，由于 Δl 的计算困难，因此得出准确的 M_A 也是困难的。倘若 Δl 相比 l 是非常微小的，那么利用变形前的状态，即图Ⅱ-4a 来进行计算，$M_A = Fl$，计算方便并且能保证精度。

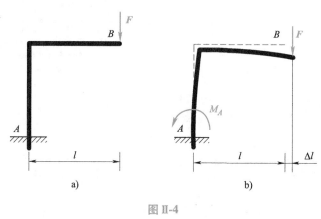

图Ⅱ-4

上述基本假设虽与工程材料的实际微观情况有所差异，但从宏观分析及实验结果来看，这些假设所得到的理论和计算方法，可满足一般的工程实际要求。

第4章
杆件的内力分析

在变形体力学中，**外力**指作用在构件上的主动力（载荷）及约束力。当变形体平衡时，主动力和约束力构成平衡力系。基于刚化原理，可以利用刚体平衡的理论和方法，对变形体的平衡问题进行分析和计算。

杆件因受到外力的作用而变形，其内部各部分之间的相互作用力也发生改变。在外力作用下构件内部相连部分之间的相互作用力的改变量，称为**附加内力**，简称**内力**。构件的强度、刚度和稳定性，与内力的大小及其在构件内的分布情况密切相关。内力分析是解决构件强度、刚度和稳定性问题的基础。

4.1 内力的计算方法

1. 截面法

为了确定作用于构件某一部位的内力，可以用一个假想的截面将构件从所要求解内力的位置截开（图 4-1a），分离被切开的构件，画出其中一部分的受力（图 4-1b、c），利用静力平衡方程，求解假想截面上的内力，这样的方法称为**截面法**。

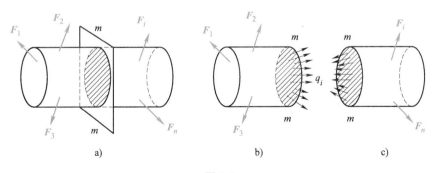

图 4-1

实际上，内力是分布于横截面上的连续分布力系，其分布规律不易确定，通常将分布内力向截面形心 C 简化，得到一个力和一个力偶，分别等于内力系

的主矢和其对形心 C 的主矩（图4-2a）（参考第2.5节）。为了分析内力的性质，可沿杆件轴线方向，即与横截面垂直方向建立坐标轴 x，在所截的横截面内按照右手系建立坐标轴 y 和 z；将内力与内力偶向三个坐标轴分解，如图 4-2b 所示，可以得到内力分量 F_N、F_{Sy} 和 F_{Sz} 以及内力偶矩分量 T、M_y 和 M_z，用平衡方程可得到这些内力分量的值。

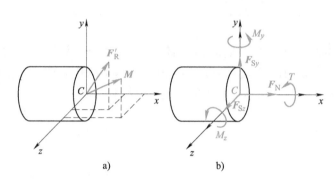

图 4-2

截面法可简要阐述为以下四个步骤：

切一刀：用假想截面从要计算内力的位置将构件"切开"；

留一半：留下其中的一部分作为研究对象，并将外力绘制在其上；

加内力：在截面上添加相应的内力分量；

列平衡：列出留下部分物体的受力平衡方程，求解内力。

2. 内力的分类

材料力学所研究的对象是杆件，一般情况下，以杆的轴线为 x 轴，依照内力分量与横截面的方位关系（图 4-2），将内力分类为：

1）**轴力** F_N：垂直于横截面的内力分量，即沿着 x 轴方向的内力分量。该力使构件产生伸长或缩短（拉压变形）；

2）**剪力** F_{Sy} 或 F_{Sz}：平行于横截面的内力分量，即垂直 x 轴方向的内力分量。该力使构件位于截面左右两侧的部分发生相对错动（剪切变形）；

3）**扭矩** T：力偶矩矢沿着 x 轴方向的内力偶分量，该内力偶使横截面绕着 x 轴发生相对转动（扭转变形）；

4）**弯矩** M_y 和 M_z：力偶矩矢垂直于 x 轴方向的内力偶分量，该力偶使杆件在纵向面内发生弯曲（弯曲变形）。

例题 4-1 长为 l 的梁受均布载荷 q 作用，如图 4-3a 所示。求与铰 A 距为 l_1 处杆件截面的各个内力分量。

解：1）杆 AB 的受力分析如图 4-3b 所示，求出约束力

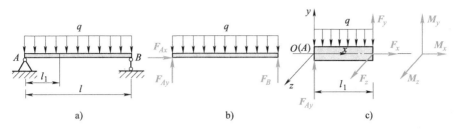

图 4-3

$$F_{Ax} = 0, \ F_{Ay} = F_B = \frac{ql}{2}$$

2）在 l_1 处作虚拟截面，取左侧进行受力分析，在截面处标出六个内力分量，如图 4-3c 所示。列静力平衡方程，求内力分量

$$\sum F_x = 0, \ 0 + F_x = 0 \tag{a}$$

$$\sum F_y = 0, \ F_{Ay} - ql_1 + F_y = 0 \tag{b}$$

$$\sum F_z = 0, \ F_z = 0 \tag{c}$$

$$\sum M_x = 0, \ M_x + 0 = 0 \tag{d}$$

$$\sum M_y = 0, \ M_y + 0 = 0 \tag{e}$$

$$\sum M_z = 0, \ M_z - q\frac{l_1^2}{2} + F_y l_1 = 0 \tag{f}$$

解得　$F_x = 0, \ F_y = ql_1 - q\dfrac{l}{2}, \ F_z = 0, \ M_x = 0, \ M_y = 0, \ M_z = \dfrac{ql_1 l}{2} - \dfrac{ql_1^2}{2}$

从计算结果可知，该截面上有剪力 F_y 和弯矩 M_z，而不存在轴力、扭矩以及弯矩 M_x、M_y。其实通过受力分析可知，杆 AB 上的外力均作用在 xOy 平面内，且垂直相交于 x 轴，不会引起 x、z 方向的内力，也不会产生对 x 轴和 y 轴的内力矩，因而求内力分量时，可只列写上述方程中的式（b）和式（f）。

截面法是材料力学中分析杆件内力的一般方法，需要熟练掌握。本章仅简单加以说明，在后续章节中将给出详细方法和步骤加以训练。

4.2　杆件的基本变形

内力的存在使得杆件发生变形，一般来说，对应于四种内力分量，杆件的变形可以分为轴向拉伸或压缩、剪切、扭转和弯曲等四种基本变形。

1. 轴向拉伸或压缩

当杆件承受沿轴向方向的载荷时，杆件将产生沿轴向方向的伸长与缩短的变形，称杆的这种变形为**轴向拉伸或压缩变形**（图4-4），其中双点画线表示变形后的轮廓。发生轴向拉伸或压缩的杆件称为拉伸压缩杆。工程中有许多这样的构件，例如内燃机中的连杆、桁架杆等（图4-5）。

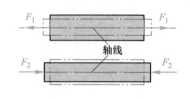

图 4-4

2. 剪切

作用于杆件上的是一对垂直于杆件轴线的横向力，其大小相同、方向相反、作用线平行且有微小距离；在这两外力作用面间的截面将产生相对错动，这样的变形称为**剪切变形**，例如铆钉连接的铆钉受力后的变形（图4-6a），以及齿轮连接件平销受力后的变形（图4-6b）。

a) 内燃机

b) 桁架杆

图 4-5

3. 扭转

杆件在受到大小相同、方向相反、作用面垂直杆件轴线的两个外力偶 M_e 作用时，杆件上任意两个横截面产生绕轴线的相对转动，称杆件的这种变形为**扭转变形**。以扭转变形为主的杆件称为**轴**，例如机床主轴、汽车传动轴等，如图4-7所示。

4. 弯曲

当杆件承受垂直于其轴线的外力，或者矢量垂直于杆轴的外力偶时，杆件轴线将由直线变成曲线，其轴线变弯为主要特征的变形形式，称为**弯曲变形**。例如桥式起重机的横梁受力后的变形，如图4-8所示。发生弯曲变形的杆件被称为梁，如桥梁、车梁、房梁。

梁受力变形后，若梁的轴线弯曲为一条平面曲线，则梁的这种变形被称为**平面弯曲**，否则就是非平面弯曲。工程问题中，大多数梁的横截面都有一根对称轴（如图4-9所示横截面 I 上的 y 轴），每个横截面上的对称轴与梁的轴线形成梁的纵向对称面。若梁上的所有外力（偶）都作用在或可简化到此纵向对称面内，则变形后的梁轴线也将成为纵向对称面内的一条曲线，这种弯曲称为**对**

称弯曲。显然对称弯曲也属于平面弯曲，本书主要讨论这种情况。

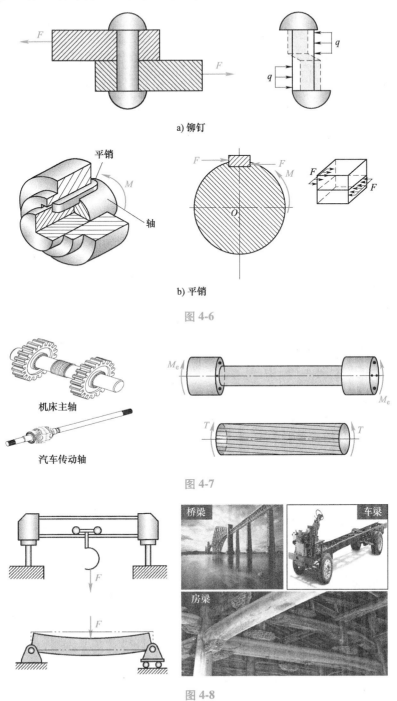

a) 铆钉

平销

轴

M

O

b) 平销

图 4-6

机床主轴

汽车传动轴

M_e

M_e

T

T

图 4-7

桥梁

车梁

房梁

F

F

图 4-8

工程杆件一般并不只受到一种类型的载荷作用，在其横截面上也不会仅仅只有一种内力分量。因此工程杆件的变形大多是上述某种变形或几种变形的组合，称为组合变形。本书在讨论杆件的每一种变形的基础上，适当分析某些特殊的组合变形问题。

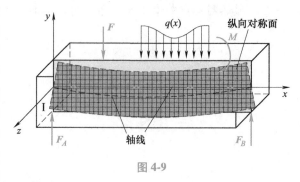

图 4-9

4.3 轴力和轴力图

1. 轴力的计算

由截面法可知，拉（压）杆横截面上的内力分量是轴力。正负符号规定：矢量正向背离截面的轴力为正，反之为负。这样，图 4-10a 中的轴力 F_{N1} 为正，而图 4-10b 中的轴力 F_{N2} 为负。

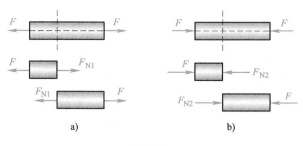

图 4-10

例题 4-2 图 4-11 所示等直截面杆受到沿着轴线作用的外力。试计算杆上 1—1 截面的内力。

解：确定截面上的内力，用假想截面 1—1 将杆件分为Ⅰ和Ⅱ部分。研究Ⅰ部分。由平衡条件可知，横截面上仅有轴力这一种内力分量，预设轴力为正。沿杆件轴线方向建立 x 坐标轴，由平衡方程

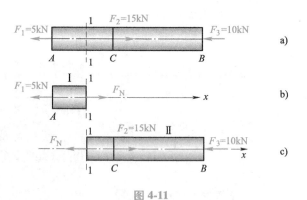

图 4-11

$$\sum F_x = 0, \quad -F_1 + F_N = 0$$

求得轴力

$$F_N = F_1 = 5\text{kN}$$

若以部分 II 为研究对象，由平衡方程

$$\sum F_x = 0, \quad -F_N + F_2 - F_3 = 0$$

得到

$$F_N = F_2 - F_3 = 15\text{kN} - 10\text{kN} = 5\text{kN} \qquad (*)$$

由上面的计算可以看出，求解具体截面上的轴力，无论是取杆件被截下的哪一部分，分析得到的轴力的数值和正负号都是相同的，事实上，这也是作用力与反作用力的一种体现。为了计算方便，通常可以不列出平衡方程，而采用直接求解截面轴力计算的方法：截面上的轴力等于截面一侧所有轴向外力的代数和，其中指向截面的轴向外力取负值，背离截面的轴向外力取正值。即 $F_N = \sum F_i$（F_i 为截面一侧所有的轴向外力）。式（*）即可以看作是用快速方法求解轴力的表达式。

2. 轴力图

为了形象地表明杆件各个截面内力沿杆轴向的变化情况，确定最大内力的大小以及所在截面的位置，常采用图线表示法，称为内力图。绘制内力图时，常在杆件受力图的下方进行绘制，用横坐标表示杆横截面的位置，其坐标原点与杆的一端对齐，纵坐标表示各截面的内力值。

若表示轴力沿杆轴变化的情况的内力图，称为轴力图。

例题 4-3 变截面杆受力情况如图 4-12a 所示，各力的作用点均位于截面尺寸变化处。试求杆件内截面 1—1、2—2、3—3 的轴力，并画出整个杆件的轴力图。

解：1）计算固定端约束力。

固定端只有水平约束力 F_{Ax}。由整体平衡方程

$$\sum F_x = 0, \quad -F_{Ax} + 5\text{kN} - 3\text{kN} + 2\text{kN} = 0$$

求得

$$F_{Ax} = 4\text{kN}$$

2）计算杆件各段轴力（图 4-12b、c、d），用假想截面分别截取杆件，画出每个被截下部分的受力图。这里将各截面的轴力都预设为正。

利用快速求解轴力的方法，分别求解各截面上的轴力

$$F_{N1} = F_{Ax} = 4\text{kN}, \ F_{N2} = 4\text{kN} - 5\text{kN} = -1\text{kN}, \ F_{N3} = 2\text{kN}$$

其中，F_{N1} 和 F_{N3} 为正值，表明该截面受拉；F_{N2} 为负值，表明该截面受压。

3）绘制轴力图。

根据图 4-12b 所示的平衡关系容易看出，AB 段内任意一个截面的轴力都与 1—1 截面上的轴力相同，其图线为水平直线段。类似地，BC 和 CD 两段内各截面上的内力也分别与截面 2—2、3—3 上的轴力相同。

根据计算结果，在杆件受力图的下方绘出其轴力图，用 x 轴表示杆件横截

面的位置，纵坐标表示各段轴力大小 F_N。选定比例尺，根据各截面轴力的大小和正负号画出杆件的轴力图，如图 4-12e 所示。

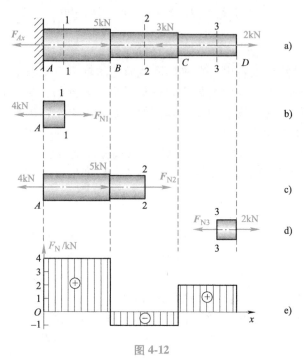

图 4-12

4.4 扭矩及扭矩图

1. 外力偶矩

在车辆以及机械传动轴的设计中首先考虑扭转产生的强度和刚度问题。在研究轴的内力之前，首先要研究作用在轴的外力偶矩。工程中传递功率的轴，其上作用的外力偶矩往往不是直接给出的，需要通过轴所传送的功率 P 和轴的转速 n 进行计算：

$$M_e = 9549 \frac{P}{n} \tag{4-1}$$

式中，M_e 为作用在轴上的外力偶矩（N·m）；P 为轴上的输入功率（kW）；n 为轴的转速（r/min）。由式（4-1）可知，当传递的功率相同时，轴的转速越大（高速），外力偶矩越小，则截面尺寸就可减小。

2. 扭矩及扭矩图

由截面法可知，扭转轴受轴向外力偶矩作用时，其横截面上只有扭矩 T 这一个内力分量。用右手法则得到扭矩矢量（图 4-13a），规定：扭矩矢量背离截面时为正（图 4-13b），指向截面时为负（图 4-13c）。

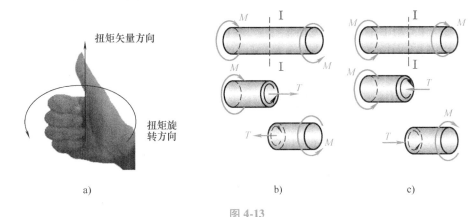

扭矩矢量方向

扭矩旋
转方向

a)   b)   c)

图 4-13

例题 4-4　如图 4-14a 所示的圆截面轴，当其平衡时，外力偶矩的关系为 $M_{e1} = M_{e2} + M_{e3}$，求 m—m 截面上的扭矩。

解：用假想截面 m—m 将轴分为两个部分，预设该截面上有正的扭矩。研究 I 部分（图 4-14b），根据静力学平衡关系有

$$\sum M_x = 0, \quad T - M_{e1} = 0$$

解得　　　　$T = M_{e1}$

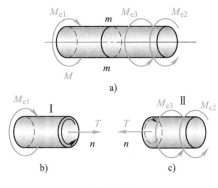

图 4-14

考虑被截的 II 部分（图 4-14c），根据静力学平衡关系有

$$\sum M_x = 0, \quad T - M_{e2} - M_{e3} = 0$$

解得　　　　　　　$T = M_{e2} + M_{e3} = M_{e1}$

因此无论是选取被截下的是轴的哪一部分，其横截面上的扭矩的数值和正负号都是相同的，只不过它们的转向是相反的。

仿照轴力的快速计算方法，可以总结出直接求解扭矩的方法：受扭转杆任一横截面上的扭矩，等于在此截面左边（或右边）的所有外力偶矩的代数和，其中按照右手法则背离截面的外力偶矩取正值，指向截面的外力偶矩为负值，即 $T = \sum M_{ix}$（M_{ix} 为截面一侧所有矢量沿轴线的外力矩）。

扭矩沿杆轴线方向变化的图线，称为扭矩图。

例题 4-5　已知某机器传动轴的转速为 $n = 300 \mathrm{r/min}$，主动轮 1 的输入功率 $P_1 = 500 \mathrm{kW}$，三个从动轮 2、3、4 的输出功率分别为 $P_2 = 150 \mathrm{kW}$，$P_3 = 150 \mathrm{kW}$，

$P_4 = 200\text{kW}$。试作图 4-15a 所示机器传动轴的扭矩图。

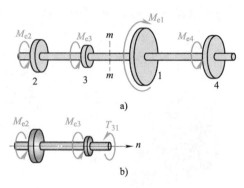

a)

解：1）根据轴的转速、功率计算作用在各轮上的外力偶矩 M_e。

由式（4-1）可得

$$M_{e1} = 9549\frac{P_1}{n} = \left(9549 \times \frac{500}{300}\right) \text{N} \cdot \text{m}$$

$$= 15915\text{N} \cdot \text{m} \approx 15.92\text{kN} \cdot \text{m}$$

同理可得

$M_{e2} = 4.78\text{kN} \cdot \text{m}$，$M_{e3} = 4.78\text{kN} \cdot \text{m}$，$M_{e4} = 6.37\text{kN} \cdot \text{m}$

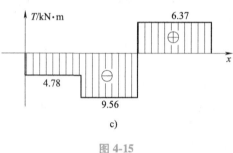

b)

2）计算各段轴的扭矩。

在各段上分别取截面，以 3、1 轮之间的截面 m—m 为例，取其左部，如图 4-15b 所示，预设截面上的扭矩 T_{31} 为正。按照快速计算的方法，有

c)

图 4-15

$$T_{31} = -M_{e2} - M_{e3} = -4.78\text{kN} \cdot \text{m} - 4.78\text{kN} \cdot \text{m} = -9.56\text{kN} \cdot \text{m}$$

容易看出，3、1 轮之间的任意一个横截面的扭矩都与 m—m 截面上的扭矩相同。采用相同的方法，计算出轮 2、3 间的扭矩为

$$T_{23} = -M_{e2} = -4.78\text{kN} \cdot \text{m}$$

轮 1、4 间的扭矩为

$$T_{14} = M_{e4} = 6.37\text{kN} \cdot \text{m}$$

3）作扭矩图。

根据计算结果，在传动轴受力图的下方绘出该轴的扭矩图，x 轴表示其横截面的位置，纵轴表示各段扭矩的 T 值。选定比例尺，根据各截面扭矩的大小和正负号画出杆件的扭矩图，如图 4-15c 所示。

例题 4-6 钻探机的输入功率 $P = 12\text{kW}$，转速 $n = 180\text{r/min}$，钻杆钻入土层的深度 $l = 50\text{m}$，如图 4-16 所示。如土壤对钻杆的阻力是均匀分布的力

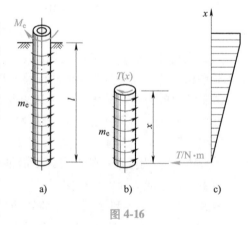

图 4-16

偶，试作钻杆的扭矩图。

解：1）计算外力偶矩

$$M_e = 9549 \frac{P}{n} = 9549 \times \frac{12}{180} \text{N} \cdot \text{m} = 636.6 \text{N} \cdot \text{m}$$

2）计算分布力偶矩集度

$$m_e = \frac{M_e}{l} = \frac{636.6}{50} \text{N} \cdot \text{m/m} \approx 12.7 \text{N} \cdot \text{m/m}$$

3）写出扭矩方程，作扭矩图。

从钻杆端部起，截取长为 x 的一段，由截面法可知，x 截面上的轴力为

$$T(x) = -m_e x$$

表明截面内力与截面位置关系的方程称为内力方程，上式表明的是横截面位置与其上扭矩之间的关系，称为扭矩方程。可知，扭矩 T 与 x 呈线性关系，作扭矩图如图 4-16c 所示。

4.5　剪力和弯矩　剪力图和弯矩图

1. 梁的分类及其计算简图

梁是工程中常见的构件，在对梁的载荷和支座简化以后，并用梁的轴线代表梁，可以得到梁的计算简图。梁的支座一般可以简化为固定铰支座、活动铰支座和固定端支座三种形式，由梁支座的简化情况可以将其分为下列三种基本形式：

（1）简支梁　梁的一端为固定铰支座，另一端为活动铰支座。如桥式起重机（图 4-17a）、齿轮轴等。

（2）悬臂梁　梁的一端为固定端约束，另一端为自由端。如直立式反应塔、齿轮上的齿等（图 4-17b）。

（3）外伸梁　梁由固定铰支座和活动铰支座支撑，但有一端或两端在支座之外，如门式起重机（图 4-17c）。

此外，还有由几根梁通过中间铰链接而成的铰接梁等。一般地，称梁的两个支承之间的距离为梁的跨距，包括悬臂梁固定端与自由端间的距离。

2. 剪力和弯矩

计算梁的内力时，首先要计算出梁各个支座处的约束力，然后利用截面法计算内力。在梁的计算简图中，取梁的轴线为 x 轴，取垂直于梁轴线向上的方向为 y 轴，x-y 面是弯曲平面（图 4-18a）。按右手法则，垂直于弯曲平面的方向为 z 轴。这里只考虑外力或外力偶作用在 x-y 平面内的梁。

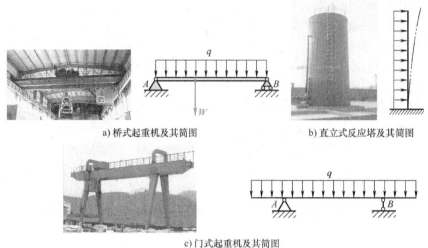

a) 桥式起重机及其简图   b) 直立式反应塔及其简图

c) 门式起重机及其简图

图 4-17

例题 4-7　简支梁如图 4-18a 所示，试计算距支座 A 为 x 处的 $m—m$ 横截面上的内力。

解：1）按照平衡条件算出支座约束力（过程略），得到

$$F_{Ay} = \frac{Fb}{l}, \quad F_{By} = \frac{Fa}{l}$$

2）假想将梁在 $m—m$ 处截开，成为左、右两段。研究其左段，梁的右段对左段的作用相当于固定端约束，受力图如图 4-18b 所示。C 为横截面 $m—m$ 的形心，由平衡方程

$$\sum F_y = 0, \quad F_{Ay} - F_S = 0$$
$$\sum M_C = 0, \quad M - F_{Ay}x = 0$$

解得

$$F_S = F_{Ay} = \frac{Fb}{l}, \quad M = F_{Ay}x = \frac{Fb}{l}x$$

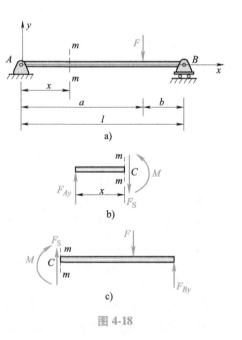

图 4-18

由此可知，梁横截面上具有两种内力分量：剪力 F_S，它是与横截面相切的分布内力系的合力；弯矩 M，它是与横截面垂直的分布内力系对截面形心的合力矩。

剪力和弯矩的正负号规定如下：使保留段有顺时针方向转动趋势的剪力为正，反之为负，如图 4-19a 所示；使保留段产生下凸的弯矩为正，反之为负。如

图 4-19b 所示。这样，无论取截面以左段梁还是取右段梁，求同一截面上的内力
符号是一致的。也可以简单地记忆为：剪力，左上右下为正，即若待求解剪力
的截面位于保留段的左侧，则该剪力朝上为正；若待求解剪力的截面位于保留
段的右侧，则该剪力朝下为正。弯矩，左顺右逆为正，即若待求解弯矩的截面
位于保留段的左侧，则该弯矩顺时针转向为正；若待求解弯矩的截面位于保留
段的右侧，则该弯矩逆时针转向为正。

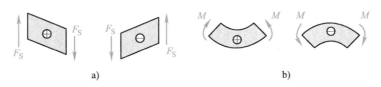

图 4-19

在利用截面法求横截面上的剪力和弯矩时，先在截面上预设正剪力和弯矩，
然后利用平衡方程求解。图 4-18b、c 所示的剪力和弯矩，均是按照正方向规定
绘出的，其计算结果的正负号不需要再做调整。

例题 4-8 试计算图 4-20a 所示简支梁上指定截面 Ⅰ—Ⅰ 、Ⅱ—Ⅱ 的内力。

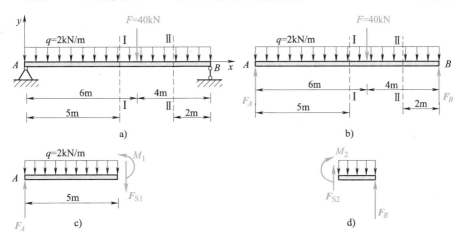

图 4-20

解：1）计算梁的约束力，受力分析如图 4-20b 所示，列写平衡方程

$$\sum M_A = 0, \quad F_B \times 10\mathrm{m} - F \times 6\mathrm{m} - q \times 10\mathrm{m} \times \frac{10\mathrm{m}}{2} = 0$$

$$\sum F_y = 0, \quad F_A + F_B - q \times 10\mathrm{m} - F = 0$$

解得 $F_A = 26\mathrm{kN}, \quad F_B = 34\mathrm{kN}$

约束力的计算是求解弯曲梁剪力和弯矩的首要步骤，要力求计算正确。为

叙述简洁，本章后面的例题中将直接给出约束力的计算结果，不再给出详细计算过程，建议读者自行演算。

2）研究 I—I 截面左侧，预设正剪力弯矩如图 4-20c 所示，对截面 I 的形心取力矩，列写平衡方程

$$\sum F_y = 0, \quad F_{S1} = 26\text{kN} - 2\text{kN/m} \times 5\text{m}$$

$$\sum M_I = 0, \quad M_1 = 2\text{kN/m} \times 5\text{m} \times \frac{5\text{m}}{2} - 26\text{kN} \times 5\text{m}$$

解得

$$F_{S1} = 16\text{kN} \tag{a}$$

$$M_1 = -105\text{kN} \cdot \text{m} \tag{b}$$

3）研究 II—II 截面右侧，预设正剪力、弯矩如图 4-20d 所示，对截面 II 的形心取力矩，列写平衡方程

$$\sum M_{II} = 0, \quad M_2 = -2\text{kN/m} \times 2\text{m} \times 1\text{m} + 34\text{kN} \times 2\text{m}$$

$$\sum F_y = 0, \quad F_{S2} = -34\text{kN} + 2\text{kN/m} \times 2\text{m} = 0$$

解得

$$F_{S2} = -30\text{kN} \tag{c}$$

$$M_2 = 64\text{kN} \cdot \text{m} \tag{d}$$

观察式（a）可知，等号右侧为截面 I—I 左侧梁上的所有外力之代数和，观察式（c）可知，等号右侧为截面 II—II 右侧梁上的所有外力之代数和。若设横截面与纵向对称面的交线为 y 轴，朝上为正（如图 4-20 所示）。由此，可以用以下方法直接算剪力：截面上的剪力等于该截面一侧梁上所有的外力沿 y 轴分量的代数和。设截面以左的外力朝上为正，截面以右的外力朝下为正，反之为负。可以表示为：$F_S = \sum F_{iy}$。

观察式（b）可知，等号右侧为截面 I—I 左侧梁上的所有外力对截面形心之矩的代数和，观察式（d）可知，等号右侧为截面 II—II 右侧梁上的所有外力对截面形心之矩的代数和。由此，可以用以下方法直接计算弯矩：截面上的弯矩等于该截面一侧梁上所有外力对通过截面形心 z 轴之矩的代数和。设截面以左顺时针的外力矩为正，截面以右逆时针的外力矩为正，反之为负，即 $M = \sum M_{iz}$。

计算公式也可由平衡条件直接得到。

例题 4-9 外伸梁的受力以及各部分的尺寸均示于图 4-21 中。试计算梁上各指定截面的内力。

解：1）计算约束力。

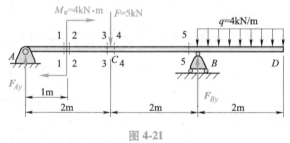

图 4-21

根据平衡方程，可得 $F_{By}=13.5$kN，$F_{Ay}=-0.5$kN（负号表明 F_{Ay} 实际铅直向下）

2）计算各指定截面上的内力。对所求截面上的内力，均预设为正。运用快速计算方法，有

1—1 截面：（关注 1—1 截面之左，其上剪力等于其左侧梁段上的外力 F_{Ay}，该外力位于截面以左，向下，取负号；其上弯矩等于左侧外力 F_{Ay} 对截面形心的力矩），该力矩位于截面以左，逆时针，取负号。

$$F_{S1}=F_{Ay}=-0.5\text{kN}，M_1=F_{Ay}\times1\text{m}=-0.5\text{kN}\cdot\text{m}$$

注意到这里 F_{Ay} 是负值，在代入上式计算的时候也应代入负值。

2—2 截面：

$$F_{S2}=F_{Ay}=-0.5\text{kN}，M_2=F_{Ay}\times1\text{m}+M_e=-0.5\text{kN}\times1\text{m}+4\text{kN}\cdot\text{m}=3.5\text{kN}\cdot\text{m}$$

3—3 截面：

$$F_{S3}=F_{Ay}=-0.5\text{kN}，M_3=F_{Ay}\times2\text{m}+M_e=-0.5\text{kN}\times2\text{m}+4\text{kN}\cdot\text{m}=3\text{kN}\cdot\text{m}$$

4—4 截面：

$$F_{S4}=F_{Ay}-F=-0.5\text{kN}-5\text{kN}=-5.5\text{kN}$$

$$M_4=F_{Ay}\times2\text{m}+M_e-F\Delta=-0.5\text{kN}\times2\text{m}+4\text{kN}\cdot\text{m}=3\text{kN}\cdot\text{m}$$

其中，Δ 为 F 与截面间的无穷小距离，计算中取零。

5—5 截面：（关注 5—5 截面之右，其上剪力等于其右侧梁段上的外力 F_{By} 和 ql 的代数和，其上弯矩等于右侧外力对截面形心的力矩）

$$F_{S5}=q\times2\text{m}-F_{By}=-5.5\text{kN}$$

$$M_5=-(q\times2\text{m})\times1\text{m}-F_{By}\Delta=-8\text{kN}\cdot\text{m}$$

其中，Δ 是相应的力与支座之间的无穷小距离，在计算时取零。

3. 剪力图和弯矩图

与绘制轴力图和绘制扭矩图一样，也可用图线表示梁的各横截面上的剪力 F_S 和弯矩 M 沿梁轴线变化的情况，得到的图形分别叫作剪力图和弯矩图。一般来说，可将梁横截面上的剪力与弯矩表示为关于截面位置 x 的函数，即

$$F_S=F_S(x)，\quad M=M(x) \tag{4-2}$$

分别称为剪力方程和弯矩方程。

根据剪力方程和弯矩方程，以梁轴线的位置为横坐标 x，以横截面上的剪力或弯矩为纵坐标，作出 $F_S=F_S(x)$ 和 $M=M(x)$ 的图形即可得到梁的剪力图和弯矩图。

例题 4-10 图 4-22a 所示简支梁受集中力 F 作用，绘制该梁剪力图和弯矩图。

解：1）计算支座约束力。由平衡方程求得 A、B 两处的约束力分别为

$$F_{Ay} = \frac{Fb}{l}, \quad F_{By} = \frac{Fa}{l}$$

2）分段列出剪力方程和弯矩方程。

由于点 C 处作用有集中力 F，AC 和 CB 两段梁的剪力方程和弯矩方程并不相同。将主动力、约束力的作用位置作为控制面进行分段，分段列出各段的剪力方程和弯矩方程。

设以梁的左端 A 为坐标原点，在 AC 段和 BC 段分别任取截面 x_1 和截面 x_2，如图 4-22a 所示。由剪力和弯矩的快速计算方法可得各段的剪力方程和弯矩方程分别为

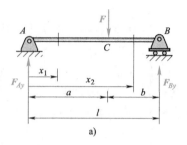

a)

$$AC \text{ 段} \quad F_S(x_1) = F_{Ay} = \frac{Fb}{l} \quad (0 < x_1 < a) \tag{a}$$

$$M(x_1) = F_{Ay}x_1 = \frac{Fb}{l}x_1 \quad (0 \leqslant x_1 \leqslant a) \tag{b}$$

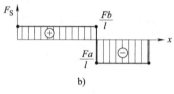

b)

$$BC \text{ 段} \quad F_S(x_2) = F_{Ay} - F = -\frac{Fa}{l}$$
$$(a < x_2 < l) \tag{c}$$

$$M(x_2) = F_{Ay}x_2 - F(x_2 - a) = \frac{Fa}{l}(l - x_2)$$
$$(a \leqslant x_2 \leqslant l) \tag{d}$$

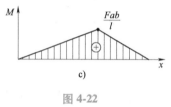

c)

图 4-22

3）作剪力图和弯矩图。

由式（a）、式（c）知，两段梁的剪力均为常数，故剪力图为平行于 x 轴的水平线；由式（b）、式（d）知，两段梁的弯矩为 x 的一次函数，故弯矩图为斜直线。选择载荷作用面为控制面，计算各控制面左右侧面的剪力和弯矩值，见表 4-1。将表中各数据标记在坐标系 F_S-x、M-x 的相应位置上，根据剪力方程和弯矩方程连线，注意将载荷作用面左右两侧的数据用直线相连，得到剪力图和弯矩图，如图 4-22b、c 所示。

表 4-1　各控制面左右侧面的剪力和弯矩值

截面位置（x）	支座 A 右侧	集中力 F 左侧	集中力 F 右侧	支座 B 左侧
剪力 F_S（x）	$\frac{Fb}{l}$	$\frac{Fb}{l}$	$-\frac{Fa}{l}$	$-\frac{Fa}{l}$
弯矩 M（x）	0	$\frac{Fab}{l}$	$\frac{Fab}{l}$	0

4）从剪力图可知，剪力从截面 C 左侧到右侧发生突变，突变值为

$$\Delta F_S = F$$

这正好等于两个截面之间的集中力的值，突变的方向也和集中力的方向一致。

例题 **4-11**　如图 4-23a 所示的简支梁，受集中力偶 M_e 作用。画出梁的剪力图和弯矩图。

解：1）计算支座约束力得 $F_{Ay} = F_{By} = \dfrac{M_e}{l}$，方向如图 4-23a 所示。

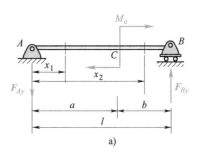

2）分段列剪力方程和弯矩方程。

以截面 C 作为控制面将梁分为 AC 和 CB 两段。由剪力和弯矩的快速计算方法可得各段的剪力方程和弯矩方程

AC 段：

$$F_S(x_1) = -F_{Ay} = -\frac{M_e}{l} \quad (0 < x_1 \leqslant a) \tag{a}$$

$$M(x_1) = -F_{Ay}x_1 = -\frac{M_e}{l}x_1$$
$$(0 \leqslant x_1 < a) \tag{b}$$

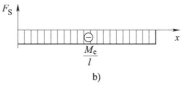

CB 段：

$$F_S(x_2) = -F_{Ay} = -\frac{M_e}{l}$$

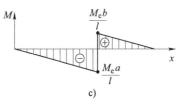

$$(a \leqslant x_2 < l) \tag{c}$$

$$M(x_2) = -F_{Ay}x_2 + M_e = \frac{M_e}{l}(l - x_2) \quad (a < x_2 \leqslant l) \tag{d}$$

图 4-23

3）作剪力图和弯矩图。

计算控制面左右侧面的剪力和弯矩值，见表 4-2。将各数据标记在 F_S-x、M-x 的相应位置上，根据剪力方程和弯矩方程连线。如图 4-23b、c 所示。

表 4-2　各控制面左右侧面的剪力和弯矩值

截面位置 (x)	支座 A 右侧	C 截面左侧	C 截面右侧	支座 B 左侧
剪力 F_S (x)	$-\dfrac{M_e}{l}$	$-\dfrac{M_e}{l}$	$-\dfrac{M_e}{l}$	$-\dfrac{M_e}{l}$
弯矩 M (x)	0	$-\dfrac{M_e a}{l}$	$\dfrac{M_e b}{l}$	0

4) 从弯矩图可知，截面 C 左右两侧弯矩值发生突变，突变值为

$$\Delta M = M$$

这正好等于两个截面之间的集中力偶的数值，若集中力偶为顺时针转向，则弯矩图向上突变；若集中力偶为逆时针转向，则弯矩图向下突变。

例题 4-12 如图 4-24a 所示的简支梁，受均布载荷作用。画出梁的剪力图和弯矩图。

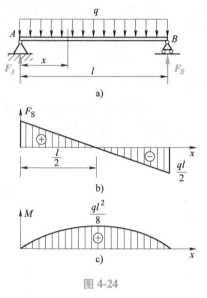

图 4-24

解：1）计算约束力，由对称性，可知

$$F_A = F_B = \frac{ql}{2}$$

2）取任意截面 x，由剪力和弯矩的快速计算方法可得剪力方程和弯矩方程

$$F_S(x) = F_A - qx = \frac{ql}{2} - qx$$

$$(0 < x < l) \qquad (a)$$

$$M(x) = F_A x - \frac{qx^2}{2} = \frac{qlx}{2} - \frac{qx^2}{2}$$

$$(0 \le x \le l) \qquad (b)$$

3）根据剪力方程和弯矩方程，画出剪力图如图 4-24b 所示，画出弯矩图如图 4-24c 所示。

为确定曲线的形状，还需确定二次曲线极值点的位置和极值点的弯矩值。根据二次函数的性质，可以确定跨中截面 C 上的弯矩值为极值。截面 C 的位置为 $x_C = \frac{l}{2}$，根据剪力和弯矩的直接计算方法可得截面 C 处的弯矩为 $M_C = \frac{ql^2}{8}$，在弯矩图中予以标注。

由图 4-24 可知，当均布载荷作用时，剪力图为斜直线，剪力从均布载荷开始作用的截面与 q 同向渐变，直至均布载荷作用截止的截面，剪力渐变的总和等于均布载荷之和；弯矩图为抛物线，在剪力为零的截面处，弯矩值为极值。

4. 弯矩、剪力与分布载荷之间的关系

为了知道整个梁上的内力分布，写出剪力方程和弯矩方程是基本的方法。由例题 4-10 至例题 4-12 可知，剪力图和弯矩图的形状与外力分布的特点有关：

1）集中力作用处左右两侧面的剪力图有突变，突变值等于集中力的大小，突变的方向与集中力方向相同 [参见例题 4-10（图 4-22）]。

2）集中力偶作用处左右两个侧面的弯矩图有突变，突变值等于集中力偶之矩 [参见例题 4-11（图 4-23）]。

3）有均布载荷作用的梁上，剪力图为斜直线，弯矩图为抛物线。若均布载荷向下，则剪力图为斜率为负的斜直线，弯矩图为开口向下的抛物线；若载荷向上，则剪力图为斜率为正的斜直线，弯矩图为开口向上的抛物线［参见例题4-12（图4-24）］。

可以证明梁的载荷、剪力和弯矩之间存在如下关系：

$$\frac{\mathrm{d}F_{\mathrm{S}}(x)}{\mathrm{d}x} = q(x), \qquad \frac{\mathrm{d}M(x)}{\mathrm{d}x} = F_{\mathrm{S}}(x), \qquad \frac{\mathrm{d}^2 M(x)}{\mathrm{d}x^2} = q(x) \tag{4-3}$$

式（4-3）说明剪力图和弯矩图的几何形状与作用在梁上的分布载荷有关：

1）剪力方程对截面坐标的一阶导数等于梁上的载荷集度，即剪力图上某点处的斜率等于作用在梁对应截面上的分布载荷的数值；弯矩方程对截面坐标的一阶导数等于截面上的剪力值，即弯矩图在某一点处的斜率等于对应截面的剪力的数值。

2）若某一段梁上没有分布载荷作用，即 $q = 0$，可知梁在该段的剪力为常数，弯矩方程为 x 的一次函数。因此，这一段梁的剪力图为平行于 x 轴的水平线，弯矩图为斜直线；当剪力值为正时，弯矩图的斜率为正，反之为负。

3）均布载荷（$q =$ 常数）作用的梁段上，剪力方程为 x 的一次函数，而弯矩方程为 x 的二次函数。因此，这一段梁的剪力图为斜直线，当 q 为正（向上）时，剪力图斜率为正，反之为负；弯矩图为抛物线，当 q 为正（向上）时，抛物线为凹曲线，凹的方向与 M 坐标正方向一致；当 q 为负（向下）时，抛物线为凸曲线，凸的方向与 M 坐标正方向一致。

4）若在梁的某一截面上 $F_{\mathrm{S}}(x) = 0$，即 $\dfrac{\mathrm{d}M(x)}{\mathrm{d}x} = 0$，则弯矩在这一截面上具有某一极大值或极小值。即弯矩的极值发生在剪力为零的截面上。在集中力偶作用的截面的左右两侧，由于弯矩突变，故也可能出现弯矩的极值。

对式（4-3）在截面 x_1 到截面 x_2 进行积分，可得 $M(x_2) - M(x_1) = \int_{x_1}^{x_2} F_{\mathrm{S}}(x)\,\mathrm{d}x$，再积分，可得 $F_{\mathrm{S}}(x_2) - F_{\mathrm{S}}(x_1) = \int_{x_1}^{x_2} q(x)\,\mathrm{d}x$，移项可得

$$M(x_2) = M(x_1) + \int_{x_1}^{x_2} F_{\mathrm{S}}(x)\,\mathrm{d}x \tag{4-4}$$

$$F_{\mathrm{S}}(x_2) = F_{\mathrm{S}}(x_1) + \int_{x_1}^{x_2} q(x)\,\mathrm{d}x \tag{4-5}$$

式中，$\int_{x_1}^{x_2} F_{\mathrm{S}}(x)\,\mathrm{d}x$ 实际上是截面 x_1 到截面 x_2 的剪力图的面积，$\int_{x_1}^{x_2} F_{\mathrm{S}}(x)\,\mathrm{d}x$ 实际上是截面 x_1 到截面 x_2 的载荷图的面积。通过上述积分关系，可以方便地求出相应截面上的弯矩或剪力。但必须指出的是，在有集中力和集中力偶作用处，

式（4-1）~式（4-3）不成立，同样在截面 x_1 到截面 x_2 上有集中力偶的情况下，式（4-4）也不成立，在截面 x_1 到截面 x_2 上有集中力的情况下，式（4-5）也不成立。

表4-3是剪力图、弯矩图和梁上分布载荷三者之间的规律小结。

表 4-3　剪力、弯矩与载荷集度关系特征表

载荷	$q=0$	$q \neq 0$
剪力图在某点处的斜率等于作用在梁对应截面上的载荷集度	载荷为零，剪力为常数	载荷集度为不等于零的常数 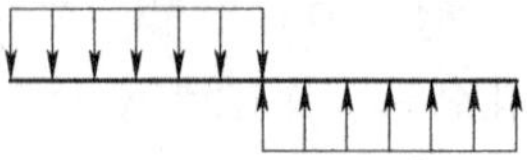　$q<0$　$q>0$
	剪力图为水平直线	剪力图为斜直线 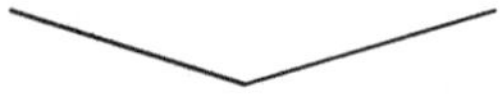
弯矩图在某一点处的斜率等于对应截面的剪力的值	$F_S<0$　弯矩图：	弯矩图上各点斜率为负 
	$F_S=0$　弯矩图：	弯矩的极值发生在剪力为零的截面上
	$F_S>0$　弯矩图： 	弯矩图上各点斜率为正 

利用上述关系，可以不列剪力方程和弯矩方程直接作剪力图和弯矩图，具体步骤如下：

1）建立坐标系，沿梁的轴线建立 x 轴、y 轴（剪力 F_S 或者弯矩 M）向上为正。计算梁的约束力。

2）计算集中力作用截面、集中力偶作用截面、分布载荷作用始末截面左右两侧面上的剪力和弯矩值。

3）应用载荷集度 q、剪力 F_S 和弯矩 M 之间的关系［式（4-3）］，结合外力作用情况，确定各截面之间剪力曲线和弯矩曲线的形状，绘制内力图（参考表4-3）。

注意：对于均布载荷作用的梁段，要注意相应剪力图的形状，其剪力为零的截面上的弯矩通常是弯矩极值。

利用载荷集度、剪力和弯矩的关系绘制相应的内力图时，一方面能够更加快捷和方便，另一方面也可检查内力图是否正确。

例题 4-13 简支梁受力及尺寸如图 4-25a 所示，已知 $F = 10\text{kN}$，试画出其剪力图和弯矩图。

解： 1）计算支座约束力，由对称性可知 $F_{Ay} = F = 10\text{kN}$，$F_{Fy} = F = 10\text{kN}$

2）确定控制面左右两侧面上的剪力和弯矩值

在集中力作用处、支座约束处为控制面，计算图 4-25a 所示 A^+、B、C、D、E、F^- 各截面上的剪力和弯矩值。应用截面法及根据剪力和弯矩的直接计算方法，可以求得

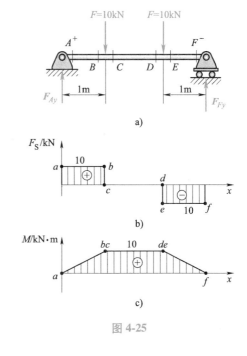

图 4-25

截面 A^+: $F_{SA^+} = F_{Ay} = 10\text{kN}$, $M_{A^+} = 0$

截面 B: $F_{SB} = F_{Ay} = 10\text{kN}$, $M_B = F_{Ay} \times 1\text{m} = 10\text{kN} \cdot \text{m}$

截面 C: $F_{SC} = F_{Ay} - F = 0$, $M_C = F_{Ay} \times 1\text{m} = 10\text{kN} \cdot \text{m}$

截面 D: $F_{SD} = F - F_{Fy} = 0$, $M_D = F_{Fy} \times 1\text{m} = 10\text{kN} \cdot \text{m}$

截面 E: $F_{SE} = -F_{Fy} = -10\text{kN}$, $M_E = F_{Fy} \times 1\text{m} = 10\text{kN} \cdot \text{m}$

截面 F^-: $F_{SF} = -F_{Fy} = -10\text{kN}$, $M_F = 0$

将这些值分别标在剪力图和弯矩图中，便得到 a、b、c、d、e、f 各点，如图 4-25b、c 所示。

3）根据微分关系连接图线。

因为梁上无分布载荷，所以各段剪力图形均为平行于 x 轴的直线；弯矩图形均为一次直线。于是，顺序连接剪力图和弯矩图中的 a、b、c、d、e、f 各点，便得到梁的剪力图和弯矩图，分别如图 4-25b、c 所示。从剪力图可知，从截面 B 到截面 C、从截面 D 到截面 E 剪力值发生突变，突变值为 $\Delta F_S = 10\text{kN}$，正好等于两个截面之间的集中力的值，突变的方向也和集中力的方向一致。最后，注意

截面 A^-: $F_{SA^-} = 0$

                                      $M_{A^-} = 0$

截面 F^+:

$$F_{F^+} = 0$$
$$M_{F^+} = 0$$

将 A、F 截面左右二侧的剪力值和弯矩值分别用直线相连。最后得到的剪力图和弯矩图都是封闭的图线。

本题是对称结构承受对称载荷，剪力图为反对称图形，而弯矩图是对称图形。

例题 4-14 利用弯曲内力与载荷集度之间的关系，绘制如图 4-26a 所示简支梁的剪力图和弯矩图。

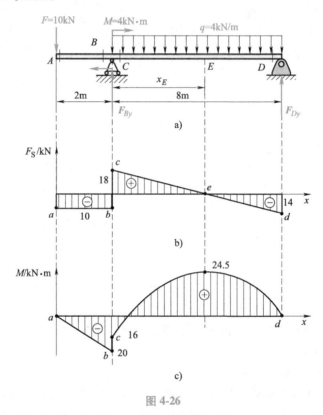

图 4-26

解：1）计算支座约束力，由平衡方程可求得两支座处的约束力

$$F_{By} = 28\text{kN}, \quad F_{Dy} = 14\text{kN}$$

2）确定控制面及其左右两侧面上的剪力和弯矩值。

由于梁上有集中力、集中力偶及分布载荷共同作用，取集中力 F 右侧、约束力 F_{Dy} 左侧，以及集中力偶作用处两侧为控制面，即图 4-26a 所示 A、B、C、D 各截面均为控制面。

应用直接求解法求得 A、B、C、D 四个控制面上的剪力和弯矩值分别为

截面 A：　　　　　　$F_{SA}=-F=-10\text{kN}$，$M_A=0$

截面 B：　　　　　　$F_{SB}=-F=-10\text{kN}$，$M_B=-F\times2\text{m}=-20\text{kN}\cdot\text{m}$

截面 C：　　　　　　$F_{SC}=-F+F_{By}=-10\text{kN}+28\text{kN}=18\text{kN}$，

　　　　　　　　　　$M_C=-F\times2\text{m}+4\text{kN}\cdot\text{m}+F_{By}\times0=-16\text{kN}\cdot\text{m}$

截面 D：　　　　　　$F_{SD}=-F_{Dy}=-14\text{kN}$，$M_D=0$

将这些值分别标在剪力图和弯矩图中，得到 a、b、c、d 各点，如图 4-26b、c 所示。

3）根据微分关系连接图线。

①作剪力图。

AB 段：此段梁上 $q=0$，根据式（4-3）的第一式可知，F_S 为常数，其图形为与 x 轴平行的水平线，只需连接 a、b 两点即可。

CD 段：此段梁上 $q\neq0$，根据式（4-3）的第一式和第二式可知，这段内的剪力图为斜直线，只需连接 c、d 两点即可。

在活定铰链支座处作用有向上的集中力 $F_{By}=28\text{kN}$，因此剪力图由 B 截面至 C 截面应向上突变 28kN。

根据以上分析与结果，绘出梁的剪力图，如图 4-26b 所示。

②作弯矩图。

AB 段：此段梁 $q=0$，且 $F_S<0$，弯矩图为一条右下斜直线，只需连接 a、b 两点即可作出该段梁的弯矩。

铰支座（BC 微段）：在铰支座处作用有顺时针的集中力偶 $M=4\text{kN}\cdot\text{m}$，故此处弯矩图有突变且向上突变 $4\text{kN}\cdot\text{m}$，连接 b、c 两点即可。

CD 段：此段梁上均布载荷 $q<0$，且存在 $F_S=0$，因此弯矩图为凸向弯矩坐标正方向的抛物线，并存在极值。利用 $F_S=0$ 这一条件，可以确定极值点 E 的位置 x_E 的数值，进而确定出该点处的弯矩数值 M_E。根据剪力和弯矩的快速计算方法，有

$$F_{SE}=-F+F_{By}-qx_E=-10\text{kN}+28\text{kN}-4\text{kN/m}\times x_E=0$$

$$M_E=-F(2\text{m}+x_E)+M+F_{By}x_E-(qx_E)\times\frac{x_E}{2}$$

$$=-10\text{kN}(2\text{m}+x_E)+4\text{kN}\cdot\text{m}+28\text{kN}\times x_E-2\text{kN/m}\times x_E^2$$

求得

$$x_E=4.5\text{m}，M_E=24.5\text{kN}\cdot\text{m}$$

将其值标于弯矩图中，便得到 e 点。根据图形为凸曲线并在 e 点取极值，用曲线连接 c、d、e 三点，即可画出该简支梁的弯矩图，如图 4-26c 所示。

4-1 两根不同材料的等截面直杆，两端均承受相同的轴向拉力，这两杆横截面的轴力是否相等？

4-2 工程中如何通过功率和转速确定受扭圆轴上作用的外力偶矩？在变速器中，为什么低速轴的直径比高速轴的直径大？

4-3 什么是扭矩？扭矩的正负号是如何规定的？试述绘制扭矩图的步骤。

4-4 什么是平面弯曲？纵向对称面？中性层？中性轴？

4-5 梁的支座（约束）主要有哪几种基本形式？其约束力如何？

4-6 如何约定剪力和弯矩的正负号？列出剪力方程和弯矩方程的时候，为什么要进行分段？如何进行分段？

4-7 平面弯曲梁受外力作用，在集中力、集中力偶作用面处，内力（剪力和弯矩）有何变化特征？

4-8 根据杆的载荷，如何能直接求得杆上某一截面上的内力值？

4-1 如习题 4-1 图所示的压力机，在载荷 F 的作用下，试确定 m—m 截面上的内力。

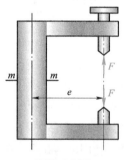

习题 4-1 图

4-2 求习题 4-2 图所示各杆指定截面上的轴力，并画出全杆的轴力图。

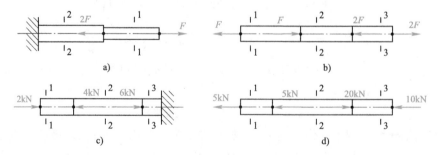

习题 4-2 图

4-3 阶梯杆 AE 如习题 4-3 图所示，在杆件 B、C、D、E 截面上分别作用有轴向载荷 F_1、F_2、F_3、F_4，且 $F_1 = F_2 = F_4 = F$，$F_3 = 3F$。试绘制轴力图。

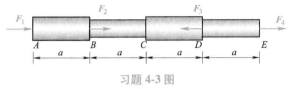

习题 4-3 图

4-4 求习题 4-4 图所示各轴指定截面上的扭矩，并画出扭矩图。

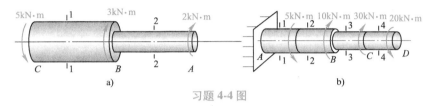

习题 4-4 图

4-5 如习题 4-5 图所示传动轴，转速 $n = 200\text{r/min}$，主动轮 A 输入的功率 $P_A = 200\text{kW}$，三个从动轮输出的功率分别为 $P_B = 90\text{kW}$，$P_C = 50\text{kW}$，$P_D = 60\text{kW}$。试绘出轴的扭矩图。

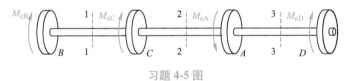

习题 4-5 图

4-6 习题 4-6 图所示圆轴上安装有五个带轮，其中带轮 2 为主动轮，其输入功率为 80kW，带轮 1、带轮 3、带轮 4 和带轮 5 均为从动轮，它们的输出功率分别为 24kW、16kW、32kW 和 8kW，轴的转速为 800r/min。若将该圆轴设计成等截面，为使设计能更合理地利用材料，各轮的位置可以互相调整。请判断下列布置中哪一种最合理，并说明原因。

（1）带轮 2 和带轮 3 互换位置后最合理；（2）带轮 1 和带轮 3 互换位置后最合理；

（3）带轮 2 和带轮 4 互换位置后最合理；（4）图示位置最合理。

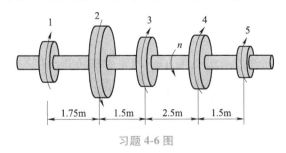

习题 4-6 图

4-7 如习题图 4-7 所示阶梯圆截面轴，受到沿轴长度均匀分布的外力偶矩作用。已知外力偶矩的分布集度 $m_e = 3500\text{N} \cdot \text{m/m}$；轴长 $l = 1\text{m}$，画出该轴的扭矩图。

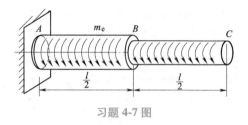

习题 4-7 图

4-8 试求习题 4-8 图所示各梁中指定截面上的剪力、弯矩（尺寸单位：mm）。

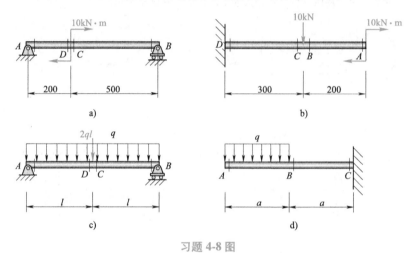

习题 4-8 图

4-9 试绘制习题 4-9 图所示的各梁的剪力图、弯矩图，并确定剪力和弯矩的绝对值的最大值。

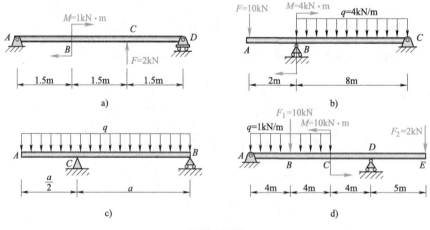

习题 4-9 图

4-10 试根据载荷集度与剪力弯矩的关系绘制习题 4-10 图所示各梁的剪力图和弯矩图，

设 q、F、a 均为已知。

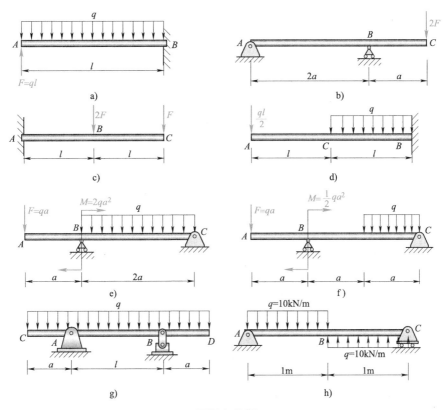

习题 4-10 图

4-11 试选择合适的方法作出简支梁在习题 4-11 图所示四种载荷作用下的剪力图和弯矩图，并比较其最大弯矩。试问由此可以引出哪些结论？

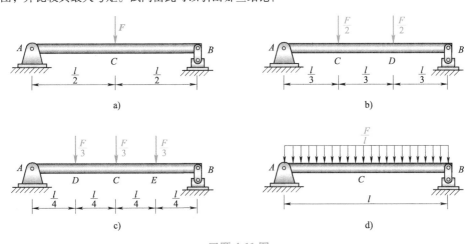

习题 4-11 图

4-12 已知习题 4-12 图所示梁的弯矩图，试在梁上添加载荷，并绘制梁的剪力图。

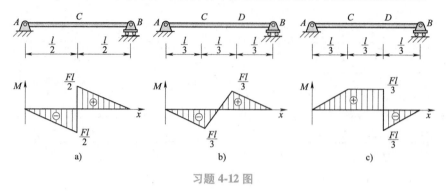

习题 4-12 图

4-13 计算习题 4-13 图所示组合梁最大剪力和弯矩，并画出其剪力图和弯矩图。

4-14 如习题 4-14 图所示直角折杆 OBA 位于水平面内，OB 左端固定，点 A 作用一竖向力 F_P。若已知 $F_P = 5kN$，$a = 300mm$，$b = 500mm$。试画出 OB 的内力图。

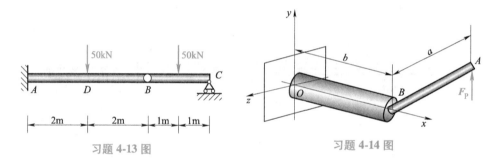

习题 4-13 图

习题 4-14 图

第 5 章

杆件横截面上的应力分析

两个材料相同、横截面尺寸不同的直杆，在相同轴向外力作用下虽然有相同的内力，但截面尺寸更小的那根杆件更容易破坏。可见仅根据内力情况还不足以判断杆件是否具有足够的强度。要解决杆件的强度问题，还必须对杆件进行应力分析。

分析截面上的应力，首先要了解应力在截面上的分布规律。应力是不可见的，杆件受力后产生的应变却是可见的，而应力和应变之间存在着一定的关系。因此，对杆件进行应力分析时，通常需借助相应的实验，观察实验中杆件表面的变形现象，据此建立一些关于变形的假设，并做出由表及里的推测，以获得应力在截面上的分布规律，从而推导出相应的应力计算公式。

本章将讨论杆件在拉压、扭转和弯曲三种基本变形下横截面上应力的分布规律，推导相应的应力计算公式，为分析杆件的强度打下基础。

5.1 应力与应变

1. 应力

为了描述内力的分布情况，我们引入内力分布集度，即应力的概念。用假想截面截取构件的一部分，如图 5-1a 所示。考虑截面 m—m 上包含任意一点 k 的微面积 ΔA，将微面积上的分布内力系向点 k 简化，得到主矢 ΔF，因为微面积上分布力对点 k 的矩是一个高阶微量，故可以忽略其主矩。当 ΔA 趋近于零时，$\dfrac{\Delta F}{\Delta A}$ 趋近于一个极限值，称之为点 k 的应力

$$p = \lim_{\Delta A \to 0} \frac{\Delta F}{\Delta A} = \frac{\mathrm{d}F}{\mathrm{d}A} \tag{5-1}$$

显然，应力 p 的方向就是 ΔF 的方向。一般直接确定 ΔF 的方向是困难的，为了便于分析，通常将应力 p 分解为沿截面法线方向的分量 σ 和沿截面切向的分量 τ（图 5-1b）。其中称 σ 为正应力，称 τ 为切应力。可知

$$p^2 = \sigma^2 + \tau^2 \tag{5-2}$$

规定：正应力 σ 的方向与截面外法线方向相同时为正，反之为负（拉应力时

为正，压应力为负）。切应
力以使被截取部分绕其内部
顺时针转动为正，反之为
负。可以看出，应力表征的
是单位面积上力的大小，它
的单位是：Pa（帕斯卡）。
工程中常用 MPa（兆帕）或
GPa（吉帕）。各单位之间具
有以下关系：

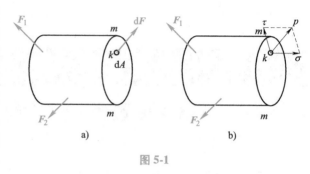

图 5-1

$$1Pa = \frac{1N}{1m^2}, \quad 1MPa = 10^6 Pa = \frac{1N}{1mm^2}, \quad 1GPa = 10^9 Pa = 10^3 MPa$$

2. 位移与应变

杆件上的点、面相对于初始位置发生的变化称为位移。位移包括构件空间
运动形成的刚体位移和由于受力变形造成的位移。材料力学考虑变形引起的
位移。

考虑杆件中任意点 A，围绕该点取出三个方向尺寸均为无穷小的正六面体，
称为单元体，如图 5-2a 所示。杆件受力变形后，其任意一个单元体棱边的长度
以及两棱边的夹角都会发生变化。杆件内所有变形后的单元体的组合叠加，构
成了宏观的杆件的形状，反映出杆件的宏观变形。

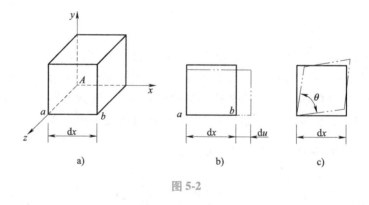

图 5-2

如图 5-2b 所示，包含点 A 的单元体中棱边 ab 与轴 x 平行，长为 dx。若假定
点 a 位置不变，而点 b 发生了 du 的位移，定义棱边长度的变化与其原始长度的
比值

$$\varepsilon_x = \frac{(du + dx) - dx}{dx} = \frac{du}{dx} \tag{5-3}$$

为点 A 处沿 x 方向的正应变，或称线应变。它表示某点处沿某方向长度改变的比率。类似地，可以分别定义该点沿着 y、z 方向的正应变 ε_y 和 ε_z。规定伸长的正应变为正，反之为负。受到载荷作用后，单元体原来相互垂直的两条棱边的夹角也变化为 θ，如图 5-2c 所示。定义直角的改变量

$$\gamma = \frac{\pi}{2} - \theta \tag{5-4}$$

为点 A 在平面内的切应变，或称角应变。

正应变和切应变是度量杆件内一点处变形程度的两个基本量。工程构件容许的应变非常小，对应变的测量常采用微米每米（$\mu m/m$），其中 $1\mu m = 10^{-6}m$。

3. 胡克定律

杆件单向拉伸变形时，在线弹性变形阶段（详见第 7 章），其上一点的轴向正应力 σ 与正应变 ε 成正比，即

$$\sigma = E\varepsilon \tag{5-5}$$

式中，称 E 为弹性模量（杨氏模量）。杆件上一点的切应力和切应变也有类似的关系，即

$$\tau = G\gamma \tag{5-6}$$

式中，称 G 为切变模量。由于应变的量纲是 1，故 E、G 这两个物理量的单位和应力单位相同，均为 MPa，它们的数值和材料有关。上面的关系是英国物理学家胡克（Hooker）于 1678 年提出的。事实上，固体的应力-应变关系并不是一个简单的线性关系，胡克定律是一种物理理论模型，它是对现实世界固体应力-应变关系的线性简化，而实践又证明它在一定程度上是有效的。

5.2 拉（压）杆横截面上的应力

1. 实验现象及平面假设

取一等直杆，为了便于实验观察，加载前在杆的表面画一些平行于杆轴线的纵向线及垂直于杆轴线的横向线组成正方形网格，如图 5-3a 所示。施加轴向拉力使得杆件产生轴向拉伸变形，如图 5-3b 所示。在加载过程中，对于距离加载位置稍远处，即图 5-3b 中虚线内的部分，可以观察到如下实验现象：

1）各个横向线和纵向线仍然保持直线，且仍然相互垂直。

2）各个横向线间的距离增大，各纵向线间的距离减小，原来的正方形网格变形为矩形。

由外部实验现象可以对内部变形做如下假设：变形后的横截面仍然保持平面，且仍垂直于杆件的轴线，这就是受拉（压）杆的平面假设。

由平面假设可知，杆件的变形是均匀而且相等的，说明同一横截面上各点的线应变 ε 相同；纵向线和横向线仍然垂直，说明横截面上各点没有切应变 γ。

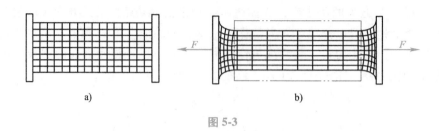

图 5-3

结合拉压胡克定律 $\varepsilon = \dfrac{\sigma}{E}$ 和剪切胡克定律 $\gamma = \dfrac{\tau}{G}$，可以推断，正应力 σ 在横截面上均匀分布，切应力 τ 等于零（图5-4）。

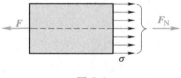

图 5-4

2. 拉压杆横截面上应力的计算

图5-4所示的均匀分布正应力的合力即为拉杆横截面上的轴力 F_N，故有

$$\sigma = \frac{F_N}{A} \tag{5-7}$$

式中，A 为横截面面积。一般规定拉应力为正，压应力为负。

式（5-7）适用条件：材料在线弹性范围内变形，杆件截面上的内力只有轴力。该式不适用于外力作用所在位置附近的截面。

显然，式（5-7）也适用于 F_N 为压力时的应力计算。此时轴力 F_N 和应力 σ 均为负值。（要注意对于细长压杆受压时容易被压弯，属于稳定性问题，这一内容将在后面专门研究，这里所指的是受压杆未被压弯的情况。）对于杆件横截面尺寸沿轴线缓慢变化的变截面直杆，这时式（5-7）为

$$\sigma(x) = \frac{F_N(x)}{A(x)} \tag{5-8}$$

式中，$\sigma(x)$、$F_N(x)$、$A(x)$ 都是横截面位置 x 的函数。

例题 5-1 左端固定的阶梯杆 OD 受力如图5-5a所示，OC 段的横截面面积是 CD 段横截面面积 A 的两倍，试确定杆内最大正应力的大小及其所在截面位置。

解：1）画轴力图，确定杆件内各截面的轴力。

杆件的轴力图如图5-5b所示，由图可知，阶梯杆内 OB 段轴力最大，CD 段横

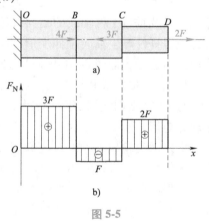

图 5-5

截面面积最小，因此最大正应力有可能在 OB 段，也有可能在 CD 段。

2）求最大正应力。

$$\sigma_{OB} = \frac{F_{OB}}{2A} = \frac{3F}{2A}(拉)$$

$$\sigma_{CD} = \frac{F_{CD}}{A} = \frac{2F}{A}(拉)$$

可知杆内的最大正应力位于 CD 段，且

$$\sigma_{\max} = \sigma_{CD} = \frac{2F}{A}(拉)$$

在用式（5-7）计算杆件横截面上的应力时，其轴力的大小往往仅取决于物体所受外力合力的大小，而很少考虑外力的分布方式。事实上，不同的外力作用方式对外力作用点附近区域内的应力分布有着很大的影响，至于该影响到底有多大，可由圣维南原理加以说明（见5.3节）。

例题 5-2 铰接的起吊三角支架如图 5-6a 所示，已知杆 AB 由两根边厚为 7mm 的 8 号等边角钢制成，杆 AC 为直径 $D=50mm$ 的圆截面杆。载荷 $F=130kN$，$\alpha=30°$。求两个杆横截面上的应力。

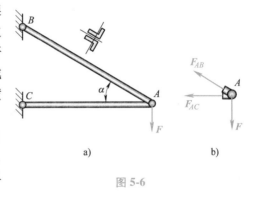

图 5-6

分析：杆件均为铰接，不考虑自重时，杆 AB 和杆 AC 均为二力杆，用截面法求解杆件内力，再计算应力。

解：1）计算杆件内力。

以节点 A 为研究对象进行受力分析，如图 5-6b 所示，列平衡方程如下：

$$\sum F_y = 0, \qquad F_{AB}\sin\alpha - F = 0$$

$$\sum F_x = 0, \qquad F_{AB}\cos\alpha + F_{AC} = 0$$

$$F_{AB} = 2F = 260kN, F_{AC} = -\sqrt{3}F = -225.2kN(压)$$

2）计算应力。

查型钢表可知，边厚为 7mm 的 8 号等边角钢横截面积 $A_1 = 10.86cm^2$。于是有

$$\sigma_{AB} = \frac{F_{AB}}{2A_1} = \frac{260 \times 10^3 N}{2 \times 10.86 \times 10^2\ mm^2} = 119.7MPa$$

$$\sigma_{AC} = \frac{F_{AC}}{A_2} = \frac{-4 \times 225.2 \times 10^3 N}{\pi \times 50^2\ mm^2} = -114.7MPa(压)$$

例题 5-3　起重吊环的尺寸如图 5-7 所示，若起吊重量 $F = 38\text{kN}$，试求吊环内的最大正应力。

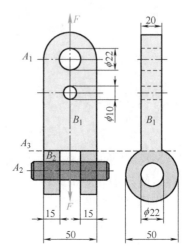

图 5-7

分析：从吊环的受力情况和截面法可知，沿吊环轴线轴力大小不变，故最大正应力必然发生在最小横截面上。

解：1）求吊环的轴力，由截面法易知，吊环各处轴力为

$$F_N = F = 38\text{kN}$$

2）求吊环的最小横截面面积。

分别计算孔 $\phi22$ 处、销钉处和接近凹槽底部处的横截面面积 A_1、A_2 和 A_3：

$$A_1 = (50 - 22)\text{mm} \times 20\text{mm} = 560\text{mm}^2$$

$$A_2 = 2 \times (50 - 22)\text{mm} \times 15\text{mm} = 840\text{mm}^2$$

$$A_3 = 2 \times 20\text{mm} \times 15\text{mm} = 600\text{mm}^2$$

故吊环的最小横截面面积　　　$A_{\min} = A_1 = 560\text{mm}^2$

3）求吊环内的最大正应力

$$\sigma_{\max} = \frac{F}{A_1} = \frac{38 \times 10^3 \text{N}}{560\ \text{mm}^2} = 67.9\text{MPa}$$

5.3　泊松比　圣维南原理　应力集中

1. 泊松比

由实验观察可知，杆件承受轴向拉压载荷时，纵向和横向均有变形。如图 5-8 所示，长为 l，宽为 b 的杆，受轴向外力 F 的作用，长度变为 l_1，宽度变为 b_1。

杆件的纵向应变为 $\varepsilon = \dfrac{\Delta l}{l}$，横向

应变为 $\varepsilon' = \dfrac{\Delta b}{b}$。于是有

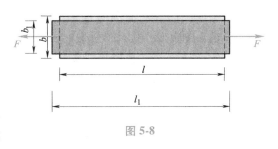

$$\varepsilon' = -\nu\varepsilon \qquad (5\text{-}9)$$

式中，ν 称为泊松比，是法国科

学家泊松（Poisson）于 1800 年

提出的。

图 5-8

ν 是一个量纲为 1 的量，与材料性质有关，一般由实验确定。

对于各向同性材料来说，拉压弹性模量 E、泊松比 ν 及切变模量 G 之间有如下关系：

$$G = \frac{E}{2(1+\nu)} \qquad (5\text{-}10)$$

弹性模量 E 和泊松比 ν 都是材料的弹性常数。常用材料的 E 和 ν 值可查阅相关手册。

2. 圣维南原理

应该指出，受作用于杆端的轴向外力作用方式的影响，在杆端附近的截面上，应力实际上并非均匀分布，但圣维南原理指出：将原力

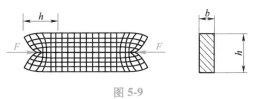

图 5-9

系用静力等效的新力系来替代，除了对新旧力系作用区域附近的应力分布有明显影响，在离力系作用区域略远处（对于外力作用于端面的实心杆，距离约等于截面尺寸，如图 5-9 所示），该影响就非常微小。因此在应力计算中，距离载荷作用区较远处，通常考虑载荷的主矢和主矩。

根据这一原理，杆件上复杂的外力系就可以用简单的力系取代。在离外力作用截面略远处，仍然可用式（5-7）计算应力。

3. 应力集中

由圣维南原理可知，等直杆受轴向拉伸或压缩时，在离开外力作用处足够远的横截面上的正应力是均匀分布的。但是，如果杆截面尺寸有突然变化，该局部区域的应力将急剧地变化（图 5-10a）。这种现象称为应力集中。

应力集中处的最大应力 $\sigma_{\max}$ 与横截面上平均应力 $\bar{\sigma}$ 的比值，称为理论应力集中系数，用 α 表示，即

$$\alpha = \frac{\sigma_{\max}}{\bar{\sigma}} \qquad (5\text{-}11)$$

理论应力集中系数 α 与杆件的材料无关，它反映了应力集中的程度。工程

实际中，由于结构或功能上的需要，有些零件必须要有孔洞、沟槽、切口、轴肩等，实验和理论表明，该处的应力会急剧增大为平均应力的 2~3 倍。而且，截面尺寸改变越急剧、孔越小、圆角越小，应力集中的程度就越严重，因此在工程实际中要尽可能地避免或改善这些情况，例如机械加工对机械零部件采取的倒角和倒圆，其目的之一就是为了减少应力集中。当然应力集中也可以被利用，例如裁玻璃时先用玻璃刀在玻璃上画出一道沟槽的方法，就是利用了应力集中的现象。古人对应力集中现象早有认识，在山东日照龙山文化的盛器陶鬶中，人们将圆柱形陶土柱嵌入壁厚不同部位的结合处，使得它们在烧制过程中不会因应力集中而产生裂痕（图 5-10b，图片来源百度图片）。

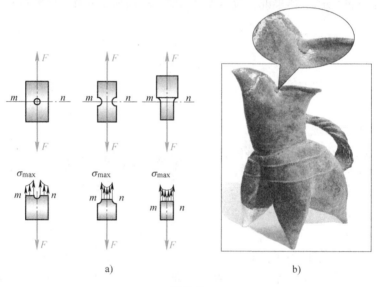

图 5-10

5.4 拉压杆斜截面上的应力 切应力互等定理

工程实际中的轴向拉压杆，有些材料的破坏会在横截面发生，也有些材料的破坏会在斜截面发生，因此有必要了解轴向拉压杆斜截面的应力情况。

通过实验观察可知，拉压杆变形时其上斜截面也保持平面，两个平行斜截面之间的轴向变形是相同的，故斜截面上的应力也是均匀分布的。如图 5-11 所示，受拉直杆横截面 1—1 的面积为 $A=a^2$，2—2 为与横截面夹角为 α 的斜截面。这里，由横截面逆时针转到斜截面时的夹角 α 为正。

由截面法可知横截面 1—1 与斜截面 2—2 上的轴力是相等的，即 $F_{N1}=F_{N\alpha}=F$，其截面面积分别为

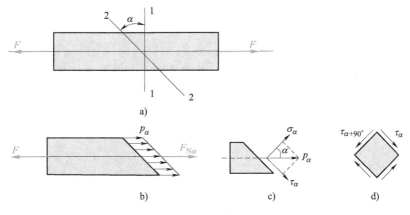

图 5-11

$$A_1 = a^2, A_2 = \frac{a^2}{\cos\alpha}$$

截面 1—1 的应力为

$$\sigma = \frac{F_{N1}}{A_1} = \frac{F}{a^2}, \tau = 0$$

截面 2—2 的全应力以及正应力和切应力分别为

全应力 $\quad p_\alpha = \dfrac{F_{N\alpha}}{A_2} = \dfrac{F\cos\alpha}{a^2}$

正应力 $\quad \sigma_\alpha = p_\alpha\cos\alpha = \dfrac{F}{a^2}\cos^2\alpha = \sigma\cos^2\alpha$ (5-12a)

切应力 $\quad \tau_\alpha = p_\alpha\sin\alpha = \dfrac{F}{a^2}\cos\alpha\sin\alpha = \dfrac{\sigma}{2}\sin2\alpha$ (5-12b)

式（5-12）是拉压杆斜截面上的应力计算公式。由式（5-12）可知：

1）当 $\alpha=0$ 时，$\sigma_0=\sigma$，$\tau_0=0$，即横截面上只有正应力没有切应力。

2）由式（5-12a）可知，受拉（压）杆斜截面上的正应力是关于 α 的函数，且 $\alpha=0$ 时（横截面）正应力为最大值，即 $\sigma_{0°}=\sigma_{max}=\sigma$。

3）由式（5-12b）可知，受拉（压）杆斜截面上的切应力是关于 α 的函数，且 $\alpha=45°$ 时切应力为最大值，即 $\tau_{45°}=\dfrac{\sigma}{2}$。

4）将 α、$\alpha+90°$ 代入式（5-12b），可得 $\tau_\alpha = -\tau_{\alpha+90°}$，即：过同一个点的两个相互垂直的平面上，切应力必成对出现，方向垂直于两个平面的交线，其大小相等，符号相反（指向相对或者相悖），这就是**切应力互等定理**，如图 5-11d 所示。

5.5 受扭圆轴横截面上的应力

1. 扭转切应力的推导

（1）**实验现象及平面假设** 取一等截面圆轴，加载前在圆轴表面上画上一些间距相等的圆周线和轴向线，组成边长相等的正方形网格（图5-12a）。在圆轴两端施加一对等值、反向的外力偶矩 M_e，使圆轴发生微小的弹性变形（图5-12b）。这时可以观察到如下变形现象：

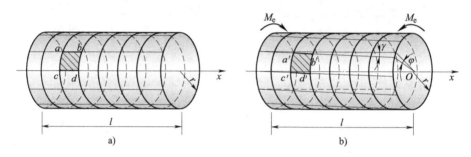

图 5-12

1）所有轴向线仍近似为直线，且都倾斜了相同的微小角度 γ。

2）所有圆周线保持原有的大小、形状及其相互之间的距离，仅发生了绕轴向的相对转动。半径线在变形过程中仍保持直线。

3）变形前小正方形 $abcd$，变形后错动成平行四边形 $a'b'c'd'$，即发生了剪切变形。

根据观察现象，做如下假设：圆轴上扭转变形前为平面的横截面，变形后仍为大小相同的平面，其半径仍保持为直线；且相邻两横截面之间的距离不变。这就是圆轴扭转的平面假设。

（2）**变形几何关系** 按照这一假设，设想圆轴横截面就像刚性平面一样绕轴线转过了一定的角度（实际上忽略了轴向伸缩变形）。将轴的一端固定，另一端施加力矩，距离固定端 x 处横截面上的半径线会旋转一个角度 $\varphi(x)$，称为该截面的扭转角（图5-13）。显然，不同位置横截面扭转角是不同的。

根据平面假设，既然圆轴横截面的形状、大小及其相互之间的距离在变形后保持不变，说明轴无轴向线应变和横向线应变，因而可认为其横截面上无正应力；由于圆周线的相对转动引起纵向线的倾斜，倾斜的角度 γ 就是圆轴表面处的切应变。

为了分析扭转变形所产生的应变，从图5-12b所示受扭圆轴中取 dx 微段并放大如图5-13a所示，再从所取微段中任取半径为 ρ 的圆柱（图5-13b）。横截面

n—n 相对于 m—m 转过的角度 $\mathrm{d}\varphi$，称为相对扭转角。以 ρ 为半径的圆柱表面处的切应变用 $\gamma(\rho)$ 表示。因为变形很小，故由图 5-13b 可知

$$\gamma(\rho) = \frac{bb'}{\mathrm{d}x} = \frac{\rho\mathrm{d}\varphi}{\mathrm{d}x} \tag{5-13}$$

式中，$\mathrm{d}\varphi/\mathrm{d}x$ 表示扭转角沿轴线长度方向的变化率，对一个给定的截面来说，它是常量，因此横截面上任意一点的切应变 $\gamma(\rho)$ 与该点到圆心的距离 ρ 成正比，这就是圆轴扭转时横截面上切应变的分布规律。

（3）物理关系　以 $\tau(\rho)$ 表示横截面上距圆心为 ρ 处一点的切应力，则由剪切胡克定律可知

$$\tau(\rho) = G\gamma(\rho) = G\rho\frac{\mathrm{d}\varphi}{\mathrm{d}x} \tag{5-14}$$

式（5-14）表明，横截面上任一点的切应力 $\tau(\rho)$ 与该点到圆心的距离 ρ 成正比。由于 $\gamma(\rho)$ 发生在垂直于半径的平面内，所以切应力 $\tau(\rho)$ 也与半径垂直。如再注意到切应力互等定理，则在纵向截面和横截面上，切应力沿半径的分布规律如图 5-14 所示。

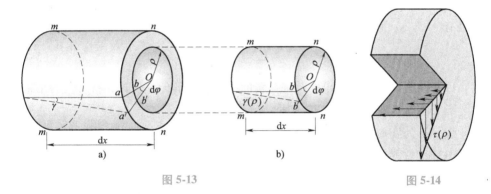

图 5-13　　　　　　　　　　　　　　　　图 5-14

（4）静力关系　考察横截面上微面积 $\mathrm{d}A$ 上的微内力 $\tau(\rho)\,\mathrm{d}A$（图 5-15），它对圆心的微内力矩为 $\mathrm{d}T = \rho\tau(\rho)\mathrm{d}A$，整个截面上微内力矩之和即为该截面上的扭矩 T，即

$$T = \int_A \rho\tau(\rho)\mathrm{d}A$$

将式（5-14）代入上式，则有

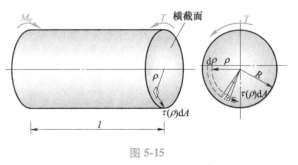

图 5-15

$$T = G\frac{\mathrm{d}\varphi}{\mathrm{d}x}\int_{A}\rho^{2}\mathrm{d}A$$

记 $I_{p} = \int_{A}\rho^{2}\mathrm{d}A$ ，称 I_{p} 为横截面对圆心的 **极惯性矩**。于是有

$$\frac{\mathrm{d}\varphi}{\mathrm{d}x} = \frac{T}{GI_{p}} \tag{5-15}$$

2. 扭转轴横截面上应力的计算

将式（5-15）代入式（5-14）可得

$$\tau(\rho) = \frac{T}{I_{p}}\rho \tag{5-16}$$

式（5-16）为扭转轴横截面上任意一点处切应力的计算公式。式中，T 为所求横截面上的扭矩，I_{p} 为截面极惯性矩，ρ 为截面上所求点到圆心的距离。对某一横截面而言，其上的扭矩 T 是常数，I_{p} 也是确定的，故由式（5-16）可知，该横截面上的切应力仅是 ρ 的线性函数（见表5-1）。显然，在圆心处，$\tau = 0$；在圆轴表面处，切应力最大 $\tau_{\max} = \frac{T}{I_{p}}R = \frac{T}{I_{p}/R}$。记 $W_{p} = \frac{I_{p}}{R}$，称为截面的 **抗扭截面系数**。于是有

$$\tau_{\max} = \frac{T}{W_{p}} \tag{5-17}$$

以平面假设为基础导出的圆轴扭转的应力和变形计算公式，符合实验结果。

3. 几种常用轴截面的几何性质

表5-1为实心圆轴、空心圆轴和薄壁圆筒的截面极惯性矩和抗扭截面系数（具体的计算过程见附录A平面图形的几何性质）。

表 5-1　几种常用轴截面的几何性质

横截面上的切应力分布	极惯性矩	抗扭截面系数
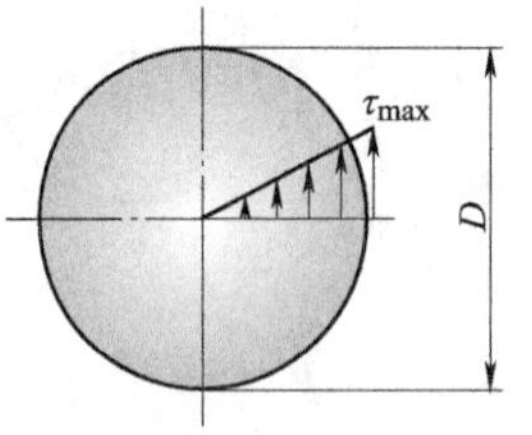 实心圆截面	$I_{p} = \int_{0}^{2\pi}\int_{0}^{D/2}\rho^{3}\mathrm{d}\rho\mathrm{d}\theta = \dfrac{\pi D^{4}}{32}$	$W_{p} = \dfrac{I_{p}}{D/2} = \dfrac{\pi D^{3}}{16}$

（续）

横截面上的切应力分布	极惯性矩	抗扭截面系数
空心圆截面（$\alpha=d/D$）	$I_p = \dfrac{\pi D^4}{32}(1-\alpha^4)$	$W_p = \dfrac{I_p}{D/2} = \dfrac{\pi D^3}{16}(1-\alpha^4)$
薄壁圆截面（$\alpha=d/D \geqslant 0.9$）	$I_p = 2\pi R_0^3 \delta$	$W_p = \dfrac{I_p}{R_0} = 2\pi R_0^2 \delta$ （R_0 为薄壁圆筒横截面 的平均半径，δ 为壁厚）

例题 5-4　一直径为 $D=50\text{mm}$ 的实心圆轴，某截面上扭矩 $T=4\text{kN}\cdot\text{m}$。试求该截面上距离轴心 $\rho=10\text{mm}$ 处点的切应力，并求该截面上的最大切应力。如将实心圆轴改为内、外径之比为 $\alpha=0.5$ 的空心圆轴，若要求空心圆轴与实心圆轴的最大切应力值相等，求此时空心圆轴的外径，并比较实心轴和空心轴的重量。

解：1）求截面的极惯性矩和抗扭截面系数

$$I_p = \frac{\pi D^4}{32} = \frac{\pi \times 50^4 \times 10^{-12}}{32}\text{m}^4 = 6.133 \times 10^{-7}\text{m}^4$$

$$W_p = \frac{\pi D^3}{16} = \frac{\pi \times 50^3 \times 10^{-9}}{16}\text{m}^3 = 2.453 \times 10^{-5}\text{m}^3$$

2）求 $\tau(\rho)$ 及 τ_{max}。

$$\tau(\rho)\big|_{\rho=10\text{mm}} = \frac{T}{I_p}\rho = \left(\frac{4\times10^3}{6.133\times10^{-7}}\times10\times10^{-3}\right)\text{Pa}$$
$$= 65.22\times10^6\text{Pa} = 65.22\text{MPa}$$

$$\tau_{max} = \frac{T}{W_p} = \frac{4\times10^3}{2.453\times10^{-5}}\text{Pa} = 163.07\times10^6\text{Pa} = 163.07\text{MPa}$$

3）确定空心圆轴的外径。

记空心轴的外径为 D_1，则由题意有

$$\tau_{max空} = \frac{T}{W_p} = \frac{16T}{\pi D_1^3(1-\alpha^4)} = \tau_{max实}$$

故空心轴的外径

$$D_1 = \sqrt[3]{\frac{16T}{\pi(1 - \alpha^4)\tau_{\max\text{实}}}} = \sqrt[3]{\frac{16 \times 4 \times 10^3}{\pi \times (1 - 0.5^4) \times 163.07 \times 10^6}} \text{m} = 51.1\text{mm}$$

4）比较实心轴和空心轴的重量。

由于两轴长度相等、材料相同，故两轴重量之比等于横截面面积之比：

$$\frac{W_{\text{空}}}{W_{\text{实}}} = \frac{A_{\text{空}}}{A_{\text{实}}} = \frac{\pi D_1^2 (1 - \alpha^2)/4}{\pi D^2/4} = \frac{D_1^2(1 - \alpha^2)}{D^2} = \frac{51.1^2 \times (1 - 0.5^2)}{50^2} = 0.78$$

可见，在载荷以及 $\tau_{\max}$ 相同的条件下，空心轴的重量只有实心轴的78%，说明空心轴比实心的节省材料，自重轻。从扭转轴横截面上切应力的分布可以看出（图5-14），切应力大多分布在离轴心较远处。因此，采用空心截面，可以使更多的材料分布在应力大的地方，更好地发挥材料的性能。如果将空心截面改为薄壁截面，可以发现节省材料的效果更为明显。但是，若扭转轴的壁厚太薄，扭转轴可能由于皱褶失稳破坏。

例题 5-5 图 5-16a 所示圆截面阶梯轴，AB 与 BC 段的直径分别为 d_1 与 d_2，且 $d_1 = 4d_2/3$，材料的切变模量为 G。试求轴内的最大切应力。

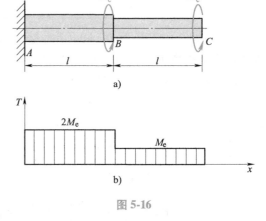

a)

b)

图 5-16

解：（1）作扭矩图。

由截面法，绘制轴的扭矩图如图 5-16b 所示，AB、BC 段的扭矩分别为

$$T_{AB} = 2M_e, \quad T_{BC} = M_e$$

（2）计算最大切应力。

根据式（5-17），AB 段、BC 段内的最大切应力分别为

$$(\tau_{\max})_{AB} = \frac{T_{AB}}{(W_t)_{AB}} = \frac{16 \times 2M_e}{\pi d_1^3} = \frac{27M_e}{2\pi d_2^3}, \quad (\tau_{\max})_{BC} = \frac{T_{BC}}{(W_t)_{BC}} = \frac{16M_e}{\pi d_2^3}$$

故得轴内的最大切应力

$$\tau_{\max} = (\tau_{\max})_{BC} = \frac{16M_e}{\pi d_2^3}$$

5.6 梁弯曲时横截面上的应力

梁的研究是材料力学中重要的部分，其内力、应力和变形均比较复杂。本书主要讨论平面弯曲梁（见4.2节，图4-9）的应力情况。

杆件发生平面弯曲，其横截面上一般同时存在剪力和弯矩两种内力。弯矩是垂直于横截面的内力系的合力偶矩；剪力是相切于横截面的内力系的合力。所以，弯矩 M 只与横截面上的正应力 σ 有关，而剪力 F_S 只与横截面上的切应力 τ 有关。

考察图 5-17a 所示的矩形截面简支梁。梁上受两个外力 F 对称地作用于梁的纵向对称面内。其计算简图、剪力图和弯矩图分别如图 5-17b、c、d 所示。在梁的 AC 和 DB 两段内，梁横截面上既有弯矩又有剪力，这种情况称为横力弯曲。在 CD 段内，梁横截面上剪力为零，弯矩为常数，这种情况称为纯弯曲。

1. 纯弯曲梁横截面上的应力

在材料均匀性和各向同性的前提下，对称弯曲时纯弯曲梁的变形规律是比较容易确定的，再利用物理关系和静力平衡关系，能推导出横截面上正应力的计算公式。这种研究方法和所得到的结果可以直接用于横力弯曲梁。从图 5-17b 可知，梁段 CD 发生纯弯曲，其左右两侧的外力可以简化为一对等值反向的力偶。

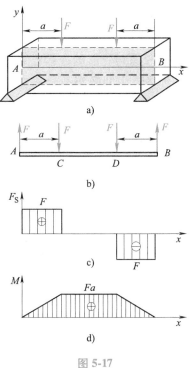

图 5-17

（1）实验现象及平面假设 取一段具有纵向对称面的等直截面梁，在两端施加力偶 M。为了观察其变形，事先在梁的表面画上一些间距相等的平行于轴线的纵向线，以及平行于横截面的横向线。这些纵向线与横向线形成矩形网格，如图 5-18a 所示。受纯弯曲变形后，这些线条的位置和角度将发生变化，如图 5-18b 所示。据此可观察到下列变形现象：

1）纵向线都弯曲成弧线，凸边弧线长度增加，而凹边弧线长度减小。

2）横向线仍为直线，但相对原来的位置转过了一个角度，且仍与纵向线正交。

根据上述实验结果，可以假设：

1）变形前为平面的梁的横截面变形后仍保持为平面，且仍然垂直于变形后的梁轴线，只是绕横截面内某一条直线转过一个角度。这就是弯曲变形的平面假设。由于变形前后纵向线与横向线保持垂直，可知梁的横截面上各点切应力为零，即 $\tau = 0$。

2）变形后各纵向水平面皆弯曲成曲面，且一部分伸长，一部分缩短。由此可知，梁内各纵向纤维仅受到单向拉伸或压缩，彼此间互不挤压、互不牵拉。这就是弯曲变形的**单向受力假设**。由此也可知，梁横截面上各点存在正应力。

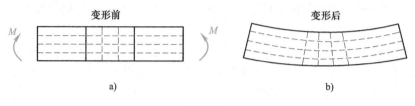

图 5-18

凸边一侧的纵向"纤维"有拉伸变形，而凹边一侧有压缩变形。根据平面假设并考虑到变形的连续性，由压缩区到拉伸区，中间必然有一层纤维的长度不变。这一层纤维称为**中性层**。中性层与横截面的交线称为**中性轴**（图 5-19），显然，横截面绕中性轴转动。

根据以上平面假设得到的理论结果，符合工程实际情况。

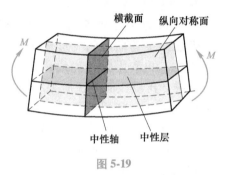

图 5-19

（2）**变形几何关系**　设从纯弯曲梁中沿轴线取长为 $\mathrm{d}x$ 的微段（图 5-20a），变形后微段左右两个横截面产生相对转角 $\mathrm{d}\theta$，设 ρ 为中性层曲率半径（图 5-20b）。沿截面外法线建立 x 轴，沿横截面的纵向对称轴建立 y 轴，沿中性轴建立 z 轴（图 5-20c）。坐标为 y 的任一纤维 bb'，变形前长为 $\overline{bb'} = \mathrm{d}x = \rho\mathrm{d}\theta$，变形后其长度为 $(\rho + y)\mathrm{d}\theta$，所以 bb' 的
线应变为

$$\varepsilon(y) = \frac{(\rho + y)\mathrm{d}\theta - \rho\mathrm{d}\theta}{\rho\mathrm{d}\theta} = \frac{y}{\rho} \tag{5-18}$$

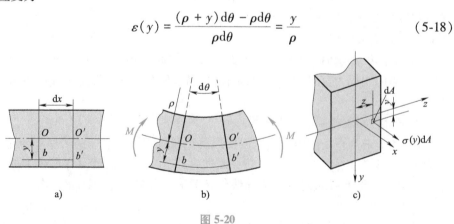

图 5-20

式（5-18）表明，距中性层为 y 的任一纵向纤维的线应变，与 y 成正比，与 ρ 成反比，该式表现了纯弯曲时纵向纤维沿梁高的正应变分布规律。

（3）**物理关系**　因为纵向纤维之间无挤压或牵拉，每一纤维都是单向拉伸或压缩。当应力不超过材料的比例极限时，由胡克定律知

$$\sigma(y) = E\varepsilon(y) = \frac{E}{\rho}y \tag{5-19}$$

这表明，梁横截面上点的正应力的大小与其到中性层的距离 y 成正比，与其 z 坐标无关，即与中性轴距离相同的各点正应力的数值均相同，正应力沿 y 轴按直线规律变化。

（4）**静力学关系**　图5-20c中，微面积上各点的微内力 $\sigma(y)\mathrm{d}A$ 组成一个与梁轴线平行的空间平行力系。横截面上仅有对中性轴 z 的弯矩 M_z，故有如下静力学关系：

$$\left.\begin{array}{l} \sum F_x = \displaystyle\int_A \sigma(y)\mathrm{d}A = F_N = 0 \\[2mm] \sum M_y = \displaystyle\int_A \sigma(y)z\mathrm{d}A = M_y = 0 \\[2mm] \sum M_z = \displaystyle\int_A \sigma(y)y\mathrm{d}A = M_z \end{array}\right\} \tag{5-20}$$

1）将式（5-19）代入式（5-20）的第一式，得

$$\int_A \sigma(y)\mathrm{d}A = \frac{E}{\rho}\int_A y\mathrm{d}A = \frac{E}{\rho}S_z = 0$$

式中，$S_z = \displaystyle\int_A y\mathrm{d}A$ 为截面对中性轴（z 轴）的静矩（见附录A）。E/ρ 为不等于零的常量，故必须有 $S_z = 0$。由平面图形的几何性质（见附录A）可知，当 z 轴（中性轴）通过截面形心时，有 $S_z = 0$。由此可知：中性轴通过截面形心。

2）将式（5-19）代入式（5-20）的第二式，可以得到

$$\int_A \sigma(y)z\mathrm{d}A = \frac{E}{\rho}\int_A yz\mathrm{d}A = \frac{E}{\rho}I_{yz} = 0$$

式中，$I_{yz} = \displaystyle\int_A yz\mathrm{d}A$ 为横截面对 z、y 轴的惯性积（见附录A）。同理可知，$I_{yz} = 0$，由平面图形的几何性质（见附录A）可知，z 轴和 y 轴是其形心主轴。

3）将式（5-19）代入式（5-20）的第三式，可以得到

$$\int_A \sigma(y)y\mathrm{d}A = \frac{E}{\rho}\int_A y^2\mathrm{d}A = \frac{E}{\rho}I_z = M_z$$

式中，$I_z = \int_A y^2 \mathrm{d}A$ 是横截面对 z 轴（中性轴）的**惯性矩**，于是上式可以改写成

$$\frac{1}{\rho} = \frac{M_z}{EI_z} \tag{5-21}$$

式中，梁轴线变形后的曲率 $1/\rho$ 反映梁弯曲变形的程度，EI_z 越大，曲率 $1/\rho$ 越小，故称 EI_z 为梁的**弯曲刚度**。

（5）**纯弯曲梁横截面上的正应力** 将式（5-21）代入式（5-19），得

$$\sigma(y) = \frac{M_z y}{I_z} \tag{5-22}$$

这就是梁纯弯曲时横截面上点的正应力计算公式。式中，下角标 z 表示截面中性轴，M_z 为截面上对 z 轴的弯矩，I_z 为截面对 z 轴的惯性矩，y 为该点的坐标。

结合中性轴的性质以及平面假设，由式（5-22）可知：

1）梁横截面上的正应力沿 y 轴线性分布；

2）截面上各点的正应力以中性轴为界，一侧为正（受拉），一侧为负（受压）；

3）横截面上各点正应力对中性轴之矩的转向与截面的弯矩方向一致。平面弯曲梁横截面上正应力分布规律如图 5-21 所示。

由式（5-22）可知，横截面上距离中性轴最远的点具有数值的最大正应力，即

$$\sigma_{\max} = \frac{M_z y_{\max}}{I_z} = \frac{M_z}{\dfrac{I_z}{y_{\max}}} = \frac{M_z}{W_z} \tag{5-23}$$

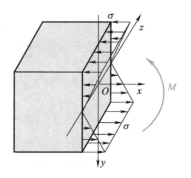

式中，$W_z = I_z / y_{\max}$ 称为**抗弯截面系数**。

图 5-21

截面惯性矩 I_z 和抗弯截面系数 W_z 的计算方法见附录 A 平面图形的几何性质，有关型钢的相关数据可查附录 C。这里给出矩形截面和圆截面对中性轴的惯性矩和抗弯截面系数的计算公式。

对于矩形截面（图 5-22a），有

$$I_z = \frac{bh^3}{12},$$

$$W_z = \frac{bh^2}{6}$$

对于圆截面（图 5-22b），有

$$I_z = \frac{\pi d^4}{64},$$

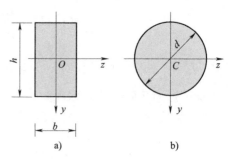

图 5-22

$$W_z = \frac{\pi d^3}{32}$$

由式（5-23）可知，梁的抗弯截面系数越大，截面上最大弯曲正应力的值就越小，越不容易发生破坏。因此，增大 W_z 是提高梁强度的有效方法。显然，梁的横截面尺寸越大，W_z 就会越大，但这样同时增加了其横截面面积 A，造成梁自重过大，反而会降低梁的强度。因此，在梁强度设计中，以 W_z/A 大为优。

例如，同样面积的矩形截面梁在两种放置状态（图 5-23a、b）下的抗弯截面系数分别为

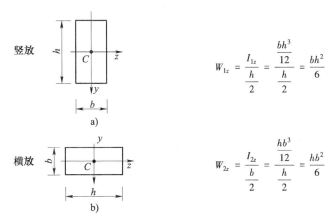

竖放

$$W_{1z} = \frac{I_{1z}}{\frac{h}{2}} = \frac{\frac{bh^3}{12}}{\frac{h}{2}} = \frac{bh^2}{6}$$

a)

横放

$$W_{2z} = \frac{I_{2z}}{\frac{b}{2}} = \frac{\frac{hb^3}{12}}{\frac{h}{2}} = \frac{hb^2}{6}$$

b)

图 5-23

可知 $W_{1z} > W_{2z}$，即同样面积下，竖放时矩形截面梁有更好的承载能力。从梁横截面上正应力多分布在远离中性轴的分布特点（图 5-21）可知，若将材料更多地分配到离中性轴较远处，能更好地利用材料、提高梁的承载能力。工程中，常将增大梁横截面的 W_z/A 作为提高梁强度的有效措施之一。例如桥式起重机采用的工字钢梁、高铁桥采用的箱梁等（图 5-24），都有较大的 W_z/A。

天车起重机
高铁桥

图 5-24

中国的土木建筑已经有几千年的历史了。在建造房屋时，常用圆木作为房

梁。为了能有效地减轻房梁的自重，人们常常将房梁裁成矩形截面，称为圆木裁方。什么样的高宽比才最合适呢？北宋著名建筑学家李诫在他论述建筑工程做法的著作《营造法式》中建议高宽比 h/b 为 1.5 最合适。

例题5-6　矩形截面悬臂梁 AB 受载情况及截面尺寸分别如图5-25a、b所示。试确定该梁 A 端右侧截面上 a、b、c、d 四点处的正应力。

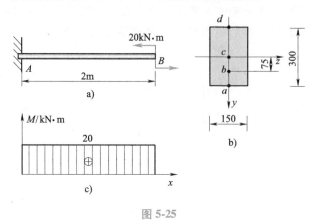

图 5-25

解：1）求梁 A 端右侧截面上的弯矩。

画梁的弯矩图如图5-25c所示，可知该梁为纯弯曲梁，梁 A 端右侧截面上的弯矩为

$$M = 20\text{kN} \cdot \text{m}$$

2）求横截面的惯性矩 I_z 和抗弯截面系数 W_z

$$I_z = \frac{bh^3}{12} = \frac{150 \times 300^3}{12} \text{mm}^4 = 3.375 \times 10^8 \text{mm}^4$$

$$W_z = \frac{bh^2}{6} = \frac{150 \times 300^2}{6} \text{mm}^3 = 2.25 \times 10^6 \text{mm}^3$$

3）求各点的正应力

$$\sigma_a = \frac{M}{W_z} = \frac{2 \times 10^7 \text{N} \cdot \text{mm}}{2.25 \times 10^6 \text{mm}^3} = 8.89\text{MPa}(拉应力)$$

$$\sigma_b = \frac{My_b}{I_z} = \frac{2 \times 10^7 \text{N} \cdot \text{mm} \times 75\text{mm}}{3.375 \times 10^8 \text{mm}^4} = 4.44\text{MPa}(拉应力)$$

点 c 在中性轴上，故

$$\sigma_c = 0$$

点 d 和点 a 关于中性轴对称，故

$$\sigma_d = -\sigma_a = -8.89\text{MPa}(压应力)$$

2. 横力弯曲时横截面上的应力

式（5-22）是在平面假设的前提条件下推导出来的，适用于对称弯曲中纯

弯曲的情形。若①梁的截面不是对称的，或者载荷不作用在纵向对称面内，但若外力偶作用在梁的形心主惯性平面内（见附录 A），则该梁仍然会发生平面弯曲，式（5-22）仍然适用；②对实心截面梁，若外力偶作用面平行于梁的主惯性平面，则梁仍然发生平面弯曲，式（5-22）仍然适用。

实际工程中，纯弯曲是一种较少见的承载形式，发生横力弯曲是较为常见的。此时，由于剪力的作用使梁发生了非均匀分布的切应力，梁的横截面将不再保持平面而发生翘曲，式（5-22）失去了成立的条件。但进一步分析表明，在细长梁（梁的跨度与截面高度之比大于 5）情况下，用式（5-22）计算截面上的正应力，并不会引起很大的误差，其计算结果能够满足一般工程问题的精度要求。因此，对细长梁仍采用式（5-22）计算正应力。但对于短粗梁，则需要采用弹性力学或有限元分析等其他方法进行求解。

梁在发生横力弯曲时，其横截面上的弯矩随截面位置的不同而变化。确定最大正应力要综合考虑弯矩值、截面的形状和尺寸，按下式计算：

$$\sigma_{\max} = \left\{\frac{M_z y}{I_z}\right\}_{\max} \tag{5-24}$$

由此可知，对于等截面梁，最大弯矩 $M_{\max}$ 所处的梁截面是危险截面，但对于变截面梁来讲，弯矩最大的截面却不一定是危险截面。

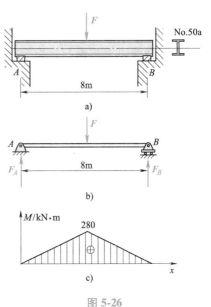

图 5-26

例题 5-7　图 5-26a 所示长 $l = 8\text{m}$ 的大梁由 No.50a 工字钢制成，在梁的跨中作用一集中力 $F = 140\text{kN}$。试确定梁内最大正应力以及其所在截面位置，并确定该截面上梁翼缘与腹板交界处的正应力。

解：1）绘制梁的计算简图并求支座约束力。

绘制梁的计算简图如图 5-26b 所示，由梁的平衡方程可以求得其支座约束力

$$F_A = F_B = \frac{F}{2} = 70\text{kN}$$

2）绘制梁的弯矩图，确定危险截面。

绘制梁的弯矩图如图 5-26c 所示。由图可知，梁上 C 截面有着最大的弯矩值；该梁是等截面梁，其上各个截面的抗弯截面系数是相同的。由此可知，危险截面应当是弯矩值最大的截面。故截面 C 为危险截面，且

$$M_{max} = \frac{Fl}{4} = 280 \text{kN} \cdot \text{m}$$

3）由附录 C 查得 No. 50a 工字钢的相关参数为

惯性矩

$$I_z = 46470 \text{cm}^4$$

抗弯截面系数

$$W_z = 1860 \text{cm}^3$$

翼缘与腹板交界处到中性轴的距离

$$y = \frac{h}{2} - t = \frac{500 \text{mm}}{2} - 20 \text{mm} = 230 \text{mm}$$

4）求弯曲正应力。

危险截面 C 上的最大正应力

$$\sigma_{max} = \frac{M_{max}}{W_z} = \frac{280 \times 10^6 \text{N} \cdot \text{mm}}{1860 \times 10^3 \text{mm}^3} = 150.5 \text{MPa}$$

危险截面 C 上翼缘与腹板交界处的正应力

$$\sigma = \frac{M_{max} y}{I_z} = \frac{280 \times 10^6 \text{N} \cdot \text{mm} \times 230 \text{mm}}{46470 \times 10^4 \text{mm}^4} = 138.6 \text{MPa}$$

3. 弯曲切应力

梁横力弯曲时，其横截面上既有弯矩又有剪力，因此梁的横截面上还将产生与剪力对应的切应力。弯曲切应力的分布规律要比正应力复杂。横截面形状不同，弯曲切应力分布情况也随之不同。对形状简单的截面，可以直接就弯曲切应力的分布规律做出合理的假设，然后利用静力学关系建立起相应的计算公式。但对于形状复杂的截面，需借助弹性力学理论或实验比较方法来进行研究。

本节介绍几种常见的简单形状截面梁弯曲切应力的分布规律，并直接给出相应的计算公式。

沿梁的轴线建立 x 轴，沿横截面的纵向对称轴建立 y 轴，沿横截面的中性轴建立 z 轴，如图 5-27 所示。设载荷简化后作用在梁的纵向对称面内。

假设：

1）横截面上各点切应力 τ 的方向与该截面上的剪力 F_S 方向一致。

2）切应力 τ 沿宽度均匀分布，即 τ 的大小只与其到中性轴的距离有关，而与截面宽度无关。

根据上述假设，可得梁横截面上纵坐标为 y 的任意一点的弯曲切应力的计算公式

$$\tau(y) = \frac{F_S S_z^*}{bI_z} \qquad (5\text{-}25)$$

式中，F_S 为横截面上的剪力；S_z^* 为横截面上过该点的水平横线以外部分面积 A_1 对中性轴 z 的静矩；b 为横截面的宽度；I_z 为整个横截面对中性轴 z 的惯性矩。

几种常见截面梁及其切应力公式见表 5-2。

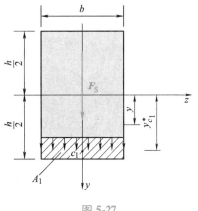

图 5-27

表 5-2 几种典型截面梁的切应力

梁的截面类型	切应力分布	切应力计算公式
矩形截面梁	a) b)	$\tau(y) = \dfrac{F_S}{2I_z}\left(\dfrac{h^2}{4} - y^2\right)$ $\tau_{max} = \dfrac{3F_S}{2A}$
工字形截面梁	a) b)	$\tau(y) = \dfrac{F_S}{dI_z}\left[\dfrac{b}{8}(h^2 - h_0^2) + \dfrac{d}{2}\left(\dfrac{h_0^2}{4} - y^2\right)\right]$ $\tau_{max} = \dfrac{F_S}{8dI_z}[bh^2 - (b-d)h_0^2]$ $\tau_{min} = \dfrac{F_S b}{8dI_z}(h^2 - h_0^2)$
T 形截面梁	a) b)	$\tau(y) = \dfrac{F_S S_{zmax}^*}{b_1 I_z}$

（续）

梁的截面类型	切应力分布	切应力计算公式
圆截面梁	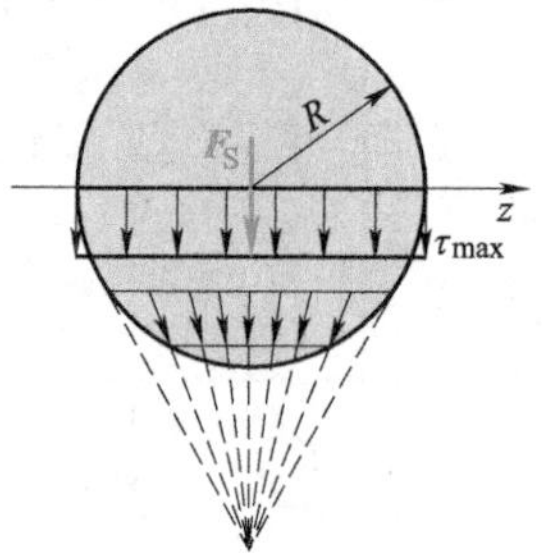	$\tau_{max} = \dfrac{4F_S}{3A}$
薄壁圆环截面梁	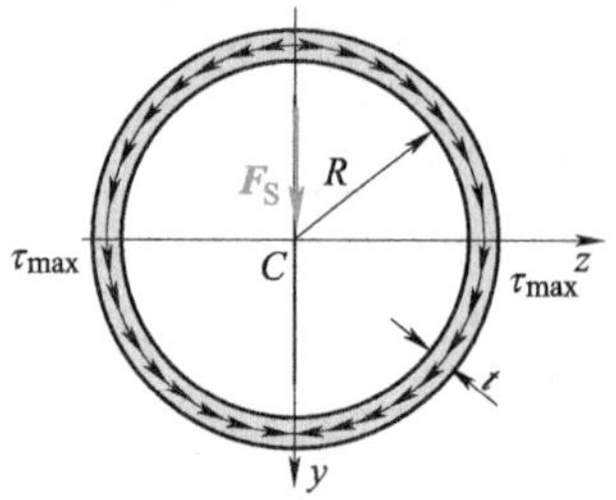	$\tau_{max} = 2\dfrac{F_S}{A}$

例题 5-8　图 5-28a、b 所示矩形截面悬臂梁。已知：$F = 85\text{kN}$，$l = 3\text{m}$，$h = 400\text{mm}$，$b = 240\text{mm}$。试求危险截面上 a、c、d、e、f 五点的正应力及切应力。

解：1）确定危险截面。

画出梁的剪力图和弯矩图分别如图 5-28c、d 所示。由图可知，截面 B 右侧截面的剪力和弯矩在该处均达到最大值，为危险截面，且

$$F_{Smax} = 85\text{kN}, \qquad M_{max} = 127.5\text{kN} \cdot \text{m} = 127.5 \times 10^6 \text{N} \cdot \text{mm}$$

2）计算矩形截面对其中性轴的惯性矩及抗弯截面系数

$$I_z = \frac{bh^3}{12} = \frac{240\text{mm} \times 400^3 \text{mm}^3}{12} = 1.28 \times 10^9 \text{mm}^4$$

$$W_z = \frac{bh^2}{6} = \frac{240\text{mm} \times 400^2 \text{mm}^2}{6} = 6.4 \times 10^6 \text{mm}^3$$

3）计算危险截面上各点的正应力，其中 $|y_c| = |y_e| = \dfrac{h}{4} = 100\text{mm}$

$$\sigma_a = \frac{M_{max}}{W_z} = \frac{127.5 \times 10^6 \text{N} \cdot \text{mm}}{6.4 \times 10^6 \text{mm}^3} = 19.92\text{MPa} = -\sigma_f$$

$$\sigma_c = \frac{M_{max} y_c}{I_z} = \frac{127.5 \times 10^6 \text{N} \cdot \text{mm} \times 100\text{mm}}{1.28 \times 10^9 \text{mm}^4} = 9.96\text{MPa} = -\sigma_e$$

$$\sigma_d = 0$$

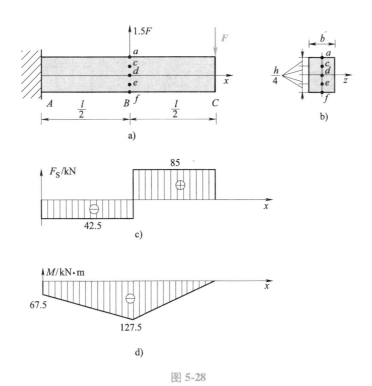

图 5-28

4）计算危险截面上各点的切应力

$$\tau_a = \tau_f = 0$$

$$\tau_c = \tau_e = \frac{F_{Smax}}{2I_z}\left(\frac{h^2}{4} - y_c^2\right) = \frac{85 \times 10^3 \text{N}}{2 \times 1.28 \times 10^9 \text{mm}^4}\left(\frac{400^2 \text{mm}^2}{4} - 100^2 \text{mm}^2\right)$$

$$= 0.966 \text{MPa}$$

$$\tau_d = \tau_{max} = \frac{3F_{Smax}}{2A} = \frac{3F_{Smax}}{2bh} = \frac{3 \times 85 \times 10^3 \text{N}}{2 \times 240 \text{mm} \times 400 \text{mm}}$$

$$= 1.33 \text{MPa}$$

例题 5-9　如图 5-29 所示矩形截面简支梁，试计算 1—1 截面上 a 点和 b 点的正应力和切应力。

解：1）求支座约束力。

选取 AB 梁为研究对象，作出其受力图如图 5-28 所示。由平衡方程得其支座约束力

$$F_A = 3.64 \text{kN}, \quad F_B = 4.36 \text{kN}$$

2）确定 1—1 截面上的剪力和弯矩。

由截面法可知，1—1 截面上的剪力、弯矩分别为

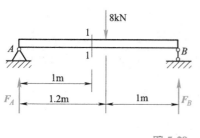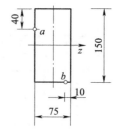

图 5-29

$$F_S = F_A = 3.64\text{kN}, \qquad M = F_A \times 1\text{m} = 3.64\text{kN} \cdot \text{m}$$

3）计算 1—1 截面上 a 点和 b 点的正应力

1—1 截面上的弯矩为正值，故截面中性轴以上部分受压、以下部分受拉。根据弯曲正应力计算公式，得 a 点、b 点的正应力分别为

$$\sigma_a = -\frac{My_a}{I_z} = -\frac{12My_a}{bh^3} = -\frac{12 \times 3.64 \times 10^3 \times 35 \times 10^{-3}}{75 \times 150^3 \times 10^{-12}}\text{Pa} = -6.04\text{MPa}$$

$$\sigma_b = \frac{M}{W_z} = \frac{6M}{bh^2} = \frac{6 \times 3.64 \times 10^3}{75 \times 150^2 \times 10^{-9}}\text{Pa} = 12.94\text{MPa}$$

4）确定 1—1 截面上 a 点和 b 点的切应力。

由矩形截面梁横截面上切应力的计算公式，得 1—1 截面上 a 点、b 点的切应力分别为

$$\tau_a = \frac{F_S}{2I_z}\left(\frac{h^2}{4} - y_a^2\right) = \left[\frac{3 \times 3.64 \times 10^3}{2 \times 75 \times 150^3 \times 10^{-12}} \times (150^2 - 4 \times 35^2) \times 10^{-6}\right]\text{Pa}$$

$$= 0.379\text{MPa}$$

$$\tau_b = 0$$

 思考题

5-1 试说明正应力 σ 与正应变 ε 的定义与量纲。若有两根拉杆，一为钢质（$E = 200\text{GPa}$），一为铝质（$E = 70\text{GPa}$），试比较在同一应力 σ 的作用下（应力均低于比例极限）两杆的应变。若应变相同，两杆应力的比值又是多少？

5-2 公式 $\sigma = \dfrac{F_N}{A}$，$\tau(\rho) = \dfrac{T}{I_p}\rho$，$\sigma(y) = \dfrac{M}{I_z}y$ 应用条件各有哪些？与材料性质有无关系？

5-3 在变速箱中，何以低速轴的直径比高速轴的直径大？

5-4 试分析下列说法是否正确：

（1）相同截面面积的橡皮杆与钢杆，受同样拉力作用，因橡皮杆的伸长比钢杆大，所以橡皮杆横截面上的正应力比钢杆大。

（2）应力的最大值一定发生在内力最大的截面上。

（3）截面上任一点处的应变始终与该点的应力成比例增加。

（4）D 为空心圆截面的外径，d 为其内径。则

$$I_p = I_{p大} - I_{p小}, \quad I_z = I_{z大} - I_{z小}$$

$$W_p = W_{p大} - W_{p小}, W_z = W_{z大} - W_{z小}$$

5-5　思考题 5-5 图所示悬臂梁，可用一根大料制成（思考题 5-5 图 a），也可用几根小料制成。譬如：三根小料横向自由叠合而成（思考题 5-5 图 b）；两根小料纵向自由叠合而成（思考题 5-5 图 c）；三根小料横向叠合并由若干螺栓拧紧而成（思考题 5-5 图 d）。试问哪种情形下梁的抗弯强度最大？为什么？并绘出各截面上正应力的分布图。

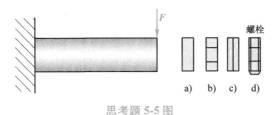

思考题 5-5 图

5-6　建筑房屋用的水泥梁如思考题 5-6 图所示，水平放置时为什么要使有钢筋的一侧放在下面？

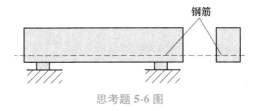

思考题 5-6 图

5-7　何为危险截面和危险点？如何来确定直杆和变截面杆的危险截面和危险点？

习　　题

5-1　如习题 5-1 图所示的变截面杆，如横截面面积 $A_1 = 200\text{mm}^2$，$A_2 = 300\text{mm}^2$，$A_3 = 400\text{mm}^2$，求杆各横截面上的应力。

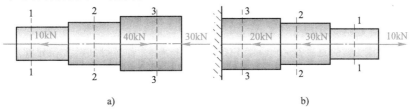

习题 5-1 图

5-2　如习题 5-2 图所示杆系结构中，各杆横截面面积均为 $A = 3000\text{mm}^2$，载荷 $F = 200\text{kN}$。试求各杆横截面上的应力。

5-3　如习题 5-3 图所示钢杆 CD 的直径为 20mm，用来拉住刚性梁 AB。已知 $F = 10\text{kN}$，试求钢杆 CD 横截面上的正应力。

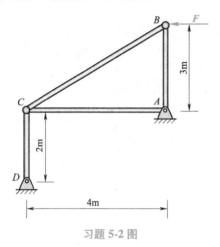

习题 5-2 图

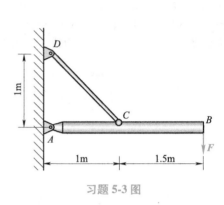

习题 5-3 图

5-4　如习题 5-4 图所示结构中，1、2 两杆为圆截面，其横截面直径分别为 10mm 和 20mm，试求两杆内的应力。

5-5　在习题 5-5 图所示结构中，若拉杆 BC 的横截面直径为 10mm，试求拉杆内的应力。设由 BC 连接的两部分均为刚体。

5-6　木杆由两段粘接而成，如习题 5-6 图所示。已知杆的横截面面积 $A = 1000\text{mm}^2$，粘接面方位角 $\theta = 45°$，杆所承受的轴向拉力 $F = 10\text{kN}$。若欲使粘接面上的正应力为切应力的 2 倍，则粘接面的方位角 θ 应为何值？

5-7　直径 $D = 50\text{mm}$ 的圆轴，受到扭矩 $T = 2.15\text{kN} \cdot \text{m}$ 的作用。试求在距离轴心 10mm 处的切应力，并求轴横截面上的最大切应力。

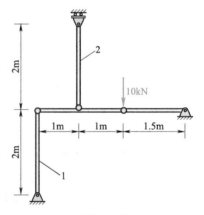

习题 5-4 图

5-8　某薄壁圆管，外径 $D = 44\text{mm}$，内径 $d = 40\text{mm}$，横截面上扭矩 $T = 750\text{N} \cdot \text{m}$，试计算横截面上的最大扭转切应力。

5-9　某传动轴的直径 $d = 50\text{mm}$，转速 $n = 120\text{r/min}$，若测得其最大扭转切应力 $\tau_{max} = 60\text{MPa}$，试求该轴所传递的功率。

5-10　习题 5-10 图所示 AB 轴的转速 $n = 120\text{r/min}$，从 B 轮输入功率 P = 44.14kW，此功率的一半通过锥形齿轮传给垂直轴 C，另一半由水平轴 H 输出。已知 $D_1 = 60\text{cm}$，$D_2 = 24\text{cm}$，$d_1 = 10\text{cm}$，$d_2 = 8\text{cm}$，$d_3 = 6\text{cm}$。试计算各轴上最大的扭转切应力。

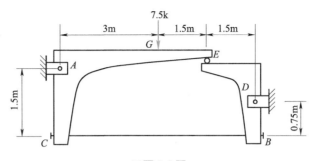

习题 5-5 图

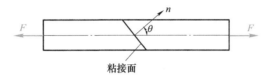

习题 5-6 图

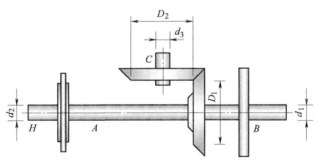

习题 5-10 图

5-11 一矩形截面的悬臂梁如习题 5-11 图所示，受集中力 F 和集中力偶 M 作用。试求 1—1 截面和固定端截面上 A、B、C、D 四点的正应力。已知 $F = 15 \text{kN}$，$M = 20 \text{kN} \cdot \text{m}$。

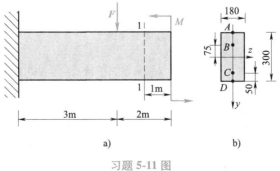

a)   b)

习题 5-11 图

5-12 如习题 5-12 图所示，简支梁承受均布载荷作用。若分别采用截面面积相等的实心和空心圆截面，且 $D_1 = 40\text{mm}$，$\dfrac{d_2}{D_2} = \dfrac{3}{5}$，试分别计算它们的最大正应力并比较其大小。

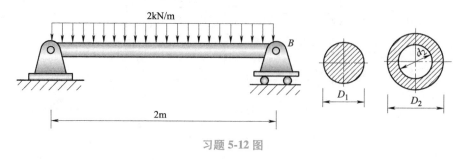

习题 5-12 图

5-13 如习题 5-13 图所示铸铁梁，若 $h = 100\text{mm}$，$\delta = 25\text{mm}$，欲使最大拉应力与最大压应力之比为 1/3，试确定 b 的尺寸。

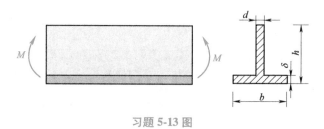

习题 5-13 图

5-14 如习题 5-14 图所示，试计算在均布载荷作用下，圆截面简支梁内最大正应力和最大切应力，并指出它们发生于何处。

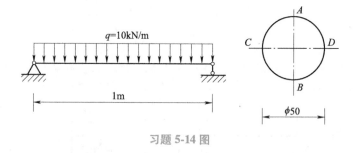

习题 5-14 图

5-15 某托架如习题 5-15 图 a 所示，m—m 截面形状及尺寸如习题 5-15 图 b 所示，截面关于其形心轴 z 对称。已知 $F = 10\text{kN}$。试求：

（1）m—m 截面对中性轴的惯性矩，及该截面上的最大弯曲正应力；

（2）若托架中间部分未挖空，再次计算该截面上的最大弯曲正应力。

5-16 试计算习题 5-16 图所示工字形截面梁内的最大正应力和最大切应力。

5-17 由三根木条胶合而成的悬臂梁截面尺寸如习题 5-17 图所示，$F = 800\text{N}$。试求胶合

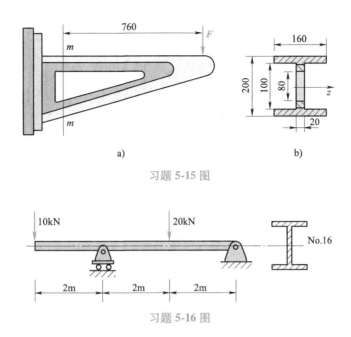

习题 5-15 图

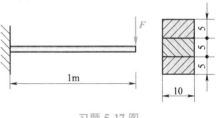

习题 5-16 图

面上的切应力和横截面上的最大切应力。

5-18　一钢制圆截面轴，在两端受一对平衡力偶的作用，其力偶矩为 $T = 2.5\text{kN} \cdot \text{m}$，已知轴的直径为 $d = 60\text{mm}$，试求该轴横截面的最大切应力。如将该实心圆轴改为外径 D 与内径 d 之比为 1.5 的空心圆轴，仍受同样大小的力偶矩的作用。试求使空心圆轴与实心圆轴的 $\tau_{\max}$ 相等时，空心轴比实心轴节省了多少材料。

习题 5-17 图

5-19　习题 5-19 图所示为两根悬臂梁。图 a 中的梁为两层等厚度的梁自由叠合；图 b 中的梁由两层等厚度的梁用螺栓紧固成一体。两梁的载荷、跨度、截面尺寸均一样。试求两梁的最大正应力 $\sigma_{\max}$ 之比。

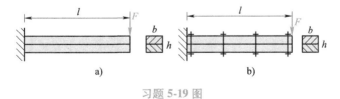

习题 5-19 图

5-20　T 形截面悬臂梁的长度、横截面尺寸以及所受载荷如习题 5-20 图所示。已知 $h_2 = 96.4\text{mm}$，截面对形心轴 z 的惯性矩 $I_z = 10180\text{cm}^4$，若梁的最大压应力不能超过 160MPa，最大拉应力不能超过 40MPa，试确定梁上载荷值 F 的最大值。

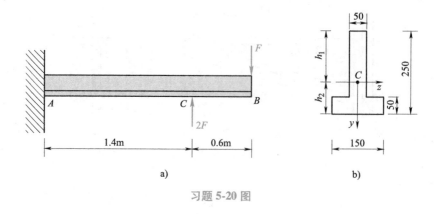

习题 5-20 图

5-21　梁的受力情况与截面尺寸如习题 5-21 图所示。已知惯性矩 $I_z = 102 \times 10^{-6} \text{m}^4$，试求最大拉应力和最大压应力，并指出最大拉应力和最大压应力所在的位置。

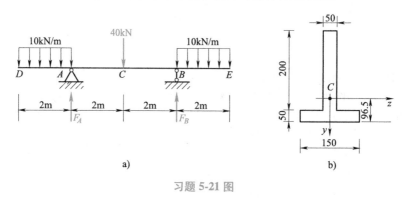

习题 5-21 图

第6章
应力状态分析

第5章讨论了杆件在轴向拉伸（或压缩）、扭转和弯曲等几种基本变形形式下横截面上的应力，但这对于进一步分析杆件的强度问题是远远不够的。一方面，在实际工程中，杆件的破坏并不总是沿横截面发生的。例如，低碳钢试件拉伸至屈服时，表面会出现与轴线成45°夹角的滑移线；再如，受扭的铸铁轴破坏时会沿45°的螺旋面开裂。另一方面，仅仅根据横截面上的应力分析，不能直接建立复杂载荷作用下的强度条件。

事实上，杆件受力变形后，不仅在横截面上会产生应力，而且在斜截面上也会产生应力。例如，在图6-1a所示的拉杆表面画一斜置的正方形，受拉后，正方形变成了菱形（见图中双点画线），这表明在拉杆的斜截面上存在切应力。又如，在图6-1b所示的圆轴表面画一个圆形，受扭后，此圆形变为一斜置椭圆形（见图中双点画线），长轴方向表示承受拉应力而伸长，短轴方向表示承受压应力而缩短。这表明，圆轴扭转时，斜截面上存在正应力。

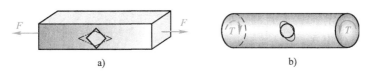

a)   b)

图 6-1

可见，应力的概念不仅与点的位置有关，还与过该点的截面的方位有关。即对同一点，若所考察截面的方位不同，其应力也不相同。因此，为了研究材料强度失效的规律，需要对受力构件内一点处各个不同方位截面上的应力情况及其变化规律进行分析，这就是应力状态分析的内容。

本章的主要任务是应力状态分析，为对杆件受复杂载荷作用时进行强度计算打下基础。

6.1 应力状态

1. 应力状态的概念

一般情况下，受载杆件内同一横截面上不同位置的点会具有不同大小的正应力。如图 6-2a 所示，某平面弯曲梁横截面Ⅰ上的内力有弯矩 M 和剪力 F_S，则该截面上分布着正应力和切应力。从弯曲应力分布规律可知，横截面上点 A 和点 B 的应力是不同的（图 6-2b）。

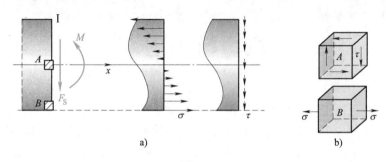

图 6-2

  事实上，即使是研究杆件内的同一个点，如果考察的截面方位不同，应力也是不同的。如图 6-3a 所示轴向受拉杆件上的点 A，在其横截面方位上只有正应力（图 6-3b），而斜截面方位上除了正应力外，还有切应力（图 6-3c，计算推导参见 5.4 节）。因此，构件上点的应力大小和方向不仅与该点的位置有关，而且还与过该点的截面的方位有关。受力构件内的某点在不同方位截面上的应力的集合，称为该点的应力状态。

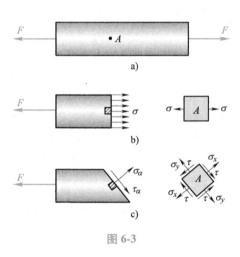

图 6-3

2. 一点应力状态的描述

  为了描述一点的应力状态，在一般情况下，总是围绕所考察的点作一个正六面体，当该六面体各边边长充分小时，六面体便趋于宏观上的"点"。这种六面体称为"单元体"。单元体具有如下性质：

  1）单元体内每一个面上，应力均匀分布。

  2）单元体内相互平行的截面上应力相同，且等同于过该点的平行面上的应力。

  为了确定一点的应力状态，需要确定代表这一点的单元体的三对互相垂直的面上的应力。因此，在取单元体时，应尽量使其三对面上的应力容易确定。如当杆件发生基本变形时，单元体的取法如下：

  1）对于轴向拉伸的矩形截面杆，三对面中的一对面为杆的横截面，另外两对面分别为与杆表面平行的纵截面，三对面之间的间距分别为 dx、dy、dz，如图 6-4a 所示；

2）对于受扭的圆截面杆，一对面为横截面（间距为 dx），一对为同轴圆柱面（间距为 dr），另一对为过杆轴线的纵截面（夹角为 dθ），如图 6-4b 所示；

3）对于平面弯曲梁，一对面为横截面（间距为 dx），一对面与梁的纵向对称面平行（间距为 dy），另一对面与其他两对面垂直（间距为 dy），如图 6-4c 所示。

此时，即可根据杆件变形的类型分析横截面上的应力分布，结合切应力互等定理便可确定单元体各个面上的应力。图 6-4 中给出了杆件在拉伸（图 6-4a）、扭转（图 6-4b）和平面弯曲（图 6-4c）时某些点的应力状态。

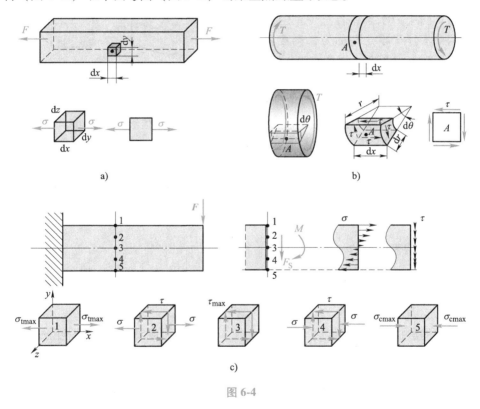

图 6-4

当单元体三对面上的应力已知时，就可以应用截面法及平衡条件，求得过该点的任意方位面上的应力。因此，通过单元体及三对互相垂直的面上的应力，可以描述一点的应力状态。

3. 主平面与主应力

单元体中切应力为零的平面称为**主平面**，如图 6-4c 中单元体 1 和 5 上的各个方位面，均为主平面。主平面上的正应力称为主应力。可以证明，过受力构件内任意一点均可找到三个相互垂直的主平面，因而受力构件内的任一点都存在着三个主应力，分别记作 σ_1、σ_2、σ_3，并按照代数值，规定 $\sigma_1 \geqslant \sigma_2 \geqslant \sigma_3$。例如图 6-4c 所示单元体 1 中，$x$ 面（约定：称其法线沿着 x 轴的平面为 x 面，称其法线沿着 y 轴的平面为 y 面。以下类同）上的正应力最大，为 σ_1，而 y 面和 z 面上的正应力均为零，即 $\sigma_2 = \sigma_3 = 0$。

4. 应力状态的分类

若某点的三个主应力中只有一个不等于零，则称该点的应力状态为单向应力状态，例如图 6-4c 中的点 1、5 即为单向应力状态；若三个主应力中有两个不等于零，则称为二向应力状态或平面应力状态，如图 6-4c 中的点 2、3、4 均为二向应力状态。其中，

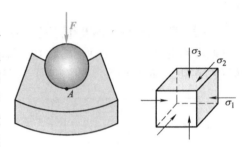

图 6-5

图 6-4c 中的点 3 的单元体上只有切应力，称之为纯剪切单元体；若三个主应力都不等于零，则称为三向应力状态或空间应力状态。在滚动轴承中，滚珠与外圈接触点处就属于三向应力状态（图 6-5）。

单向应力状态也称为简单应力状态；二向和三向应力状态则统称为复杂应力状态。

6.2 二向应力状态分析的解析法

1. 斜截面应力的一般公式

二向应力状态是工程中最常见的一种应力情况，其一般形式如图 6-6a 所示。即在 x 面上有 σ_x、τ_{xy}，在 y 面上有应力 σ_y、τ_{yx}。

切应力 τ_{xy}（或 τ_{yx}）有两个下标，第一个下标 x（或 y）表示为该切应力作用平面的法线方向，第二个下标 y（或 x）则表示该切应力的方向平行于 y 轴（或 x 轴），则 τ_{xy} 表示为 x 面上沿 y 方向的切应力。

关于应力的符号规定为：正应力以拉应力为正、压应力为负；切应力对单元体内任意点的矩为顺时针转向时为正，反之为负。按照上述符号规定，在图 6-6a 中，σ_x、σ_y、τ_{xy} 皆为正，而 τ_{yx} 为负。根据切应力互等定理，τ_{xy} 与 τ_{yx} 的大小相等。因此，这里独立的应力分量只有三个：σ_x、σ_y、τ_{xy}。

对于图 6-6a 所示的二向应力状态，可以用图 6-6b 所示的正投影来表示。

某点的应力状态已知，如图 6-6b 所示，现在研究过该点任意斜截面 ef 上的应力。设斜截面 ef 的外法线 n 和 x 轴的夹角为 α，称此面为 α 面，α 为该截面的方位角。α 面上的应力分别用 σ_α、τ_α 表示。α 的符号规定：若能从 x 轴逆时针

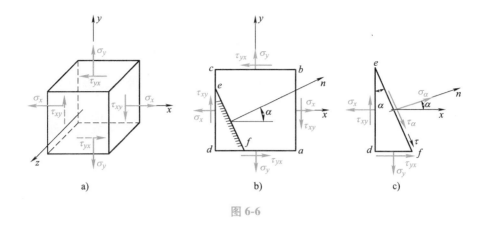

图 6-6

转过角 α 后到斜截面 ef 的外法线 n，则 α 为正，反之为负。图 6-6b 所示的斜截面 ef 的方位角为正。

用截面法沿截面 ef 将单元体分成两部分，并取 def 部分为研究对象，如图 6-6c 所示。设 ef 面的面积为 $\mathrm{d}A$，则 de 面和 df 面的面积分别为 $\mathrm{d}A\cos\alpha$ 和 $\mathrm{d}A\sin\alpha$。考虑 def 部分是平衡的，沿斜截面外法线方向 n 和切线方向 τ 建立坐标系，则 def 部分上力的平衡方程为

$$\sum F_n = 0, \qquad \sigma_\alpha \mathrm{d}A - (\sigma_x \mathrm{d}A\cos\alpha)\cos\alpha + (\tau_{xy}\mathrm{d}A\cos\alpha)\sin\alpha +$$
$$(\tau_{yx}\mathrm{d}A\sin\alpha)\cos\alpha - (\sigma_y\mathrm{d}A\sin\alpha)\sin\alpha = 0$$

$$\sum F_\tau = 0, \qquad \tau_\alpha \mathrm{d}A - (\sigma_x \mathrm{d}A\cos\alpha)\sin\alpha - (\tau_{xy}\mathrm{d}A\cos\alpha)\cos\alpha +$$
$$(\tau_{yx}\mathrm{d}A\sin\alpha)\sin\alpha + (\sigma_y\mathrm{d}A\sin\alpha)\cos\alpha = 0$$

注意到 $\tau_{xy} = \tau_{yx}$ 并利用 $\sin 2\alpha = 2\sin\alpha\cos\alpha$ 以及 $\cos 2\alpha = 2\cos^2\alpha - 1 = 1 - 2\sin^2\alpha$，将上述两式简化，即可得 α 面上的应力计算公式

$$\sigma_\alpha = \frac{\sigma_x + \sigma_y}{2} + \frac{\sigma_x - \sigma_y}{2}\cos 2\alpha - \tau_{xy}\sin 2\alpha \tag{6-1}$$

$$\tau_\alpha = \frac{\sigma_x - \sigma_y}{2}\sin 2\alpha + \tau_{xy}\cos 2\alpha \tag{6-2}$$

式（6-1）、式（6-2）表明：斜截面上的正应力 σ_α 和切应力 τ_α 随截面方位角 α 的改变而变化，即 σ_α 和 τ_α 都是 α 的函数。因此，式（6-1）、式（6-2）表达的是过同一个点不同方位截面上的应力之间的关系。

2. 极值应力与主应力

式（6-1）、式（6-2）都是三角函数式，即 σ_α 和 τ_α 为周期函数，因此存在着应力极值。根据求函数极值的方法，将式（6-1）对 α 求一阶导数，得

$$\frac{\mathrm{d}\sigma_\alpha}{\mathrm{d}\alpha} = -2\left(\frac{\sigma_x - \sigma_y}{2}\sin2\alpha + \tau_{xy}\cos2\alpha\right) \tag{6-3}$$

设当 $\alpha = \alpha_0$ 时，能使导数 $\mathrm{d}\sigma_\alpha/\mathrm{d}\alpha = 0$，则在 α_0 所确定的截面上正应力为最大值或最小值。现以 α_0 代入式（6-3），并令其等于零，得

$$\frac{\sigma_x - \sigma_y}{2}\sin2\alpha_0 + \tau_{xy}\cos2\alpha_0 = 0 \tag{6-4}$$

从而可得

$$\tan2\alpha_0 = \frac{-2\tau_{xy}}{\sigma_x - \sigma_y} \tag{6-5}$$

由式（6-5）可求出相差 $\dfrac{\pi}{2}$ 的两个角度：

$$\left.\begin{array}{l} \alpha_0 = \dfrac{1}{2}\arctan\left(\dfrac{-2\tau_{xy}}{\sigma_x - \sigma_y}\right) \\[3mm] \alpha_0' = \alpha_0 + \dfrac{\pi}{2} \end{array}\right\} \tag{6-6}$$

它们确定两个相互垂直的平面，其中一个是最大正应力作用面，另一个是最小正应力作用面。

由式（6-6）代入式（6-1），求得最大及最小正应力为

$$\left.\begin{array}{l} \sigma_{\max} \\[2mm] \sigma_{\min} \end{array}\right\} = \frac{\sigma_x + \sigma_y}{2} \pm \sqrt{\left(\frac{\sigma_x - \sigma_y}{2}\right)^2 + \tau_{xy}^2} \tag{6-7}$$

若判断最大最小正应力作用面具体是 α_0、α_0' 中的哪一个，可以将 α_0 或 α_0' 代入式（6-1）即可确定该面上对应的应力是 $\sigma_{\max}$ 还是 $\sigma_{\min}$。

比较式（6-2）和式（6-4）可见，满足式（6-4）的 α_0 角恰好使 τ_α 等于零。这说明：正应力的极值发生在切应力等于零的平面上，即主平面上。故正应力的极值即为主应力。由式（6-6）所确定的角 α_0 和 α_0' 实际上就是主应力所在平面（主平面）的方位角。

由此可知，由式（6-7）可求得点的两个主应力。平面应力状态还有一个主应力为零。这样，将式（6-7）求得的两个主应力和等于零的主应力，按照主应力 $\sigma_1 \geqslant \sigma_2 \geqslant \sigma_3$ 的规定，即可确定该点的三个主应力了。例如，若由式（6-7）求出的 $\sigma_{\max}>0$，$\sigma_{\min}>0$，则其三个主应力分别为 $\sigma_1 = \sigma_{\max}$、$\sigma_2 = \sigma_{\min}$、$\sigma_3 = 0$；若 $\sigma_{\max}<0$，$\sigma_{\min}<0$，则其三个主应力分别为 $\sigma_1 = 0$、$\sigma_2 = \sigma_{\max}$、$\sigma_3 = \sigma_{\min}$；若 $\sigma_{\max}>0$，$\sigma_{\min}<0$，则其三个主应力分别为 $\sigma_1 = \sigma_{\max}$、$\sigma_2 = 0$、$\sigma_3 = \sigma_{\min}$。

用完全相似的方法，可以确定最大和最小切应力以及它们所在的平面。将式（6-2）对 α 取导数，得

$$\frac{\mathrm{d}\tau_\alpha}{\mathrm{d}\alpha} = (\sigma_x - \sigma_y)\cos2\alpha - 2\tau_{xy}\sin2\alpha \tag{6-8}$$

若 $\alpha = \alpha_1$ 时，能使导数 $\mathrm{d}\tau_\alpha/\mathrm{d}\alpha = 0$，则在 α_1 所确定的斜截面上，切应力为最大或最小值。以 α_1 代入上式，并令其等于零，得

$$(\sigma_x - \sigma_y)\cos2\alpha_1 - 2\tau_{xy}\sin2\alpha_1 = 0$$

从而可得

$$\tan2\alpha_1 = \frac{\sigma_x - \sigma_y}{2\tau_{xy}} \tag{6-9}$$

由式（6-9）可求出 α_1 的两个值，它们相差 $\frac{\pi}{2}$，从而可以确定两个互相垂直的平面，分别为最大和最小切应力作用面。由式（6-9）求出 α_1 和 $\alpha_1 + \frac{\pi}{2}$ 代入式（6-2）得到在平行于 z 轴的各平面中切应力的最大和最小值为

$$\left.\begin{array}{r}\tau_{\max}\\\tau_{\min}\end{array}\right\} = \pm\sqrt{\left(\frac{\sigma_x - \sigma_y}{2}\right)^2 + \tau_{xy}^2} \tag{6-10}$$

比较式（6-5）和式（6-9），可得

$$\tan2\alpha_0\tan2\alpha_1 = -1 \tag{6-11}$$

这说明 $2\alpha_0$ 和 $2\alpha_1$ 相差 $\pm\frac{\pi}{2}$，故 $\alpha_1 = \alpha_0 \pm \frac{\pi}{4}$，即切应力极值所在平面与主平面的夹角为 $45°$。

3. 两互相垂直平面上应力的关系

若以 $\beta = \alpha + \frac{\pi}{2}$ 代换式（6-1）中的 α，化简后得

$$\sigma_\beta = \frac{\sigma_x + \sigma_y}{2} - \frac{\sigma_x - \sigma_y}{2}\cos2\alpha + \tau_{xy}\sin2\alpha \tag{6-12}$$

由式（6-12）、式（6-1）和式（6-7）可得

$$\sigma_\alpha + \sigma_\beta = \sigma_x + \sigma_y = \sigma_{\max} + \sigma_{\min} = 常量 \tag{6-13}$$

上式表明：通过受力物体内一点任意两相互垂直平面上的正应力之和为一常量。

例题 6-1 单元体各面上的应力如图 6-7a 所示（应力单位为 MPa）。试求：

（1）ab 斜截面上的正应力和切应力；

（2）主应力的值；

（3）主平面的方位并标示于图中；

（4）切应力的极值。

解：（1）求 ab 斜截面上的正应力和切应力。

取水平轴为 x 轴，则根据应力正负号规定可知

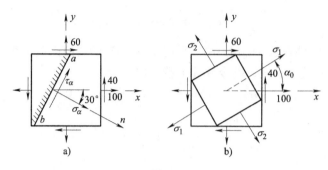

图 6-7

$$\sigma_x = 100\text{MPa}, \sigma_y = 60\text{MPa}, \tau_{xy} = -40\text{MPa}, \alpha = -30°$$

代入式（6-1）、式（6-2）得 ab 斜截面上的正应力和切应力分别为

$$\sigma_\alpha = \frac{\sigma_x + \sigma_y}{2} + \frac{\sigma_x - \sigma_y}{2}\cos2\alpha - \tau_{xy}\sin2\alpha$$

$$= \left[\frac{100 + 60}{2} + \frac{100 - 60}{2}\cos(-60°) - (-40)\sin(-60°)\right]\text{MPa}$$

$$= 55.36\text{MPa}$$

$$\tau_\alpha = \frac{\sigma_x - \sigma_y}{2}\sin2\alpha + \tau_{xy}\cos2\alpha$$

$$= \left[\frac{100 - 60}{2}\sin(-60°) + (-40)\cos(-60°)\right]\text{MPa}$$

$$= -37.32\text{MPa}$$

故 ab 斜截面上的正应力和切应力的方向如图 6-7a 所示。

(2)求主应力的值。

由式(6-7)可得

$$\left.\begin{array}{r}\sigma_{\max}\\ \sigma_{\min}\end{array}\right\} = \frac{\sigma_x + \sigma_y}{2} \pm \sqrt{\left(\frac{\sigma_x - \sigma_y}{2}\right)^2 + \tau_{xy}^2}$$

$$= \frac{100 + 60}{2}\text{MPa} \pm \sqrt{\left(\frac{100 - 60}{2}\right)^2 + (-40)^2}\text{MPa}$$

$$= 80\text{MPa} \pm 44.7\text{MPa} = \begin{cases}124.7\text{MPa}\\ 35.3\text{MPa}\end{cases}$$

根据主应力的定义可知,其主应力分别为

$$\sigma_1 = \sigma_{\max} = 124.7\text{MPa}, \sigma_2 = \sigma_{\min} = 35.3\text{MPa}, \sigma_3 = 0$$

（3）确定主平面的方位角。由式（6-6）可得

$$\alpha_0 = \frac{1}{2}\arctan\left(\frac{-2\tau_{xy}}{\sigma_x - \sigma_y}\right) = \frac{1}{2}\arctan\left[\frac{-2\times(-40)}{100-60}\right] = \frac{1}{2}\arctan 2 = 31.72°$$

经验算

$$\sigma_\alpha\Big|_{\alpha=\alpha_0} = \frac{\sigma_x + \sigma_y}{2} + \frac{\sigma_x - \sigma_y}{2}\cos 2\alpha_0 - \tau_{xy}\sin 2\alpha_0$$

$$= \left[\frac{100+60}{2} + \frac{100-60}{2}\cos(2\times 31.72°) - (-40)\sin(2\times 31.72°)\right]\text{MPa}$$

$$= 124.7\text{MPa} = \sigma_1$$

故主平面的方位及主应力的方向如图 6-7b 所示。

（4）求切应力的极值。由式（6-10）可得

$$\left.\begin{array}{l}\tau_{\max}\\\tau_{\min}\end{array}\right\} = \pm\sqrt{\left(\frac{\sigma_x - \sigma_y}{2}\right)^2 + \tau_{xy}^2} = \pm\sqrt{\left(\frac{100-60}{2}\right)^2 + (-40)^2} = \pm 44.7\text{MPa}$$

例题 6-2   直径为 D 的圆轴两端受一对大小为 M 的力偶作用，如图 6-8a 所示，计算圆轴表面上点 A 的主应力及其方向。

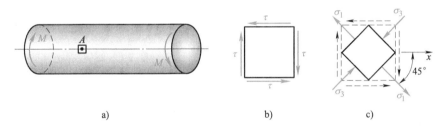

a)   b)   c)

图 6-8

解：1）分析点 A 的应力状态。

在点 A 处以图 6-8a 所示方式取单元体。圆轴的外表面没有应力，横截面上有切应力。由式（5-17），并根据切应力正负号规定可得

$$\tau = \frac{M}{W_p} = \frac{16M}{\pi D^3}$$

由此可得到点 A 的单元体，如图 6-8b 所示。其中

$$\sigma_x = 0,\ \sigma_y = 0,\ \tau_{xy} = \tau$$

2）计算主应力及其主平面方位。

由式（6-7）得

$$\left.\begin{array}{l}\sigma_{\max}\\\sigma_{\min}\end{array}\right\} = \frac{\sigma_x + \sigma_y}{2} \pm \sqrt{\left(\frac{\sigma_x - \sigma_y}{2}\right)^2 + \tau_{xy}^2} = \pm\tau$$

即主应力为 $\sigma_1 = \sigma_{\max} = \tau,\ \ \sigma_2 = 0,\ \ \sigma_3 = \sigma_{\min} = -\tau$

由式（6-5）得

$$\tan 2\alpha_0 = -\frac{2\tau_{xy}}{\sigma_x - \sigma_y} \rightarrow -\infty$$

解得

$$\alpha_0 = -45° \ 或 -135°$$

3）绘制主单元体。

主平面方位角为 $\alpha_0 = -45°$ 或 $-135°$，在单元体上画出主单元体，将 $-45°$ 代入式（6-1），得到 $\sigma_{-45°} = \tau$，可知 $\alpha_0 = -45°$ 方位面上作用着 σ_1。将 σ_1 绘制在 $-45°$ 方位面上，在 $-135°$ 方位面上绘制 σ_3，得到主平面。如图 6-8c 所示。

例题 6-3 一受内压的圆筒薄壁容器，如图 6-9 所示。已知圆筒的平均直径为 D，壁厚为 $\delta\left(\delta \leqslant \dfrac{D}{20}\right)$，承受的内压为 p。试分析筒壁上任一点 A 处的主应力。

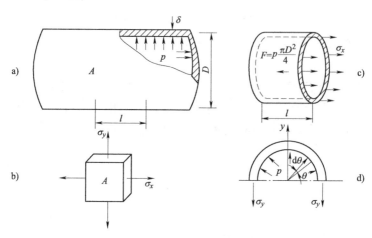

图 6-9

解：计算外力。

两端封闭的圆筒，作用于筒底的合力为

$$F = p\frac{\pi D^2}{4}$$

薄壁圆筒横截面面积为 $A = \pi D\delta$，故有

$$\sigma_x = \frac{F}{A} = \frac{p\dfrac{\pi D^2}{4}}{\pi D\delta} = \frac{pD}{4\delta}$$

在内压作用下，纵向截面上有正应力 σ_y，薄壁圆筒的纵向截面上的应力可视为均匀分布。取长度为 l 的一段圆筒，截取其上半部分作为研究对象，如图 6-9d 所示。建立平衡条件 $\sum F_y = 0$，有

$$2\sigma_y l\delta = \int_0^\pi pl \cdot \frac{D}{2}\sin\theta d\theta = plD$$

解得

$$\sigma_y = \frac{pD}{2\delta}$$

此外，在圆筒内壁有径向应力 $\sigma_z = -p$，但对于薄壁圆筒，其径向应力远小于 σ_x 和 σ_y，将其忽略不计。σ_x 作用的截面是轴向拉伸的横截面，该截面上没有切应力。由于内压是轴对称载荷，故 σ_y 作用的截面上也没有切应力。这样，通过壁内任意点的纵横两截面皆为主平面。其主应力

$$\sigma_1 = \frac{pD}{2\delta}, \ \sigma_2 = \frac{pD}{4\delta}, \ \sigma_3 = 0 \tag{6-14}$$

对于内压容器筒壁上的点，其主应力可以用式（6-14）进行求解。

*6.3 二向应力状态分析的图解法

1. 应力圆的概念

由式（6-1）、式（6-2）可知，过同一点任一斜截面上的应力 σ_α 和 τ_α 均随参量 α 而变化。将式（6-1）改写成

$$\sigma_\alpha - \frac{\sigma_x + \sigma_y}{2} = \frac{\sigma_x - \sigma_y}{2}\cos2\alpha - \tau_{xy}\sin2\alpha \tag{6-15}$$

将式（6-15）和式（6-2）的两边分别平方，然后相加，得

$$\left(\sigma_\alpha - \frac{\sigma_x + \sigma_y}{2}\right)^2 + \tau_\alpha^2 = \left(\frac{\sigma_x - \sigma_y}{2}\right)^2 + \tau_{xy}^2 \tag{6-16}$$

可以看出，在以 σ 为横坐标轴、τ 为纵坐标轴的平面内，式（6-16）是一个以 σ_α 和 τ_α 为变量的圆周方程，其圆心 C 的坐标为 $\left(\frac{\sigma_x+\sigma_y}{2}, 0\right)$，半径为 $R = \sqrt{\left(\frac{\sigma_x-\sigma_y}{2}\right)^2 + \tau_{xy}^2}$，如图 6-10 所示。圆周上任一点的横坐标和纵坐标分别代

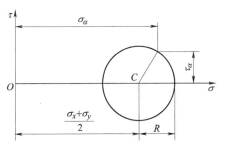

图 6-10

表所研究单元体内某一截面上的正应力和切应力，称此圆为应力圆。应力圆是德国工程师莫尔（Mohr）于 1882 年首先提出的，故也称为莫尔应力圆。

2. 应力圆与单元体的对应关系

由应力圆的概念及应力圆方程［式（6-16）］可知：

1）应力圆上某点的横坐标和纵坐标与单元体中某斜截面上的正应力和切应力相对应，即点与面相对应。

2）应力圆上圆心角为 2α 的两个点，分别与单元体中夹角为 α 的两个斜截面相对应，即二倍角对应。

3）若应力圆上从点 A 顺时针（逆时针）转过圆心角 2α 到点 B，则在单元体上，点 A 对应的截面也顺时针（逆时针）经过 α 角转到与点 B 对应的截面位置，即转向对应。

3. 应力圆的画法

对图 6-11a 所示的单元体，可以通过确定应力圆的圆心坐标和半径来绘制应力圆，也可采用如下方法：

1）建立图 6-11b 所示的 $\sigma\tau$ 坐标平面。确定比例尺，在坐标平面中标出 x 面所对应的点 $D_1(\sigma_x, \tau_{xy})$ 和 y 面所对应的点 $D_2(\sigma_y, \tau_{yx})$。

2）由于 x 面与 y 面间的夹角为 $90°$，根据二倍角关系可知，应力圆上点 D_1、D_2 之间的圆心角为 $180°$，即 D_1、D_2 为应力圆直径上两端的点。连接 D_1D_2，得到与横坐标轴的交点 C，即为圆心。

3）以 C 为圆心，以 CD_1 为半径画圆，由此得到与图 6-11a 单元体对应的应力圆，如图 6-11b 所示。

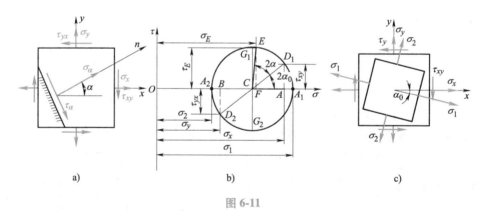

| a) | b) | c) |

图 6-11

4. 应力圆的应用

了解了应力圆上点的坐标和单元体中斜截面上的应力之间的对应关系后，可以利用应力圆来完成应力状态分析。

1）**利用应力圆确定任一斜截面 α 面上的应力** 利用应力圆上点的坐标和单元体中面上应力之间的对应关系，将 x 面对应的点在应力圆中标出，即 D_1，沿逆时针方向旋转 2α 角（与 α 角同转向）得点 E，如图 6-11b 所示，记点 E 的坐标为 (σ_E, τ_E)，且 $\sigma_E=\sigma_\alpha$，$\tau_E=\tau_\alpha$。若按比例作图，则可从图中量得 σ_E，τ_E

的值，即能确定 α 斜面上的正应力和切应力。

2）利用应力圆求正应力的极值（主应力）　由图 6-11b 可知，应力圆与横坐标轴相交于 A_1 和 A_2 两点，这两点的横坐标即分别为最大、最小正应力，而其纵坐标皆为零，因此点 A_1 和 A_2 的横坐标即代表单元体的主应力。有

$$\sigma_{max} = OA_1 = OC + CA_1 = \sigma_C + R = \sigma_1$$
$$\sigma_{min} = OA_2 = OC - CA_2 = \sigma_C - R = \sigma_2$$

与式（6-7）相同。

要注意的是，主应力的序号与正应力极值之间的关系需由应力圆与坐标原点之间的位置关系确定，如图 6-12 所示。

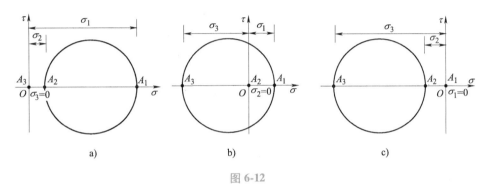

a)　　　　　　　　　　b)　　　　　　　　　　c)

图 6-12

3）利用应力圆确定主平面的方位　在图 6-11b 所示的应力圆上，由 D_1 点（对应单元体上法线为 x 轴的方位截面）到 A_1 点（对应主平面）所对应的圆心角为顺时针的 $2\alpha_0$，由二倍角关系可知，在单元体上由 x 轴顺时针量取 α_0，即可确定主应力 $\sigma_1(\sigma_{max})$ 所在主平面的法线位置。按照关于方位角的符号规定，顺时针方位角 α_0 为负，$\tan2\alpha_0$ 应为负值。由图 6-11b 可以得出

$$\tan2\alpha_0 = -\frac{AD_1}{CA} = -\frac{2\tau_{xy}}{\sigma_x - \sigma_y}$$

与式（6-5）完全相同。

根据上式，并考虑到 A_1、A_2 两点是应力圆上同一直径的两个端点，所以，在单元体中，最大正应力所在平面与最小正应力所在平面互相垂直。所以，主应力单元体所在方位如图 6-11c 所示。

4）利用应力圆求切应力的极值　图 6-11b 中，点 G_1 和点 G_2 的纵坐标分别是最大值和最小值，分别代表最大切应力和最小切应力。因为 CG_1 和 CG_2 都是应力圆的半径，故

$$\left.\begin{array}{r}\tau_{max}\\\tau_{min}\end{array}\right\} = \pm R = \frac{\sigma_{max} - \sigma_{min}}{2} = \pm\sqrt{\left(\frac{\sigma_x - \sigma_y}{2}\right)^2 + \tau_{xy}^2} \qquad (6-17)$$

这与式（6-10）一致。

在应力圆上由 A_1 和 G_1 所对应的圆心角为 90°，故在单元体中，主平面与切应力极值所在平面的夹角为 45°。

若已知的不是两互相垂直面的应力，而是任意两截面的应力，或者已知其他足够绘制应力圆的条件，均可用应力圆进行应力状态分析，而这是解析法所不易进行的。应力圆是进行应力状态分析的有力工具。借助应力圆来进行应力状态分析的方法称为图解法或几何法。

例题 6-4　单元体各面上的应力如图 6-13a 所示（应力单位为 MPa）。试求：

（1）斜截面上的应力；

（2）主应力的值；

（3）主平面的方位并标示于图中；

（4）切应力的最大值。

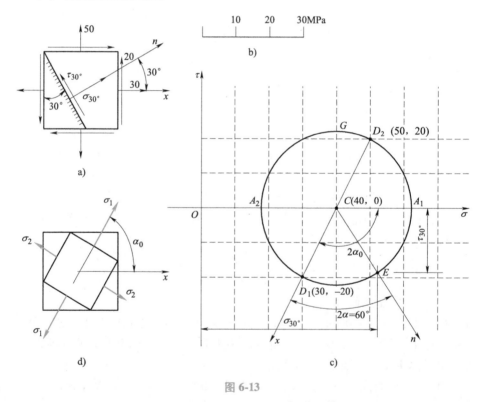

图 6-13

解：在 $\sigma O\tau$ 平面内，按图 6-13b 所示的比例尺标出点 $D_1(30，-20)$ 和点 $D_2(50，20)$，连接 D_1D_2，与 σ 轴交于点 C。以点 C 为圆心，CD_1 为半径作圆，即得图 6-13a 所示单元体对应的应力圆，如图 6-13c 所示。

（1）求斜截面上的应力。

图 6-13a 所示斜截面的外法线是 x 轴逆时针转过 $\alpha = 30°$，对应应力圆半径 CD_1 逆时针转过 $2\alpha = 60°$ 至 CE 处，所得 E 点的坐标即对应斜截面的应力。量得

$$\sigma_{30°} = 52.3\text{MPa}, \tau_{30°} = -18.7\text{MPa}$$

故斜截面上应力方向如图 6-13a 所示。

（2）求主应力的值。

应力圆与 σ 轴交于 A_1、A_2 两点，如图 6-13c 所示。量得

$$\sigma_1 = OA_1 = 62.4\text{MPa}, \sigma_2 = OA_2 = 17.6\text{MPa}, \sigma_3 = 0\text{MPa}$$

（3）求主平面的方位。

在应力圆上由 CD_1 到 CA_1 为逆时针转过 $2\alpha_0$（图 6-13c），量得 $2\alpha_0 = 116.6°$，对应单元体 x 轴逆时针旋转 $\alpha_0 = 58.3°$，即为 σ_1 所在主平面的外法线方向，故得主单元体如图 6-13d 所示。

（4）求切应力的最大值。由图 6-13c 量得

$$\tau_{\text{max}} = CG = 22.4\text{MPa}$$

5. 特殊应力状态的应力圆

（1）单向应力状态的应力圆 根据应力圆的画法，可绘制与图 6-14a、b 所示单向应力状态对应的应力圆分别如图 6-14c、d 所示。单向应力状态的应力圆与纵轴 τ 相切。由此可得：单向拉应力状态的主应力和最大切应力分别为

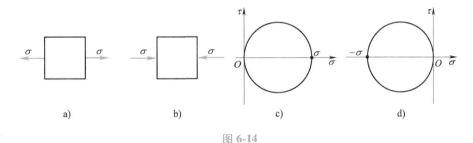

图 6-14

$$\sigma_1 = \sigma, \quad \sigma_2 = \sigma_3 = 0, \quad \tau_{\text{max}} = \frac{\sigma}{2}$$

单向压应力状态的主应力和最大切应力分别为

$$\sigma_1 = \sigma_2 = 0, \quad \sigma_3 = -\sigma, \quad \tau_{\text{max}} = \frac{\sigma}{2}$$

（2）纯剪切应力状态的应力圆 图 6-15a 所示的纯剪切应力状态的单元体，其应力圆如图 6-15b 所示。可见，纯剪切应力状态的应力圆的圆心在坐标原点。由此可得：纯剪切应力状态的主应力和最大切应力为

$$\sigma_1 = \tau, \quad \sigma_2 = 0, \quad \sigma_3 = -\tau, \quad \tau_{\text{max}} = \tau$$

其主单元体如图 6-15c 所示。

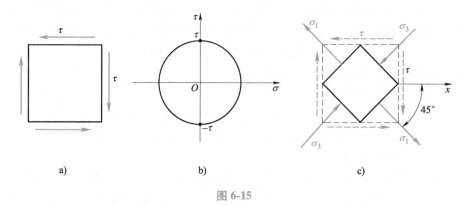

图 6-15

（3）二向等值拉、压应力状态的应力圆　二向等值拉、压应力状态
（图 6-16a、b）的应力圆分别如图 6-16c、d 所示。可见，二向等值拉、压应力
状态的应力圆为 σ 坐标轴上的一个点（圆）。其最大切应力 $\tau_{max} = 0$。

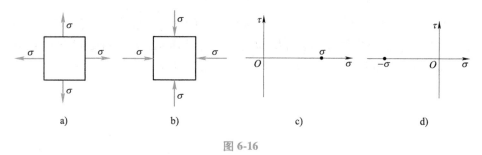

图 6-16

表 6-1 列写了平面应力状态分析解析法和图解法的计算公式，方便读者
选用。

表 6-1　平面应力状态分析解析法和图解法的计算公式

平面应力状态	解析法	图解法 $\left(圆心\ \sigma_C = \dfrac{\sigma_x + \sigma_y}{2},\quad 半径\ R = \sqrt{\left(\dfrac{\sigma_x - \sigma_y}{2}\right)^2 + \tau_{xy}^2}\ \right)$
α 斜截面上的应力	$\sigma_\alpha = \dfrac{\sigma_x + \sigma_y}{2} + \dfrac{\sigma_x - \sigma_y}{2}\cos 2\alpha - \tau_{xy}\sin 2\alpha$ $\tau_\alpha = \dfrac{\sigma_x - \sigma_y}{2}\sin 2\alpha + \tau_{xy}\cos 2\alpha$	根据应力圆求解

（续）

平面应力状态	解析法	图解法 $\left(\text{圆心 } \sigma_C = \dfrac{\sigma_x + \sigma_y}{2},\ \text{半径 } R = \sqrt{\left(\dfrac{\sigma_x - \sigma_y}{2}\right)^2 + \tau_{xy}^2}\right)$
主应力及主平面方位	$\left.\begin{array}{c}\sigma_{\max}\\[4pt]\sigma_{\min}\end{array}\right\} = \dfrac{\sigma_x + \sigma_y}{2} \pm \sqrt{\left(\dfrac{\sigma_x - \sigma_y}{2}\right)^2 + \tau_{xy}^2}$ $\tan 2\alpha_0 = \dfrac{-2\tau_{xy}}{\sigma_x - \sigma_y}$	$\left.\begin{array}{c}\sigma_{\max}\\[4pt]\sigma_{\min}\end{array}\right\} = \sigma_C \pm R$
切应力极值及其所在平面方位	$\left.\begin{array}{c}\tau_{\max}\\[4pt]\tau_{\min}\end{array}\right\} = \pm \sqrt{\left(\dfrac{\sigma_x - \sigma_y}{2}\right)^2 + \tau_{xy}^2}$ $\left(\tau_{\max} = \dfrac{\sigma_1 - \sigma_3}{2}\right)$ $\tan 2\alpha_1 = \dfrac{\sigma_x - \sigma_y}{2\tau_{xy}}$	$\left.\begin{array}{c}\tau_{\max}\\[4pt]\tau_{\min}\end{array}\right\} = \pm R$
两互相垂直平面上应力的关系	$\sigma_\alpha + \sigma_\beta = \sigma_x + \sigma_y = \sigma_{\max} + \sigma_{\min} = \text{常量}$	

6.4 三向应力状态简介

对三向应力状态，这里只讨论一些简单的情况。

如图 6-17a 所示，三个主应力分别为 σ_1、σ_2 和 σ_3。首先用一个与主应力 σ_3 平行的斜截面将单元体截开，取三棱柱体为研究对象，如图 6-17b 所示。由于主应力 σ_3 所在两平面上的力自相平衡，所以斜截面上的应力仅与 σ_1 和 σ_2 有关，因而平行于 σ_3 的各斜截面上的应力，可由 σ_1 和 σ_2 所确定的应力圆上相应点的坐标来表示，如图 6-17c 所示。同理可知，单元体内与 σ_1 平行的各斜截面上的应力，可由 σ_2 和 σ_3 所作的应力圆上的坐标来表示；单元体内与 σ_2 平行的各斜截面上的应力，可由 σ_1 和 σ_3 所作的应力圆上的坐标来表示。

进一步的研究表明，对于与三个主应力均不平行的任意斜截面上的应力，它们在 $\sigma O \tau$ 坐标平面内对应的点必位于由上述三个应力圆所构成的阴影区域内。图 6-17c 称为三向应力圆。

由以上分析可知，在三向应力状态下，最大和最小正应力分别为

$$\sigma_{\max} = \sigma_1,\ \sigma_{\min} = \sigma_3 \tag{6-18}$$

而最大切应力为

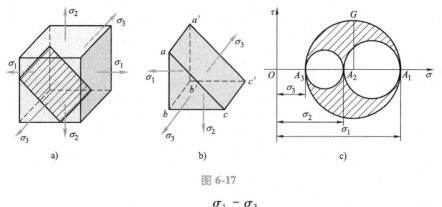

图 6-17

$$\tau_{\max} = \frac{\sigma_1 - \sigma_3}{2} \tag{6-19}$$

且 $\tau_{\max}$ 位于与 σ_2 平行，而与 σ_1 和 σ_3 均成 45° 角的斜截面内。

从图 6-17c 可知，式（6-19）确定的是单元体的最大切应力，而式（6-10）或式（6-17）确定的是二向应力状态下应力平面内的切应力极值。

材料成型工艺中的挤压成型工艺，被挤压的金属具有最强烈的三向压应力状态，可以充分发挥材料的塑性。

6.5 广义胡克定律

考虑三向应力的一般情况，描述一点处的应力状态需要九个应力分量，如图 6-18 所示，包括三个正应力分量和六个切应力分量。因为切应力互等，原来的九个应力分量中就只有六个是独立的。

研究表明：对于各向同性材料，当变形很小且在线弹性范围内时，线应变只与正应力有关而与切应力无关；切应变只与切应力有关而与正应力无关。对于正应变，可以分别求出各应力分量各自对应的应变，然后再进行叠加。

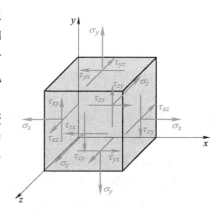

图 6-18

考虑图 6-19a 所示单元体 x 方向的应变，由于切应力不影响正应变，因此在图中省去。若只考虑 σ_x 引起的轴线方向的正应变，根据胡克定律，有 $\varepsilon_x = \dfrac{\sigma_x}{E}$；同样，若只考虑 σ_y 和 σ_z 引起的轴线方向的正应变，按照式（5-9），有 $\varepsilon_x = -\nu\dfrac{\sigma_y}{E}$，$\varepsilon_x = -\nu\dfrac{\sigma_z}{E}$。将三者叠加，得到：

$$\varepsilon_x = \frac{\sigma_x}{E} - \nu \frac{\sigma_y}{E} - \nu \frac{\sigma_z}{E} = \frac{1}{E}\left[\sigma_x - \nu(\sigma_y + \sigma_z)\right]$$

同理，可以求出沿 y 方向和 z 方向的线应变 ε_y 和 ε_z。最后得到

$$\left.\begin{array}{l} \varepsilon_x = \dfrac{1}{E}\left[\sigma_x - \nu(\sigma_y + \sigma_z)\right] \\[2mm] \varepsilon_y = \dfrac{1}{E}\left[\sigma_y - \nu(\sigma_z + \sigma_x)\right] \\[2mm] \varepsilon_z = \dfrac{1}{E}\left[\sigma_z - \nu(\sigma_x + \sigma_y)\right] \end{array}\right\} \qquad (6\text{-}20)$$

至于切应变与切应力之间，因其与正应力分量无关，故在 x-y、y-z、z-x 三个面内的切应变分别为

$$\gamma_{xy} = \frac{\tau_{xy}}{G}, \gamma_{yz} = \frac{\tau_{yz}}{G}, \gamma_{zx} = \frac{\tau_{zx}}{G} \qquad (6\text{-}21)$$

式（6-20）和式（6-21）称为广义胡克定律。

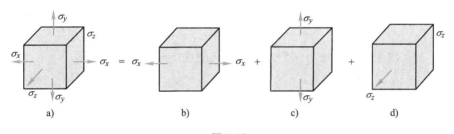

图 6-19

当单元体是三向应力状态为主单元体时，主平面上只有主应力，切应力为零，故有主应力和主应变的关系

$$\left.\begin{array}{l} \varepsilon_1 = \dfrac{1}{E}\left[\sigma_1 - \nu(\sigma_2 + \sigma_3)\right] \\[2mm] \varepsilon_2 = \dfrac{1}{E}\left[\sigma_2 - \nu(\sigma_3 + \sigma_1)\right] \\[2mm] \varepsilon_3 = \dfrac{1}{E}\left[\sigma_3 - \nu(\sigma_1 + \sigma_2)\right] \end{array}\right\} \qquad (6\text{-}22)$$

自然地，因为切应力都为零，故有切应变

$$\gamma_{xy} = 0, \gamma_{yz} = 0, \gamma_{zx} = 0 \qquad (6\text{-}23)$$

式（6-22）中的 ε_1、ε_2、ε_3 称为主应变。式（6-22）、式（6-23）表明，主单元体在其主应力的方向就是主应变的方向。需要注意的是，本节各式只有当材料是各向同性、且变形在线弹性范围内时才成立。

例题 6-5 图 6-20a 所示受扭圆轴直径为 d，其材料的弹性模量为 E、泊松比

为 ν，其两端承受外力偶矩 T 作用。现由实验测得圆轴表面 K 点处与轴线成–45° 方向的线应变 $\varepsilon_{-45°}$，试求外力偶矩 T 的大小。

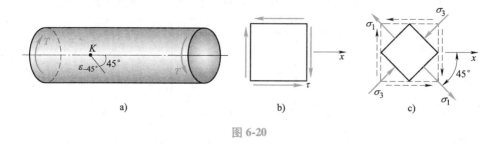

图 6-20

解： 围绕圆轴表面的 K 点取单元体，其应力情况如图 6-20b 所示，可视为纯剪切应力状态，其中

$$\tau = \frac{T}{W_{\mathrm{p}}} = \frac{16T}{\pi d^3}$$

对其进行应力状态分析，其主单元体如图 6-20c 所示，三个主应力分别为

$$\sigma_1 = \tau, \sigma_2 = 0, \sigma_3 = -\tau$$

且 σ_1 所在截面的方位角为–45°。故由广义胡克定律得

$$\varepsilon_{-45°} = \varepsilon_1 = \frac{1}{E}\left[\sigma_1 - \nu(\sigma_2 + \sigma_3)\right] = \frac{1+\nu}{E}\tau = \frac{1+\nu}{E} \cdot \frac{16T}{\pi d^3}$$

所以有

$$T = \frac{\pi d^3 E \varepsilon_{-45°}}{16(1+\nu)}$$

例题 6-6 二向应力状态单元体如图 6-21 所示，已知 $\sigma_x = 100\mathrm{MPa}$，$\sigma_y = 80\mathrm{MPa}$，$\tau_{xy} = 50\mathrm{MPa}$；材料的弹性模量 $E = 200\mathrm{GPa}$，泊松比 $\mu = 0.3$。试求线应变 ε_x、ε_y，切应变 γ_{xy}，以及沿 $\alpha = 30°$ 方向的线应变 $\varepsilon_{30°}$。

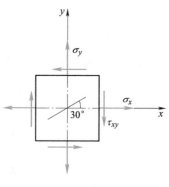

图 6-21

解： 计算切变模量

$$G = \frac{E}{2(1+\mu)} = 76.9\mathrm{GPa}$$

由式（6-20）和式（6-21）可得

$$\varepsilon_x = 0.38 \times 10^{-3}, \ \varepsilon_y = 0.25 \times 10^{-3}, \ \gamma_{xy} = 0.65 \times 10^{-3}$$

由式（6-1）可得

$$\sigma_{30°} = 51.7\mathrm{MPa}, \ \sigma_{120°} = 128.3\mathrm{MPa}$$

再由广义胡克定律，即得沿着 $\alpha = 30°$ 方向的线应变

$$\varepsilon_{30°} = \frac{1}{E}(\sigma_{30°} - \mu\sigma_{120°}) = 0.066 \times 10^{-3}$$

 思 考 题

6-1 什么是一点处的应力状态？为什么要研究一点处的应力状态？

6-2 何谓单向应力状态和二向应力状态？圆轴受扭时，轴表面各点处于何种应力状态？梁受横力弯曲时，梁顶、梁底及其他各点处于何种应力状态？

6-3 主应力和主平面的定义是什么？单元体中主应力与正应力有何异同？

6-4 在二向应力状态中，单元体与应力圆有哪些内在联系？

6-5 单元体中，最大正应力所在平面上是否有切应力？最大切应力所在平面上是否有正应力？

6-6 三向等拉或等压的应力状态的三向应力圆是什么？这对于我们理解受力构件内一点处的主平面个数有何意义？

6-7 受扭圆轴表面上任一点处的切应变 γ 与第一主应变 ε_1 之间有何关系？如何证明？

6-8 二向应力状态分析时，最大切应力的计算公式是 $\tau_{max} = (\sigma_{max} - \sigma_{min})/2$。若应力圆在 τ 轴的右侧，则公式变为 $\tau_{max} = (\sigma_1 - \sigma_2)/2$；若应力圆在 τ 轴的左侧，则为 $\tau_{max} = (\sigma_2 - \sigma_3)/2$；若应力圆与 τ 轴相交，则为 $\tau_{max} = (\sigma_1 - \sigma_3)/2$。而三向应力状态分析时，最大切应力的计算公式是 $\tau_{max} = (\sigma_1 - \sigma_3)/2$。为什么会出现这样的矛盾？如何解决这一矛盾？

习 题

6-1 几个构件受力如习题6-1图所示。试用单元体表达构件表面上所标注的各点的应力状态。

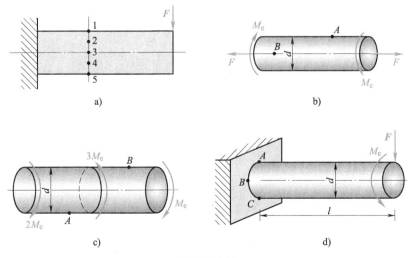

习题 6-1 图

6-2 试写出习题 6-2 图所示单元体主应力 σ_1、σ_2 和 σ_3 的值，并指出单元体属于哪一种应力状态（应力单位为 MPa）。

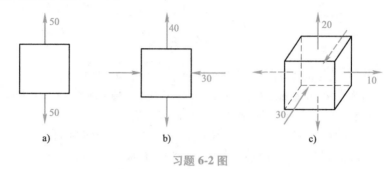

习题 6-2 图

6-3 已知点的应力状态如习题 6-3 图所示（图中应力单位为 MPa），试用解析法计算图中指定截面的正应力与切应力。

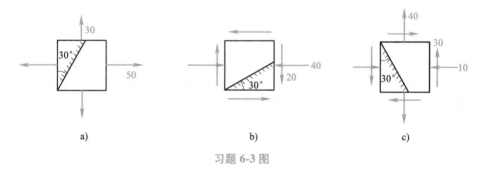

习题 6-3 图

6-4 已知一点的应力状态如习题 6-4 图所示（应力状态为 MPa）。试用解析法求：
（1）指定斜截面上的应力；
（2）主应力及其方位，并在单元体上画出主应力状态；
（3）最大切应力。

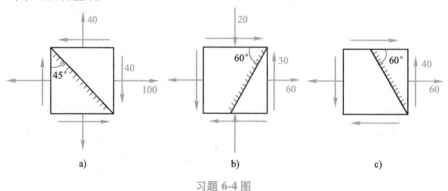

习题 6-4 图

6-5　已知一点的应力状态如习题 6-5 图所示（应力单位为 MPa）。试求：

（1）主应力及其方位，并在单元体上画出主应力状态；

（2）切应力极值。

6-6　一矩形截面梁，尺寸及载荷如习题 6-6 图所示，尺寸单位为 mm。试求：

（1）梁上各指定点的单元体及其面上的应力；

（2）绘制各单元体的应力圆，并确定主应力及最大切应力。

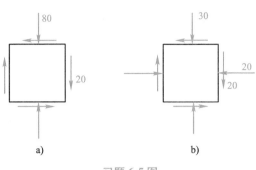

习题 6-5 图

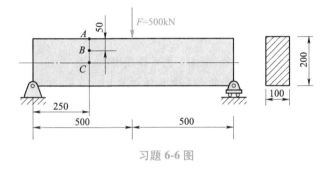

习题 6-6 图

6-7　习题 6-7 图所示悬臂梁受载荷 $F = 10$kN 作用，试绘制点 A 的单元体图，并确定其主应力的大小及方位。

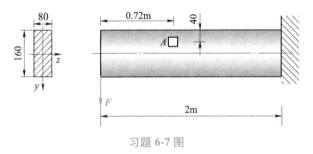

习题 6-7 图

6-8　如习题 6-8 图所示，已知圆筒形锅炉内径 $D = 1$m、壁厚 $t = 10$mm；内受蒸汽压力 $p = 3$MPa。试求：

（1）壁内点的主应力与最大切应力；

（2）ab 斜截面上的应力。

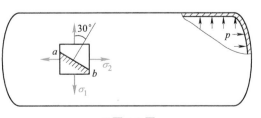

习题 6-8 图

6-9 试用解析法求习题 6-9 图所示各单元体的主应力及最大切应力（应力单位为 MPa）。

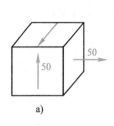

a)

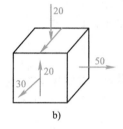

b)

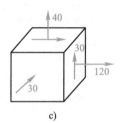

c)

习题 6-9 图

6-10 习题 6-10 图所示棱柱形单元体为二向应力状态，AB 面上无应力作用。试求切应力 τ 和三个主应力。

6-11 已知单元体的应力圆或三向应力圆如习题 6-11 图所示（应力单位为 MPa）。试画出单元体的应力图，并指出应力圆上 A 点所在截面的位置。

6-12 薄壁圆筒的扭转-拉伸示意图如习题 6-12 图所示。若 $F = 20\text{kN}$，$M_e = 600\text{N} \cdot \text{m}$，且 $d = 50\text{mm}$，$t = 2\text{mm}$。试求：

（1）A 点在指定斜截面上的应力；

（2）A 点主应力的大小及方向，并用单元体表示。

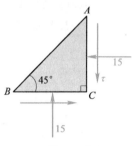

习题 6-10 图

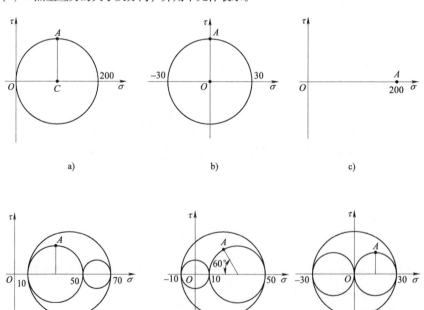

a)

b)

c)

d)

e)

f)

习题 6-11 图

6-13　习题 6-13 图所示单元体处于二向应力状态。已知两个斜截面 α 和 β 上的应力分别为 $\sigma_\alpha = 40\text{MPa}$，$\tau_\alpha = 60\text{MPa}$；$\sigma_\beta = 200\text{MPa}$，$\tau_\beta = 60\text{MPa}$。试作应力圆，求出圆心坐标和应力圆半径 R。

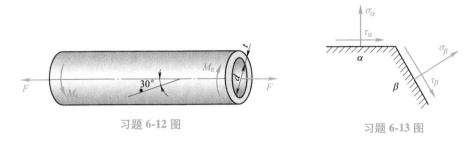

习题 6-12 图　　　　　　　　　　　　　习题 6-13 图

6-14　现测得习题 6-14 图所示受拉圆截面杆表面上某点 K 任意两相互垂直方向的线应变 ε' 和 ε''。试求所受拉力 F。已知材料弹性模量 E、泊松比 ν 以及圆杆直径 d。

6-15　现测得习题 6-15 图所示圆轴受扭时，圆轴表面 K 点与轴线成 $-30°$ 方向的线应变 $\varepsilon_{-30°}$。试求外力偶矩 T。已知圆轴直径 d，弹性模量 E 和泊松比 ν。

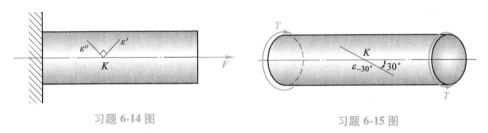

习题 6-14 图　　　　　　　　　　　　习题 6-15 图

6-16　No. 28a 工字钢梁受力如习题 6-16 图所示，已知钢材的弹性模量 $E = 200\text{GPa}$，泊松比 $\nu = 0.3$。若测得梁中性层上点 K 处沿与轴线成 45° 方向的线应变 $\varepsilon_{45°} = -2.6 \times 10^{-4}$，试求梁承受的载荷 F。

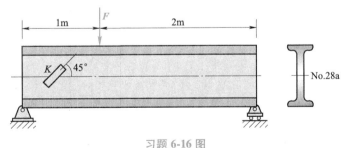

习题 6-16 图

6-17　如习题 6-17 图所示，直径 $d = 5\text{cm}$、弹性模量 $E = 70\text{GPa}$、泊松比 $\nu = 0.3$ 的铝圆柱体放置在 $D = 5.001\text{cm}$ 的刚性圆柱凹槽内，圆柱体承受合力为 F 的均布压力作用。试求当（1）$F = 80\text{kN}$，（2）$F = 200\text{kN}$ 时，圆柱体的主应力和主应变。

6-18　习题 6-18 图所示受拉圆截面杆。已知 A 点在与水平线成 60° 方向上的正应变 $\varepsilon_{60°} = 4.0 \times 10^{-4}$，直径 $d = 20\text{mm}$，材料的弹性模量 $E = 200\text{GPa}$，泊松比 $\nu = 0.3$。试求载荷 F。

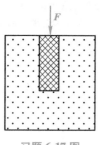

习题 6-17 图

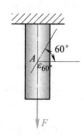

习题 6-18 图

6-19 如习题 6-19 图所示，列车通过钢桥时用变形仪量得钢桥横梁 A 点的应变为 $\varepsilon_x = 0.0004$，$\varepsilon_y = -0.00012$。试求 A 点在 x 和 y 方向上的正应力。设 $E = 200\text{GPa}$，$\nu = 0.3$。

习题 6-19 图

6-20 以绕带焊接成的封闭薄壁圆筒如习题 6-20 图所示，焊缝为图示螺旋线。已知圆筒的内径为 300mm、壁厚为 1mm；内压 $p = 0.5\text{MPa}$。试求焊缝所在斜截面上的应力。

6-21 习题 6-21 图所示薄壁圆管，已知平均直径 $D = 50\text{mm}$、壁厚 $\delta = 2\text{mm}$；承受轴向拉力 $F = 20\text{kN}$、扭转外力偶矩 $M_e = 600\text{N} \cdot \text{m}$ 的作用。K 为管壁上任一点，试求：

（1）在点 K 处沿纵、横截面截取一单元体，画应力状态图；

（2）按图示倾斜方位截取单元体，绘制应力状态图；

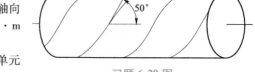

习题 6-20 图

（3）试确定点 K 处的主应力和主平面，并画出主应力单元体图。

6-22 作习题 6-22 图所示微元体的三向应力圆，计算微元体的 σ_{max}、σ_{min}、τ_{max} 及主应力。

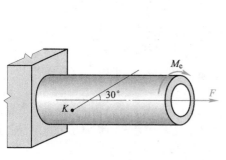

习题 6-21 图

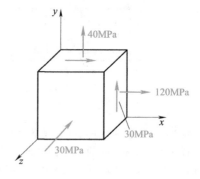

习题 6-22 图

第 7 章
工程材料的力学性能和电测法简介

材料的力学性能，是指材料在外力作用下表现出的变形、破坏等方面的特性，是材料的内在属性，需要通过试验来确定。尽管常用的工程材料（金属及其合金、石料、木材、聚合物、复合材料等）的微观结构及其物理化学性质有所不同，但在宏观的力学行为上有极大的一致性。为了试验结果的准确性和一致性，材料力学性能试验的过程和内容都要符合国家颁布的有关标准。金属材料的力学性能试验包括拉伸与压缩试验、扭转试验、疲劳试验等，用于测定金属材料的一些重要的力学性能指标。本教材仅介绍材料的拉伸和压缩试验。

7.1 拉伸与压缩试验

拉伸或压缩试验能确定材料的几个重要的力学性能，是最基本也是最重要的试验。对于工程材料，如金属、陶瓷、高分子材料以及复合材料，拉伸和压缩试验主要用于确定平均正应力与平均正应变之间的关系。

试验条件：在常温下，以缓慢平稳的加载方式，也称为常温静载试验。

试验试件：采用标准试件。

标准圆截面拉伸试件（图 7-1）的试验长度 l 称为标距，d 是试件的截面直径，一般要求 $l = 10d$ 或 $l = 5d$。试验中要将试件的两端固定在试验机夹头中，因此试件两端较粗，以保证试验过程中不发生损坏。

金属材料的压缩试件一般制成如图 7-2 所示的圆柱形。试件不宜过长（过长容易被压弯），也不宜过于粗短（过于粗短则试件两端面受摩擦力影响的范围过

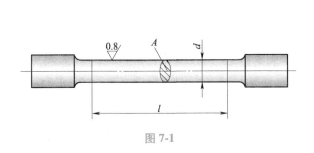

图 7-1

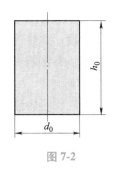

图 7-2

大）。国家标准 GB/T 7314—2017《金属材料　室温压缩试验方法》规定试件高度 $h_0 = (1 \sim 2) d_0$。

试验过程：将试件安装在材料试验机夹具中，缓慢加载直至试件破坏。在这个过程中，可以通过试验机获取并记录施加的载荷 F 的数值，通过测量装置获得标矩的伸长量 Δl，得到试件在标距内的变形 Δl 与载荷 F 的关系曲线。

试验的结果报告必须能应用于同样材料、任何尺寸的构件。为此，将 F-Δl 曲线转换为平均正应力和平均正应变的 σ-ε 曲线：

假设在标距长度内横截面 A 上的应力均匀分布，则有 $\sigma = \dfrac{F}{A}$；假设在标距区域内各点应变值均相同，则有 $\varepsilon = \dfrac{\Delta l}{l}$。以应变 ε 为横坐标轴，应力 σ 为纵坐标轴，标出与应变对应的应力值，即可得到应力-应变曲线。采用 σ-ε 曲线消除了尺寸的影响，反映了材料的真实力学性能。

工程中常根据材料的变形能力大小将材料分为塑性材料和脆性材料。塑性材料包括钢、铜、铝等，以低碳钢为典型代表。脆性材料有铸铁、混凝土等变形能力小的材料，以灰铸铁为典型代表。下面就结合低碳钢和灰铸铁的 σ-ε 曲线来说明材料拉伸与压缩时的力学性能。

7.2　低碳钢拉伸和压缩时的力学性能

1. 低碳钢拉伸时的力学性能

碳的质量分数低于 0.3% 的钢材为低碳钢，是工程中应用最为广泛的金属材料。低碳钢拉伸时的应力-应变关系最为典型。如图 7-3 所示，通过该曲线表现出的力学特征，将低碳钢拉伸时的变形分为四个阶段：弹性阶段、屈服阶段、强化阶段和局部变形阶段。

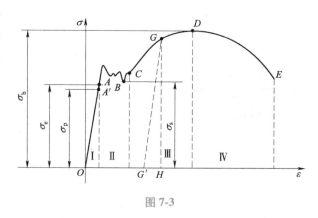

图 7-3

（1）弹性阶段　试件的应变值处于图 7-3 所示区域Ⅰ时，若将所加载荷去掉，试件的变形可全部消失，这一阶段称为弹性阶段。其中 OA' 段为一直线段，这表明应力与应变成正比关系，即符合胡克定律 $\varepsilon = \dfrac{\sigma}{E}$。点 A' 所对应的应力 σ_{p}

称为比例极限。直线段的斜率即是材料的弹性模量 E，它是衡量材料抵抗弹性变形能力大小的尺度。

各种钢材的弹性模量 E 差别很小，大多数为 200 GPa 左右。$A'A$ 段为微弯的曲线，相应于弹性阶段最高点 A 的应力称为弹性极限，并用符号 σ_e 表示。材料的比例极限和弹性极限的数值非常接近，故有时也将它们混同起来统称为弹性极限。

（2）屈服阶段　当应力超过弹性极限以后，轻微增加应力，材料将产生卸载后不可恢复的塑性变形。这一阶段为图 7-3 所示区域Ⅱ。在这个阶段，应力不增加或仅有微小的波动，而变形却明显增大，这种现象称为材料的屈服或塑性流动。引起屈服的应力称为屈服极限。对低碳钢或热轧钢来说，屈服点常会有两个值，即上屈服点和下屈服点。由于下屈服点比较稳定，通常以下屈服点对应的应力值即屈服阶段的最小应力（点 B 的应力值）作为屈服极限值，用 σ_s 表示。材料一旦达到下屈服点，载荷即便没有增加，试件也将不断伸长（应变增加），此时可以认为材料丧失了正常的工作能力。因此，屈服极限是衡量材料强度的重要指标之一。甚至在钢材的牌号中直接指明了其屈服极限的大小，例如牌号为 Q235 的低碳钢，其屈服极限 $\sigma_s = 235\text{MPa}$。

（3）强化阶段　经过屈服阶段后，材料又恢复了一定的抵抗变形的能力，要使其继续变形必须施加更大的拉力，这种应力爬升的现象称为应变强化，如图 7-3 所示区域Ⅲ。$\sigma\text{-}\varepsilon$ 曲线的最高点 D 所对应的应力称为材料的强度极限，用 σ_b 表示。它是材料能够承受的最高应力，是衡量材料力学性能的又一重要指标。

（4）局部变形阶段　当应力达到强度极限 σ_b 以后，试件的变形开始集中在某一小段内，使此小段的横截面面积显著地缩小，这种现象称为颈缩现象，如图 7-3 所示区域Ⅳ所示。出现颈缩之后，试件变形所需拉力相应减小，应力-应变曲线出现下降阶段，直至 E 点试件被拉断。低碳钢试件断口会形成杯锥状断裂面，这是塑性材料的特征，如图 7-4 所示。

试件断裂后，弹性变形消失，保留了塑性变形，标距由原来的 l 伸长为 l_1。比值

$$\delta = \frac{l_1 - l}{l} \times 100\% \tag{7-1}$$

图 7-4

定义为断后伸长率。以 A 表示试件试验前的横截面面积，A_1 表示试件断口的最小横截面面积，则比值

$$\psi = \frac{A - A_1}{A} \times 100\% \tag{7-2}$$

定义为断面收缩率。断后伸长率和断面收缩率是表征材料塑性变形能力的两个指标。低碳钢的断后伸长率 $\delta \approx 20\% \sim 30\%$，断面收缩率 $\psi \approx 60\%$。工程中常将

$\delta>5\%$ 的材料称为塑性材料；将 $\delta<5\%$ 的材料称为脆性材料。

工程中有些塑性材料和低碳钢一样，其 σ-ε 曲线有清晰的四个阶段。但是，有一些塑性材料却没有屈服阶段，如硬铝；还有的塑性材料没有屈服阶段和颈缩阶段，如锰钢。图 7-5 给出了几种工程中常用塑性材料的 σ-ε 曲线。对于没有明显屈服极限的塑性材料，通常以产生 0.2% 塑性应变所对应的应力值作为其名义屈服极限，用 $\sigma_{0.2}$ 表示。

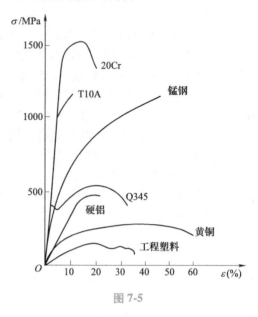

图 7-5

（5）卸载定律和冷作硬化现象

将试件拉伸至超过线弹性阶段后的某点，例如强化阶段的 G 点（图 7-3），然后缓慢平稳卸载，卸载过程中的应力-应变关系图像为图 7-3 中的直线段 GG'，该直线段近似平行于弹性阶段的直线段 OA'，这表明卸载时应力与应变之间始终保持着线性关系。图中 HG' 为卸载后消失的弹性应变，OG' 则为卸载后残留下来的塑性应变。

如果卸载后再重新加载，应力和应变大致沿直线段 GG' 变化，直到卸载点 G 后，再沿原加载曲线变化，这意味着，对材料预加塑性变形后，可以提高其比例极限或弹性极限，降低塑性。这种现象称为冷作硬化。在工程中，常用冷作硬化方法来提高构件在弹性范围内的承载能力。例如，起重机的钢丝绳和建筑用的钢筋，常以冷拔工艺提高强度。又如，对某些零件进行喷丸处理，使其表面发生塑性变形，形成冷硬层，以提高零件表面层的强度。但另一方面，零件初加工后，由于冷作硬化使材料变硬变脆，给下一步加工造成困难，很容易产生裂纹，往往需要在工序之间安排退火，以消除冷作硬化的影响。

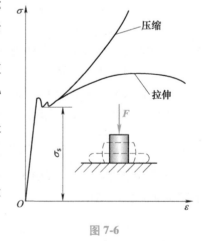

图 7-6

2. 低碳钢压缩时的力学性能

低碳钢压缩时的应力-应变曲线如图 7-6 所示。与拉伸时相比较，在屈服之前，两者的应力-应变关系基本重合，则压缩时低碳钢的比例极限、弹性模量、屈服极限与拉伸时的相同。在屈服阶段以后，随着压力的增大，试件逐步被压成"鼓形"，直至被压成"薄饼"，但是试件并不发生断裂，无法测出其在压缩时的强度极限。由于低碳钢压缩时的主要力学性能均可用拉伸试验得到，所以不一定要进行压缩试验。

7.3　灰铸铁拉伸和压缩时的力学性能

1. 灰铸铁拉伸时的力学性能

灰铸铁是典型的脆性材料，铸铁试件拉伸破坏从横截面断开。其单向拉伸时的应力-应变曲线如图 7-7 中 OB 段所示，呈现为微弯的曲线。它没有屈服和颈缩，因此其强度极限 σ_b 成为唯一的强度指标。由于灰铸铁在拉伸时的 σ_b 一般都比较低，因此这种材料不宜用来制作受拉杆件。灰铸铁在其弹性阶段也无明显的直线部分，工程中常用原点 O 与 $\sigma_b/4$ 处的点 A 连接而成的割线的斜率来估算其弹性模量 E，称为割线弹性模量。脆性材料受拉时，断裂往往从微裂纹开始迅速扩展，最终贯穿试件而引起断裂。微裂纹的出现具有随机性，因此脆性材料的 σ_b 往往是取一系列试验数据的平均值。

2. 灰铸铁压缩时的力学性能

灰铸铁在压缩时的应力-应变曲线如图 7-8 所示的 OB 段。压缩时，微裂纹或缺陷将闭合，因此脆性材料的抗压强度极限大大高于拉伸时的强度极限，约为抗拉强度的 4~5 倍，例如，HT150 灰铸铁的抗拉强度为 100~280MPa，而其抗压强度达到 640~1300MPa。由于灰铸铁的抗压强度较大，且价格低廉，变形量小，制造工艺简单，因此被广泛应用于制造机床床身、轴承座等承压构件。

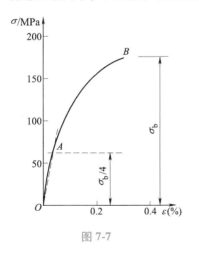

图 7-7

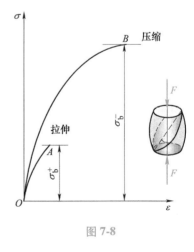

图 7-8

同样地，其他的脆性材料，如混凝土、石块等，抗压强度也远高于抗拉强度。例如 C30 混凝土，其抗拉强度约为 2.1MPa，而其抗压强度达到 21MPa 左右。若混凝土构件用于承受拉伸变形时，常在其中加入钢筋增强其抗拉性能。脆性材料宜作为抗压构件的材料，其压缩试验也比拉伸试验更为重要。

7.4 电测法简介

理论模型对构件内实际应力分布的预测是否与实际情况相符或者有足够的精度，这需要通过实验来验证。工程实际中有些构件的形状和受力比较复杂，理论分析较为困难，也需要通过实验方法测试相关数据。通过实验方法来研究结构或构件的应力，称为实验应力分析。

实验应力分析方法有很多，例如光弹性法、云纹法、全息光测法、电测法等。其中，电测法用电阻应变计测量构件表面的应变，具有适应性强，可用于高温、高压、腐蚀性环境中，能进行现场实测的优点，在工程实际中应用最为广泛。

1. 电阻应变片及应变电阻效应

电测法的测量系统由电阻应变计（电阻应变片）、电阻应变仪和记录仪三部分构成。

（1）应变片工作原理 常用的电阻应变片有丝绕式（图 7-9a）和箔式（图 7-9b）两种。丝绕式应变片是用直径为 0.02～0.05mm 的铜镍合金丝或镍铬合金丝绕成栅状，粘贴在两层绝缘薄膜中制作而成；箔式应变片则是用厚度为 0.003～0.01mm 的康铜箔或镍铬合金箔腐蚀成栅状，粘贴在两层绝缘薄膜中制作而成。应变片中的栅状金属丝或金属箔称为敏感栅。应变片敏感栅的电阻变化率 $\dfrac{\Delta R}{R}$ 与敏感栅沿长度方向的线应变 ε 成正比，即

$$\frac{\Delta R}{R} = K\varepsilon \tag{7-3}$$

式中，R 为应变片标准电阻，一般为 120Ω；K 称为应变片的灵敏系数，其大小与敏感栅材料及应变片构造有关，一般可通过试验测定。常用应变片的灵敏系数为 1.7～3.6。

测试之前将应变片粘贴在被测构件的表面，使其能随同构件变形。通过对应变片的电阻变化率的测量，由式（7-3）可以得到被测点沿应变片方向的线应变值。

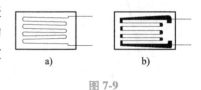

a)　　　　b)

图 7-9

（2）电阻应变仪及测试原理 用来测量电阻应变片应变的专用电子仪器称为电阻应变仪（图 7-10a）。电阻应变仪将电阻应变片接入电桥电路，将应变的变化转化为电压变化，经过放大器后，由相

关仪器显示出应变数值。

测点的应变值通常采用桥式电路来测量，将应变片与应变片或与固定电阻组成桥式电路，将应变片的电阻变化信号转化为电压信号。如图7-10b所示，电桥四个桥臂的电阻分别为 R_1、R_2、R_3 与 R_4。A 与 C 为电桥的输入端，其输入电压为 U；B 与 D 为电桥的输出端，其输出电压

$$\Delta U = \frac{R_1 R_3 - R_2 R_4}{R_1 + R_2 + R_3 + R_4} U \tag{7-4}$$

可知，若四个电阻值满足

$$R_1 R_3 = R_2 R_4 \tag{7-5}$$

则有 $\Delta U = 0$，即电桥平衡。若组成电桥的四个应变片完全相同，则式（7-5）满足，此时电桥平衡。施加载荷后，4个应变片产生应变值分别为 ε_1、ε_2、ε_3 与 ε_4，电阻的变化值分别为 $\Delta\varepsilon_1$、$\Delta\varepsilon_2$、$\Delta\varepsilon_3$ 和 $\Delta\varepsilon_4$，结合式（7-3），则式（7-4）变化为

$$\Delta U = \frac{UK}{4}(\varepsilon_1 - \varepsilon_2 + \varepsilon_3 - \varepsilon_4) \tag{7-6}$$

经过标定后，可以直接通过应变仪读取应变值，即

$$\varepsilon_d = \varepsilon_1 - \varepsilon_2 + \varepsilon_3 - \varepsilon_4 = \frac{4\Delta U}{KU} \tag{7-7}$$

式（7-7）显示，应变仪读取的数据是4个桥臂上应变片应变值的代数和，其中相邻桥臂应变值相减，相对两个桥臂应变值相加。在实际测量中，常利用电测桥路的这个特点进行合理地组成桥路。

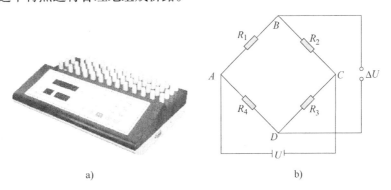

图 7-10

（3）电桥接法

1）全桥接法：若电桥的四个电阻均为应变值，这种接法称为全桥接法。此时，由电阻应变仪读取的应变数据由式（7-7）确定。

2）半桥接法：若电桥中 R_1、R_2 为应变片，R_3 与 R_4 为标准电阻，这种解法称为半桥接法。

3）温度补偿：由于电阻对温度有较大的响应，测量过程中，温度变化会使被测点应变片的电阻值发生变化，从而影响测量的结果。因此，在测量中常采用在被测点附近放置温度补偿片的方法进行补偿。温度补偿片一般采用与测点上的应变片（工作片）完全相同的应变片，贴在与被测点材料相同但不受载荷作用的试件上。可以采用半桥接

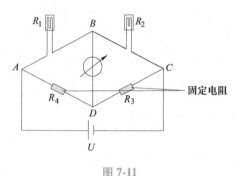

图 7-11

法，如图 7-11 所示，R_1 为工作片，R_2 为温度补偿片。由于载荷作用以及温度影响，工作片的应变值为 $\varepsilon_1 = \varepsilon_F + \varepsilon_T$；温度补充片只受温度影响不受载荷作用，因此其应变值为 $\varepsilon_2 = \varepsilon_T$。由式（7-7）有 $\varepsilon_d = \varepsilon_1 - \varepsilon_2 = \varepsilon_F + \varepsilon_T - \varepsilon_T = \varepsilon_F$，即通过电阻应变仪能读取测点由于载荷引起的应变值。

2. 应变片的布置及电测法的应用

（1）测点为单向应力状态 当测点为单向应力状态时，可在测点上沿应力方向粘贴应变片进行测量。

例如轴向受拉杆件（图 7-12），其上各个点均处于单向受拉应力状态，即可在表面上沿应力方向粘贴应变片进行测量。可以采用两种补偿方法：

1）利用温度补偿块：在与拉杆相同材料的杆件上，粘贴相同的应变片（图 7-12a）。按半桥方法接入电桥，应变仪读出数据为工作片的应变值：

$$\varepsilon_d = \varepsilon_F$$

2）利用温度自补偿：在受拉杆件上，沿轴向垂直轴向的两个方向粘贴应变片（图 7-12b），采用半桥接线（图 7-11），应变仪读出数据为

$$\varepsilon_d = \varepsilon_1 - \varepsilon_2 = (\varepsilon_F + \varepsilon_T) - (-\nu\varepsilon_F + \varepsilon_T) = (1 + \nu)\varepsilon_F$$

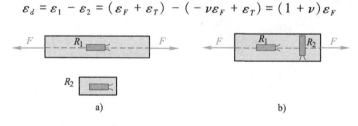

a)   b)

图 7-12

在第 2 种方法中，没有采用额外的温度补偿片，但能消除温度的影响，同时其读数应变值为实际应变的 $(1+\nu)$ 倍，提高了测量的灵敏度。

（2）当被测构件处于主应力方向已知的二向应力状态时　在测点处沿两个主应力方向贴上应变片，测量相应的两个主应变，用二向应力状态下的广义胡克定律确定所测点的两个主应力。

例如，受扭圆轴（图7-13a），其表面各个点处于纯剪切应力状态。由第6章的知识可知，轴表面上点 A 的主应力方向与轴线方向成±45°夹角（图7-13b），主应力 $\sigma_1 = -\sigma_3 = \tau$ ，主应变 $\varepsilon_1 = -\varepsilon_3$。

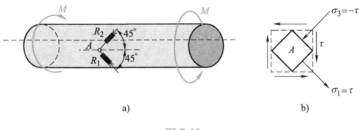

图 7-13

沿主应变方向各贴一个应变片（图7-13a），由于温度的影响，应变片 R_1 和 R_2 的实际应变值分别为

$$\varepsilon_1' = \varepsilon_1 + \varepsilon_T, \quad \varepsilon_2' = -\varepsilon_1 + \varepsilon_T$$

采用半桥接线（图7-11），应变仪读出数据为

$$\varepsilon_d = \varepsilon_1' - \varepsilon_2' = \varepsilon_1 + \varepsilon_T - (-\varepsilon_1 + \varepsilon_T) = 2\varepsilon_1$$

（3）当被测构件处于主应力方向未知的二向应力状态时　需采用由三个应变片组成的应变花，分别测得三个线应变，然后确定主应变和方位，再由广义胡克定律确定主应力。应变花的形式有很多（图7-14），可用于不同的需求。

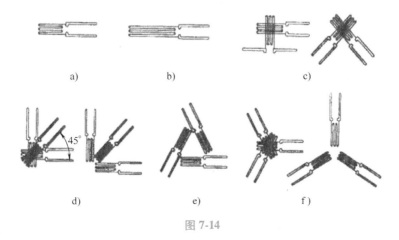

图 7-14

以直角应变花为例（见图7-14d），三个应变片的应变值与测点主应力有如

下关系：

$$\left.\begin{array}{c}\sigma_1\\\sigma_3\end{array}\right\} = \frac{E}{2(1-\nu)}(\varepsilon_{0°}+\varepsilon_{90°}) \pm \frac{E}{\sqrt{2}(1+\nu)}\sqrt{(\varepsilon_{0°}-\varepsilon_{45°})^2+(\varepsilon_{45°}-\varepsilon_{90°})^2}$$

(7-8)

通过电阻应变仪，用三个电桥分别测出三个应变值 $\varepsilon_{0°}$、$\varepsilon_{45°}$、$\varepsilon_{90°}$，利用式 (7-8) 计算测点的主应力，并可用式 (7-9) 确定主应变方位

$$\tan\alpha_0 = \frac{(\varepsilon_{45°}-\varepsilon_{90°})-(\varepsilon_{0°}-\varepsilon_{45°})}{(\varepsilon_{45°}-\varepsilon_{90°})+(\varepsilon_{0°}-\varepsilon_{45°})}$$

(7-9)

思考题

7-1 什么是构件的承载能力？它由哪几个方面来衡量？

7-2 什么是各向同性材料和各向异性材料？举例说明。

7-3 受到载荷作用的杆件的截面上的内力分量有哪几种？

7-4 如思考题 7-4 图所示拉伸试件上 A 与 B 两点间的距离为标距 l。受拉力作用后用仪器量出两点间距离的增量 Δl 为 1.5mm，其中 l 的原来长度为 100mm，试求 A 与 B 两点间的平均应变量 ε_m。

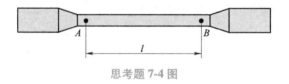

思考题 7-4 图

7-5 低碳钢拉伸曲线可以分成几个阶段？各阶段的特点是什么？

7-6 说明脆性材料抗拉和抗压性能的差异。

7-7 电测实验中，温度补偿的原理是什么？

7-8 温度补偿的方法有哪些？

7-9 思考题 7-9 图所示弯扭组合变形的等截面圆杆，若用电测法测出其横截面上的扭矩、弯矩，请给出设计方案。

思考题 7-9 图

习　题

7-1 已知拉伸试件的横截面面积为 A，试用电测法通过拉伸试验测量材料的弹性模量 E，并给出测试方案。

7-2 如习题 7-2 图所示等截面圆杆，同时承受轴力 F_N、扭矩 T 和弯矩 M 的作用，已知材料的弹性常数和杆件的截面尺寸。试用电测法分别测定轴力 F_N、扭矩 T 和弯矩 M。要求给

出测试方案，并分别建立轴力 F_N、扭矩 T 和弯矩 M 与应变仪读数应变 ε_R 之间的关系。

　　7-3　如习题 7-3 图所示悬臂梁，同时承受轴向载荷 F_1 和横向载荷 F_2 的作用，试用电测法分别测出轴向载荷 F_1 和横向载荷 F_2。要求给出测试方案，并分别建立轴向载荷 F_1、横向载荷 F_2 与应变仪读数应变 ε_R 之间的关系。已知材料的弹性模量为 E，悬臂梁的横截面面积为 A、抗弯截面系数为 W。

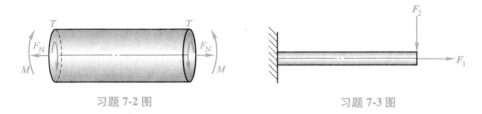

习题 7-2 图　　　　　　　　　　　　　习题 7-3 图

第8章
构件的强度设计

构件丧失正常的承载能力或工作能力称为失效。构件在常温静载的工作状态下有强度失效、刚度失效和稳定性失效等失效形式。

(1) 强度失效 指由屈服和断裂引起的失效。

(2) 刚度失效 指由过量变形引起的失效。

(3) 稳定性失效 指由于杆件平衡状态的突然转变引起的失效。

本章主要研究常温静载下的强度失效问题。刚度失效问题，将在下一章叙述。稳定性失效和疲劳失效将分别在第 10 章和第 18 章（工程力学Ⅱ）进行讨论。

材料力学性能试验表明，当杆件上的工作应力超过了材料的承载极限时，杆件将会发生屈服或者断裂。在实际工程中，由于杆件所受到载荷的形式不同、环境条件不同、杆件材料有可能存在缺陷等诸多因素，当杆件上的实际工作应力还未达到理想条件下的屈服极限或强度极限时，杆件就已经发生破坏。因此，需要对杆件是否能够正常使用建立合理的判断准则。依据准则，可以完成杆件的强度校核、尺寸设计、确定杆件所能承受的许可载荷值等工作，而这也是工程力学研究的主要目的。本章将首先讨论材料在单向应力状态和纯剪切应力状态下的杆件强度问题，进而由浅入深地讨论复杂应力状态下杆件的强度问题。

为保证所涉及的杆件能正常使用不发生强度失效，需要根据材料的性能、工程需要等因素建立失效判据。

8.1 单向应力状态和纯剪切应力状态下的强度失效判据

强度失效有两种形式：屈服和断裂。

当材料处于单向应力状态下，其极限应力 σ_u 可以通过拉伸与压缩试验测定。可对于塑性材料，通常认为发生屈服即为失效，一般取其屈服极限 σ_s 为极限应力，失效判据为

$$\sigma_u = \sigma_s \tag{8-1}$$

对于脆性材料，通常认为其失效形式为断裂，取其强度极限 σ_b 为极限应力，失效判据为

$$\sigma_\mathrm{u} = \sigma_\mathrm{b} \tag{8-2}$$

在对构件进行强度设计时，考虑到实际情况下的不利因素，需要给予杆件必要的强度储备，设计准则为

$$\sigma_\mathrm{max} \leqslant [\sigma] = \frac{\sigma_\mathrm{u}}{n} \tag{8-3}$$

式中，$[\sigma]$ 称为许用应力；$n>1$ 称为安全因数。塑性材料屈服失效和脆性材料断裂失效的安全因数不相同。

对于材料单纯受剪切时，也可以通过扭转试验得到塑性材料的剪切屈服极限 τ_s 和脆性材料的剪切强度极限 τ_b。对于塑性材料，取其屈服极限为极限应力 τ_u，即 $\tau_\mathrm{u} = \tau_\mathrm{s}$，对于脆性材料，取其强度极限为极限应力 τ_u，即 $\tau_\mathrm{u} = \tau_\mathrm{b}$，将它们除以相应的安全因数可得到相应的许用切应力 $[\tau]$。由此得到纯剪切状态下的设计准则

$$\tau_\mathrm{max} \leqslant \frac{\tau_\mathrm{u}}{n} = [\tau] \tag{8-4}$$

以受单向拉伸的直杆为例，由式（8-3）可知，若采用较小的安全因数时，横截面面积可以设计得较小，设计的经济性比较好；反之，若采用较大的安全因数时，横截面面积就需要加大，设计的安全性较好。

为了达到安全与经济的均衡，合理选择安全因数显得至关重要。确定安全因数需要考虑的因素，大致上有且不限于以下几点：

1）材料的素质，包括材料的均匀程度，质地好坏，塑性还是脆性等；

2）载荷情况，包括对载荷的估计是否准确，是动载荷还是静载荷；

3）实际杆件简化过程和计算方法的精确程度；

4）零件在设备中的重要性、工作条件、损坏后造成后果的严重程度、制造和修配的难易程度等；

5）对减轻设备自重和提高设备机动性能的要求。

安全因数和许用应力的具体数值通常可在各不同业务部门的设计规范中查询。随着人们在工程实践中不断加深对客观世界的认识，安全因数、许用应力的取值也在不断修正和趋于合理。

8.2 强度理论

在工程实际中，构件的受力情况是复杂的，构件上的点往往处于二向或三向应力状态。针对二向或三向应力状态的试验比较复杂，且其失效的形式与应力状态有关，若要通过试验的方法完全实现实际工程中的复杂应力状态是非常困难的。复杂应力状态下单元体的三个主应力 σ_1、σ_2 和 σ_3 可以有无限多种不同比例的组合，若要通过试验来建立强度条件，就必须要对各种不同的组合来

——试验，这显然是不现实的。试验表明，材料失效是存在一定规律的，人们根据试验的结果以及对破坏现象的观察和分析，提出了一些关于材料在复杂应力状态下发生破坏的假说，这些假说通常被称为强度理论。

常用的强度理论的基本观点是：无论构件处于何种应力状态，也无论何种材料，如果其失效形式相同，那么其失效原因就是相同的。这个原因可以是应力、应变或变形能。按照这种基本观点，造成失效的原因与应力状态无关，从而可以由简单应力状态的试验结果，来建立复杂应力状态的强度条件。

1. 常用的四种强度理论

材料强度失效的主要形式分为断裂失效和屈服失效，因此相应的强度理论大致也分为两类：关于断裂失效的强度理论和关于屈服失效的强度理论。限于篇幅，本书只介绍经典的四种强度理论。

解释断裂失效的强度理论具体如下：

（1）最大拉应力理论（第一强度理论）　这一理论认为：无论材料处于何种应力状态，只要最大拉应力 σ_1 达到材料单向拉伸时的强度极限 σ_b，材料即发生断裂。

铸铁、石料等脆性材料单向拉伸时的破坏试验表明，断裂面总是垂直于最大拉应力的方向，与这一理论相符。17 世纪，意大利科学家伽利略开始意识到最大拉应力是导致这些材料破坏的主要因素，19 世纪，英国的兰金正式提出这一理论。按照这一假说，可以得到依据最大拉应力理论的强度条件

$$\sigma_1 \leqslant [\sigma] = \frac{\sigma_b}{n} \tag{8-5}$$

试验表明，对于铸铁、石块、玻璃等脆性材料，当应力状态以拉应力为主时，采用该理论是合理的。但是最大拉应力理论没有考虑其他两个主应力 σ_2 和 σ_3 对断裂的影响，同时，对没有拉应力的状态，例如单向压缩、双向压缩等问题也无法得到应用。

（2）最大拉应变理论（第二强度理论）　这一理论认为：无论材料处于何种应力状态，只要最大拉应变 ε 达到材料单向拉伸断裂时的最大拉应变 ε_u，材料即发生脆性断裂。

单向拉伸断裂时的应变 $\varepsilon_u = \varepsilon_1 = \sigma_b/E$，由广义胡克定律，$\varepsilon_1 = [\sigma_1-\nu(\sigma_2+\sigma_3)]/E$，代入前式，可以得到最大拉应变理论的失效准则：$\sigma_1-\nu(\sigma_2+\sigma_3)=\sigma_b$，由此得到第二强度理论的强度条件

$$\sigma_1 - \nu(\sigma_2 + \sigma_3) \leqslant [\sigma] = \frac{\sigma_b}{n} \tag{8-6}$$

第二强度理论是由 19 世纪法国科学家圣维南提出的。这一理论对于石块、混凝土、铸铁等脆性材料在受压为主的应力状态下开裂有较好的适应性。第一强度

理论适用于拉应力大于或等于压应力绝对值的脆性材料，第二强度理论适用于拉应力小于压应力绝对值的脆性材料。

解释屈服失效的强度理论具体如下：

（3）最大切应力理论（第三强度理论） 这一理论认为：无论材料处于何种应力状态，只要最大切应力 τ_{max} 达到材料单向拉伸屈服时的最大切应力 τ_u，材料即发生塑性屈服。

通过对低碳钢单向拉伸试验的观察，我们发现，在试件的屈服阶段，其表面会出现45°角的滑移线。根据应力状态分析，滑移线的位置正好是最大切应力所在的斜面，最大切应力 $\tau_{max} = \sigma_s/2$。因此，$\sigma_s/2$ 就是导致屈服的最大切应力的极限值。在任意应力状态下，$\tau_{max} = (\sigma_1 - \sigma_3)/2$，代入前式，可以得到以主应力表示的强度条件

$$\sigma_1 - \sigma_3 \leqslant [\sigma] = \frac{\sigma_s}{n} \tag{8-7}$$

第三强度理论是由19世纪科学家特雷斯卡提出的，故又称为特雷斯卡理论。该理论是基于金属材料屈服行为的试验研究提出的，因此适用于多数金属类的塑性材料，且该理论形式简单，概念明确，计算结果偏于安全，因此在工程中得到广泛应用。

（4）畸变能理论（第四强度理论） 这一理论认为：无论材料处于何种应力状态，只要畸变能密度达到材料单向拉伸屈服时的畸变能密度，材料即发生塑性屈服。对金属材料的试验表明，在塑性屈服阶段，材料的体积几乎不发生变化，只发生形状改变，而引起形状改变所对应的是畸变能密度。因此畸变能密度可以用来判断材料是否进入屈服。通过对畸变能密度的计算和推导，最终可以得到该强度理论下以主应力表示的强度条件：

$$\sqrt{\frac{1}{2}\left[(\sigma_1 - \sigma_2)^2 + (\sigma_2 - \sigma_3)^2 + (\sigma_3 - \sigma_1)^2\right]} \leqslant [\sigma] = \frac{\sigma_s}{n} \tag{8-8}$$

该理论是在第三强度理论的基础上，考虑第二、第三主应力对材料屈服的影响改进后得到的强度理论，式（8-8）的左端项被称为 von Mises 应力。该理论与第三强度理论适用条件完全相同。值得注意的是，该理论由于考虑了第二、第三主应力，从实验统计看，要比第三强度理论精确，其数学形式也不太复杂，因此第四强度理论与第三强度理论一样在工程中得到了广泛采用。在一些工程文献中所说的"折算应力"有时也指 von Mises 应力。

上述四个强度理论的强度条件可以写成统一的形式

$$\sigma_r \leqslant [\sigma] \tag{8-9}$$

式中，σ_r 称为等效应力（相当应力）。按照顺序，相当应力分别为

$$\left.\begin{array}{l} \sigma_{r1} = \sigma_1 \\ \sigma_{r2} = \sigma_1 - \nu(\sigma_2 + \sigma_3) \\ \sigma_{r3} = \sigma_1 - \sigma_3 \\ \sigma_{r4} = \sqrt{\dfrac{1}{2}\left[(\sigma_1 - \sigma_2)^2 + (\sigma_2 - \sigma_3)^2 + (\sigma_3 - \sigma_1)^2\right]} \end{array}\right\} \quad (8\text{-}10)$$

等效应力 σ_r 是为了表示方便而引进的量，没有具体的物理意义。

例题 8-1　塑性材料制成的构件的危险点如图 8-1 所示，按照第三强度理论和第四强度理论推出其等效应力 σ_{r3} 和 σ_{r4}。

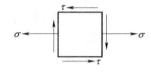

图 8-1

解： 1）计算主应力。

根据式 (6-7) 有

$$\left.\begin{array}{l} \sigma_{max} \\ \sigma_{min} \end{array}\right\} = \frac{\sigma}{2} \pm \sqrt{\left(\frac{\sigma}{2}\right)^2 + \tau^2}$$

可得主应力分别为

$$\sigma_1 = \frac{\sigma}{2} + \sqrt{\left(\frac{\sigma}{2}\right)^2 + \tau^2}, \ \sigma_2 = 0, \ \sigma_3 = \frac{\sigma}{2} - \sqrt{\left(\frac{\sigma}{2}\right)^2 + \tau^2}$$

2）计算相当应力。

根据式 (8-10)，得

$$\sigma_{r3} = \sigma_1 - \sigma_3 = \sqrt{\sigma^2 + 4\tau^2} \quad (8\text{-}11)$$

$$\sigma_{r4} = \sqrt{\frac{1}{2}\left[(\sigma_1 - \sigma_2)^2 + (\sigma_2 - \sigma_3)^2 + (\sigma_3 - \sigma_1)^2\right]} = \sqrt{\sigma^2 + 3\tau^2}$$

$$(8\text{-}12)$$

图 8-1 所示是工程中常见的一种二向应力状态，对于这种应力状态，可以直接采用式 (8-11)、式 (8-12) 计算其第三、第四强度理论的相当应力。

2. 强度理论的选择

在工程实际问题中，具体应该选择哪个强度理论，应当首先正确判断失效的形式，辅之以考虑材料的性质、受力的情况等因素。脆性材料多发生脆性断裂，因而选用第一、第二强度理论，但并不是说脆性材料在任何应力状态下都要使用第一或第二强度理论。例如，铸铁在三向受压情况下，特别是三向压应力相近时，呈现屈服失效，这时就要采用第三或第四强度理论。同样当塑性材料在三向受拉情况下，由于最大切应力 $\tau_{max} = 0.5(\sigma_1 - \sigma_3)$ 很小，塑性材料呈现出脆性断裂，此时，应采用第一强度理论。由上面的分析可知，即使是同一种材料，在不同的应力状态下，也不能单一地采用同一种强度理论。

除了以上的四种强度理论，还有摩尔强度理论和我国学者提出的双剪强度理论等。以上介绍的强度理论都只适用于常温、静载以及均匀、连续、各向同性材料。对于不满足上述条件的情况，另外有专门的理论研究。现有的一些强度理论虽然在工程中得到了广泛应用，但还不能说强度理论已经圆满地解决了工程中所有的强度问题，这方面还有待于进一步的研究和发展。

8.3 强度计算

根据工程问题的不同，强度计算一般有以下几种类型：

（1）截面设计 当外载荷以及材料的许用应力已知的情况下，设计杆件的横截面几何尺寸。

（2）强度校核 当外载荷、材料的许用应力以及杆件的几何尺寸已知的情况下，验证危险点处的工作应力是否满足强度条件。所谓危险点即为结构上相当应力最大的点，危险点通常在内力最大的截面上，内力最大的截面也称为危险截面。

（3）许可载荷确定 当杆件几何尺寸、材料许用应力已知，确定杆件或结构能够承受的最大载荷。

（4）材料选择 当杆件的横截面尺寸及所受外力已知时，根据经济性和安全性均衡的原则以及其他工程要求，选择合适的材料。

在工程实际问题中，构件所受到的载荷种类很多，也可能出现不同的载荷组合。一般称杆件在正常工作条件下的载荷组合为设计工况。杆件的横截面几何尺寸通常是在设计工况下根据强度条件来确定的；杆件在极限工作条件（即可能出现的最不利工作条件）下受到的载荷组合称为极限工况，通常需要校核所设计的杆件几何尺寸是否满足极限工况下的强度条件。

强度计算的步骤具体如下：

1）确定危险构件：当结构由两个以上的杆件组成，要根据受力情况、截面尺寸和材料性能确定出危险构件，对危险构件进行强度计算。

2）确定危险截面：根据内力图确定，一般是内力绝对值最大的截面。

3）确定危险点位置及其应力状态：根据截面应力分布情况、材料的力学性能，确定应力最大的点的位置，应用强度设计准则对该点进行计算。

1. 危险点为单向应力状态或纯剪切应力状态下的强度计算

当危险点为单向应力状态或纯剪切应力状态下时，其强度失效的极限应力可以通过材料力学性能试验直接得到，选定合适的安全因数以后，就可以得到许用应力，直接使用式（8-3）或式（8-4）进行强度计算。

杆件发生基本变形时，其危险点一般为单向应力状态或纯剪切应力状态。为了便于理解和查阅，表8-1给出了几种对称截面杆件在基本变形情况下横截面上的应力计算公式、应力分布和相应的强度条件。

表 8-1　基本变形情况下杆件的强度条件

基本变形	计算简图	横截面 I — I 上的应力分布	危险点的位置	应力公式	强度条件
单向拉伸（压缩）	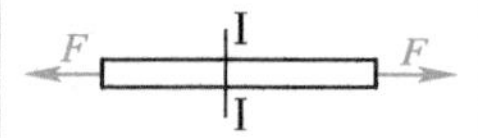	正应力 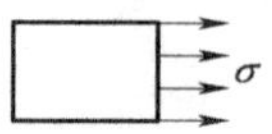	截面上的各点	$\sigma = \dfrac{F_N}{A}$	$\sigma_{max} \leqslant [\sigma]$
圆轴扭转	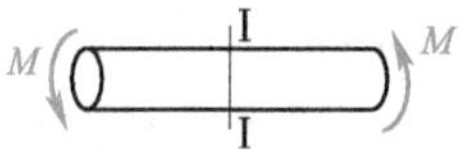	切应力 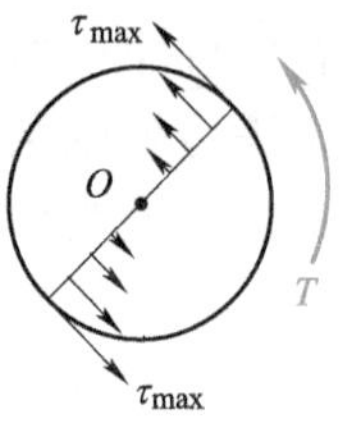	圆周上的各点	$\tau_{max} = \dfrac{T}{W_p}$ $\tau_\rho = \dfrac{T\rho}{I_p}$	$\tau_{max} \leqslant [\tau]$
细长梁平面弯曲	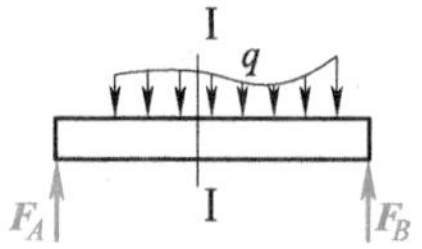	正应力 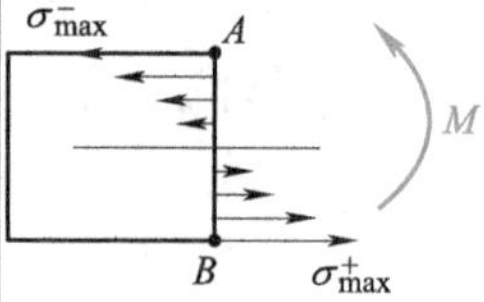	距离中性轴最远的点（A、B）	$\sigma_{max} = \dfrac{M}{W_z}$ $\sigma_y = \dfrac{My}{I_z}$	$\sigma_{max} \leqslant [\sigma]$
		切应力 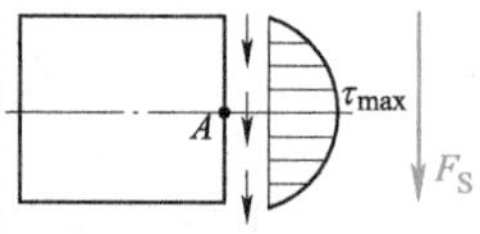	中性轴上各点（A）	$\tau = \dfrac{F_S S^*}{I_z b}$ 矩形截面 $\tau_{max} = \dfrac{3}{2}\dfrac{F_S}{A}$	$\tau_{max} \leqslant [\tau]$
			最上侧和最下侧各点（A、B）	$\sigma_{max} = \dfrac{M}{W_z}$ $\leqslant [\sigma]$	
			中性轴上各点（C）	$\tau_{max} \leqslant [\tau]$	
			腹板和翼缘相交处的各点（D、E）	$\sigma_r \leqslant [\sigma]$	

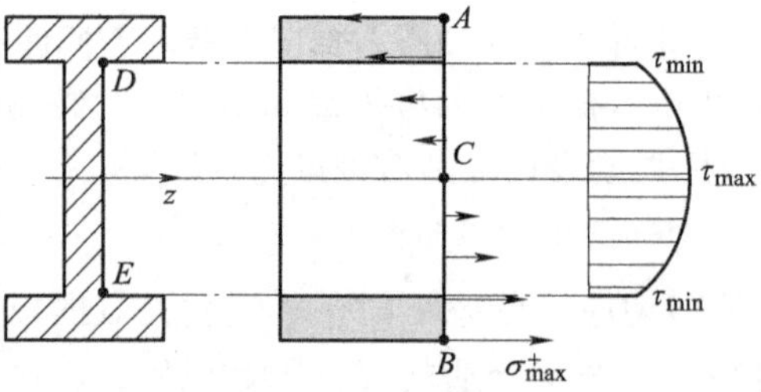

例题 8-2　两杆支撑结构如图 8-2a 所示，约束 A、B、C 均可简化为圆柱铰链约束，已知 $F = 40$kN。圆截面杆 AB 材料为 Q235，直径 $d = 20$mm，许用应力 $[\sigma] = 160$MPa，杆 BC 是木材，横截面为正方形，边长 $a = 60$mm，许用拉应力

$[\sigma^+]=10\text{MPa}$，许用压应力
$[\sigma^-]=12\text{MPa}$。试校核结构
的强度。

分析：两杆均为等截面
杆，材料不同。因此需计算
各个杆所受的内力和应力，
并与许用应力做比较，只有
当两杆的应力都小于各自的
许用应力，即都满足 $\sigma_{max}\leqslant$
$[\sigma]$，结构才满足强度要求。

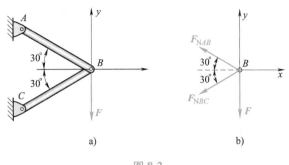

图 8-2

解：1）内力计算。

两杆均为二力杆，以铰链 B 为研究对象画出受力分析图，设 F_{NAB}，F_{NBC} 均为
拉力，取图 8-2b 所示坐标系，则点 B 的静力平衡方程为

$$\sum F_x=0,\quad -F_{NAB}\cos30°-F_{NBC}\cos30°=0$$

$$\sum F_y=0,\quad F_{NAB}\sin30°-F_{NBC}\sin30°-F=0$$

求得

$$F_{NBC}=-F=-40\text{kN}(\text{受压}),F_{NAB}=F=40\text{kN}(\text{受拉})$$

2）应力计算，注意到 $1\text{N}/1\text{mm}^2=1\text{MPa}$ 的换算关系。

$$\sigma_{AB}=\frac{F_{NAB}}{A_{AB}}=\frac{F_{NAB}}{\frac{\pi d^2}{4}}=\frac{4F_{NAB}}{\pi d^2}=\frac{4\times40\times1000\text{N}}{\pi\times20^2\ \text{mm}^2}=127.32\text{MPa}$$

$$\sigma_{BC}=\frac{F_{NBC}}{A_{BC}}=\frac{F_{NBC}}{a^2}=\frac{-40\times1000\text{N}}{60^2\text{mm}^2}=-11.11\text{MPa}$$

3）校核

$$\sigma_{AB}=127.32\text{MPa}<[\sigma]=160\text{MPa}$$

$$|\sigma_{BC}|=11.11\text{MPa}<[\sigma^-]=12\text{MPa}$$

两杆均满足强度条件，结构安全。

思考：若将直杆 AB 和 BC 位置对调，结构是否满足强度要求？为什么？

例题 8-3　直径为 d 的实心圆截面传动轴，其各部分传递的外力矩均已在图
8-3a 中标出，固定端 A 处约束转动。若该轴的许用切应力 $[\tau]=65\text{MPa}$，试设
计其直径。

分析：首先应分析各段的扭矩，确定危险截面。该传动轴为等截面扭转轴，
因此危险点会位于危险截面上距离形心最远处，并以此设计直径。

解：1）画出扭矩图，如图 8-3b 所示。从图中可知，最大扭矩位于 BC 段，

该段各截面均为危险截面，其扭矩为 $T_{BC} = 20\text{kN} \cdot \text{m}$ 。

2）设计 BC 段轴的直径。由式（5-17）和式（8-4），有

$$\tau_{\max} = \frac{T}{W_p} \leqslant [\tau]$$

其中 $W_p = \dfrac{\pi d^3}{16}$ ，可得

$$d \geqslant \sqrt[3]{\frac{16T}{\pi[\tau]}}$$

$$= \sqrt[3]{\frac{16 \times 20 \times 10^6 \text{N} \cdot \text{mm}}{\pi \times 65\text{MPa}}}$$

$$= 116.15\text{mm}$$

为考虑制造方便，取设计直径 $d = 116\text{mm}$ ，则最大切应力

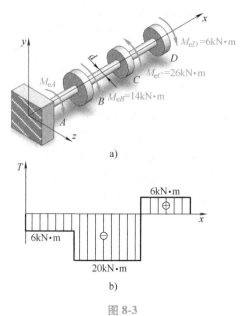

图 8-3

$$\tau_{\max} = \frac{16 \times 20 \times 10^6 \text{N} \cdot \text{mm}}{\pi \times 116^3 \text{mm}^3} = 65.26\text{MPa}$$

在工程中，若杆件的最大应力超过许用应力，但不超过许用应力的 5%，可以认为是安全的。本题虽然按照设计直径得到的最大切应力超过了许用切应力，但是 $\dfrac{\tau_{\max} - [\tau]}{[\tau]} = 0.4\% < 5\%$ ，可认为是安全的。

例题 8-4 某游乐场设计一种旋转游乐设施，如图 8-4a 所示，其中的钢材直杆可视为一外伸梁，其截面为 40mm×80mm 的长方形。为确保人身安全，材料的许用应力设定为较低的数值 $[\sigma] = 50\text{MPa}$ ，试问该旋转游乐设施能承受的许可人体重量 $[W]$ 为多少？

分析： 将实际问题简化为力学模型，如图 8-4b 所示。由外力分析可知杆发生弯曲变形。首先可以通过内力分析，判断危险截面。考虑危险截面上的最大弯曲正应力应满足强度条件，从而确定许可载荷，即最重人体重量。根据细长梁横截面上弯曲正应力分布以及弯曲切应力分布的情况（见表 8-1），危险截面上距离中性轴最远的两侧各点的正应力最大（点 A 和点 B），是单向拉伸（压缩）应力状态；中性轴上各点的切应力最大（点 C），为纯剪切应力状态，这些位置都可能成为危险点。一般来讲，对于细长梁，以弯曲正应力强度条件为强度设计的主要依据。

解： 1）画出梁的弯矩图，可知最大弯矩位于 B 截面。

$$M_{\max} = 2W(\text{N} \cdot \text{m})$$

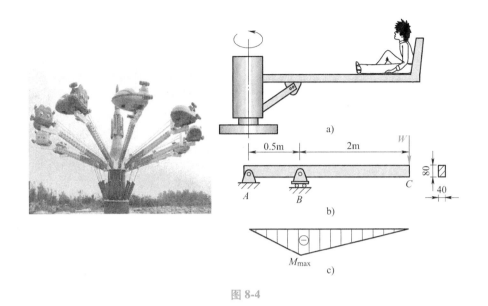

图 8-4

2）计算截面的抗弯截面系数

$$W_z = \frac{bh^2}{6} = \frac{40 \times 80^2}{6} \text{mm}^3 = 42667 \text{mm}^3$$

3）危险点应位于 B 截面上最上面和最下面的点，按照强度条件（见表 8-1）确定许可载荷

$$\sigma_{\max} = \frac{M_{\max}}{W_z} \leqslant [\sigma]$$

$$M_{\max} = 2W \leqslant [\sigma]W_z = 50\text{MPa} \times 42667\text{mm}^3 \approx 2133\text{N} \cdot \text{m}$$

得到 $W \leqslant 1067\text{N}$，即许可重量 $[W] = 1067\text{N}$。

思考：在真实的旋转木马设计中，其支撑臂往往设计成变截面的形状（图 8-5）。请读者思考这种设计的合理性和优越性。

图 8-5

一般地，梁在受到载荷作用时，当梁的横截面非对称于中性轴时且弯矩有正有负的情况下，最大拉应力危险点所在的截面和最大压应力所在的截面可能并不是同一截面，对于抗拉抗压能力不同的材料所制成的梁，则需要考虑构件的抗拉强度和抗压强度是否都满足要求。

例题 8-5　T 形截面梁的尺寸、受载情况及截面尺寸分别如图 8-6a、b 所示。z 轴为截面中性轴，已知 $I_z = 7.64 \times 10^6 \text{mm}^4$，$y_1 = 52\text{mm}$，$y_2 = 88\text{mm}$。梁材料的许用拉应力 $[\sigma^+] = 28\text{MPa}$，许用压应力 $[\sigma^-] = 50\text{MPa}$，试校核该梁的强度。

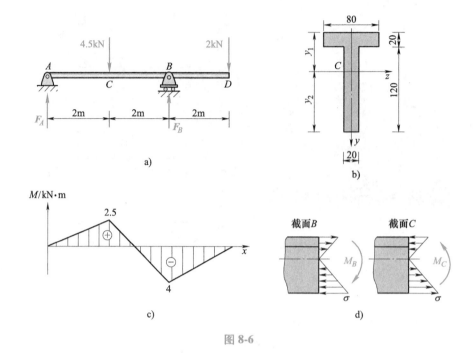

图 8-6

分析：该梁为等截面梁，因此需要先确定危险截面。该梁横截面相对中性轴 z 非对称，且材料的许用拉应力和许用压应力不同，因此不仅要对内力最大的截面进行校核，还需要对内力较大的其他截面进行校核。

解：1）求支座约束力，由平衡方程，可以求得约束 A、B 两处的约束力

$$F_A = 1.25\text{kN}, F_B = 5.25\text{kN}$$

2）画弯矩图，确定危险截面。

画梁的弯矩图如图 8-6c 所示，截面 B 和 C 的弯矩都比较大，且符号相反，因此都有可能是危险截面。B 和 C 两截面的弯矩分别为

$$M_B = -4\text{kN}\cdot\text{m}, \quad M_C = 2.5\text{kN}\cdot\text{m}$$

3）求全梁的最大拉应力和最大压应力。

截面 B 的弯矩为负，则该截面中性轴以上一侧受拉，而下侧受压。截面 C 的弯矩为正，则该截面中性轴以上一侧受压，下侧受拉，如图 8-6d 所示。由于

$$M_B > M_C, \quad \text{且}\ y_2 > y_1$$

可知截面 B 最下侧各点的应力为全梁的最大压应力

$$\sigma_{c\max} = \sigma_{c\max}^B = \frac{M_B y_2}{I_z} = \frac{4\times 10^6\text{N}\cdot\text{mm}\times 88\text{mm}}{7.64\times 10^6\text{mm}^4} = 46.1\text{MPa}$$

最大拉应力可能发生在截面 B 的上边缘或截面 C 的下边缘。截面 B 上的最大拉应力

$$\sigma^B_{tmax} = \frac{M_B y_1}{I_z} = \frac{4 \times 10^6 \text{N} \cdot \text{mm} \times 52\text{mm}}{7.64 \times 10^6 \text{mm}^4} = 27.2\text{MPa}$$

截面 C 的最大拉应力

$$\sigma^C_{tmax} = \frac{M_C y_2}{I_z} = \frac{2.5 \times 10^6 \text{N} \cdot \text{mm} \times 88\text{mm}}{7.64 \times 10^6 \text{mm}^4} = 28.8\text{MPa}$$

比较后可知，最大拉应力发生在截面 C 的下边缘，且

$$\sigma_{tmax} = \sigma^C_{tmax} = 28.8\text{MPa}$$

4）强度校核

$$\sigma_{cmax} = 46.1\text{MPa} < [\sigma^-] = 50\text{MPa}$$

$$\sigma_{tmax} = 28.8\text{MPa} > [\sigma^+] = 28\text{MPa}$$

$$\frac{\sigma_{tmax} - [\sigma^+]}{[\sigma^+]} = 2.9\% < 5\%$$

因此，该结构满足强度要求。

从上例可以看出，对于脆性材料制成的弯曲梁，且其横截面对于中性轴又是非对称的情况下，真正的危险点未必就在弯矩最大截面处，这一点需要引起注意。

2. 复杂应力状态下的强度计算

若构件危险点处于复杂应力状态，可根据强度理论进行强度计算。

例题 8-6　如图 8-7 所示两端受外力偶 M_e 作用的铸铁圆轴，其直径为 d，材料的许用拉应力为 $[\sigma]$，选择合适的强度理论，确定其不发生强度失效的外力偶矩所需满足的条件。

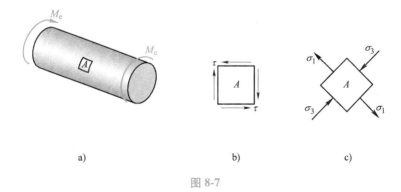

图 8-7

分析：受扭转铸铁轴失效的形式为断裂，因此选用第一强度理论。由扭转圆轴横截面上应力分布可知（表 8-1），危险点位于其表面，其应力状态为纯剪切状态，如图 8-7b 所示。可先求出其三个主应力，再根据第一强度理论的强度

条件确定极限力偶的值。

解：1）求主应力。

在圆周外表面选取点 A，其单元体为如图 8-7b 所示的纯剪切状态单元体，按照第 6 章知识（图 6-8），得到主单元体如图 8-7c 所示，且三个主应力分别为

$$\sigma_1 = \tau = \frac{T}{W_p}, \ \sigma_2 = 0, \ \sigma_3 = -\tau = -\frac{T}{W_p}$$

2）确定极限外力偶 M_e 值。

由截面法可得圆轴横截面上的扭矩

$$T = M_e$$

根据第一强度理论 $\sigma_1 \leqslant [\sigma]$，有

$$\sigma_1 = \frac{T}{\pi d^3/16} = \frac{M_e}{\pi d^3/16} \leqslant [\sigma]$$

则不发生强度失效的外力偶应满足

$$M_e \leqslant \frac{\pi d^3}{16}[\sigma]$$

例题 8-7　如图 8-8 所示的低碳钢材料制成的圆管，其外径 $D = 160\text{mm}$，内径 $d = 120\text{mm}$，承受外力偶 $M_e = 20\text{kN} \cdot \text{m}$ 和轴向拉力 F 的作用。已知材料的许用应力 $[\sigma] = 150\text{MPa}$。用第三强度理论确定许用拉力 $[F]$。

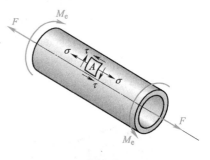

图 8-8

分析：圆管受轴向拉力 F 的作用，则圆管各横截面上有均匀分布的正应力；圆管受外力矩 M_e 的作用发生扭转，则圆管各横截面上作用有线性分布的切应力，圆管外表面上切应力最大，因此圆管的危险点位于外表面。可取外表面的单元体 A，它的应力状态与图 8-1 所示应力状态相同，而其上的切应力仅仅和外力偶有关，拉应力仅仅和轴向拉力有关，故可直接利用式（8-11）计算相当应力，并根据强度条件确定许用拉力 $[F]$。

解：1）计算圆管表面的单元体 A 上的正应力 σ 和切应力 τ，取拉力 F 的单位为 N。

$$\sigma = \frac{F_N}{A} = \frac{F}{A} = \frac{F}{\frac{\pi}{4}(D^2 - d^2)} = \frac{F}{\frac{\pi}{4}(160^2 - 120^2) \ \text{mm}^2} = \frac{F}{8796\text{mm}^2}$$

$$\tau = \frac{T}{W_p} = \frac{M_e}{\frac{1}{16}\pi D^3 \left[1 - \left(\frac{d}{D}\right)^4\right]} = \frac{20 \times 10^6 \text{N} \cdot \text{mm}}{\frac{1}{16}\pi \times 160^3 \left[1 - \left(\frac{120}{160}\right)^4\right] \text{mm}^3} = 36.38\text{MPa}$$

2）计算相当应力，并按照第三强度理论计算许用拉力。

$$\sigma_{r3} = \sqrt{\sigma^2 + 4\tau^2} = \sqrt{\left(\frac{F}{8796\text{mm}^2}\right)^2 + 4 \times (36.38\text{MPa})^2} \leqslant [\sigma] = 150\text{MPa}$$

得到

$$F \leqslant 1.154 \times 10^6 \text{N} = 1154\text{kN}$$

取许用拉力 $[F] = 1154$kN。

思考：作为练习，请读者用第四强度理论确定许用拉力 $[F]$，并与用第三强度理论得到的结果相比较。

对于平面弯曲工字梁，除了横截面上距离中性轴最远的两侧各点、中性轴上各点可能成为危险点之外，其截面上翼缘和腹板交界处的点处于二向应力状态，既有较大的正应力，也有较大的切应力，也可能成为危险点。

例题 8-8 如图 8-9 所示工字形钢梁，截面高度 $h = 250$mm，宽度 $b = 113$mm，$F = 210$kN，腹板厚度为 $t = 10$mm，翼缘厚度为 $d = 13$mm，截面的惯性矩 $I_z = 5.25 \times 10^{-5}\text{m}^4$，所用材料的许用应力 $[\sigma] = 160$MPa，$[\tau] = 70$MPa，试按第三强度理论校核梁的强度。

分析：梁 AB 受横向力作用发生横力弯曲，首先应确定危险截面，再根据危险截面应力分布情况确定危险点的位置及其应力状态，选择合适的强度条件进行校核。

解：1）计算约束力。根据梁的平衡方程，解得

$$F_A = 70\text{kN}, \quad F_B = 140\text{kN}$$

2）绘制内力图，确定危险截面的位置。

绘制梁的剪力图和弯矩图，如图 8-9b 所示。由内力图可知，截面 C 右侧面有最大的剪力和弯矩值，该截面为危险截面。

3）确定危险点位置。

由危险截面上的应力分布情况（图 8-9c）可知，截面上离中性轴最远处各点（见图 8-9c 中标注 A、B 两处）处于单向应力状态，正应力最大；中性轴（见图 8-9c 中标注 C 处）处于纯剪切应力状态，切应力最大；腹板和翼缘交界（见图 8-9c 中标注 D、E 处）处于二向应力状态，有较大的正应力和切应力。这些点均为危险点，需要校核。

4）危险点的强度校核。

最大弯曲正应力校核（A、B 两处）：

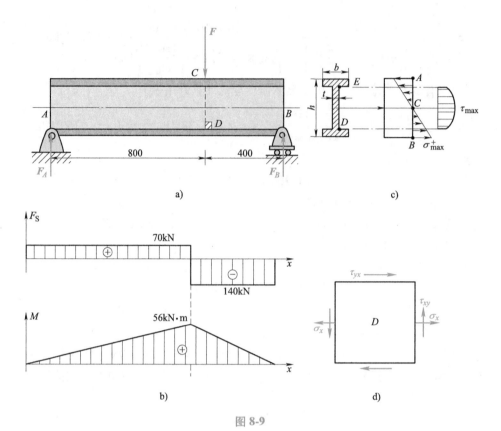

图 8-9

$$\sigma_{\max} = \frac{M_{\max}}{I_z}\frac{h}{2} = \frac{56 \times 10^6 \text{N} \cdot \text{mm}}{5.25 \times 10^{-5} \times 10^{12} \text{mm}^4}\frac{250\text{mm}}{2} = 133\text{MPa} < [\sigma]$$

最大弯曲切应力校核（C 处）：

$$\tau_{\max} = \frac{F_{\text{Smax}}}{8I_z t}[bh^2 - (b - t)(h - 2\delta)^2]$$

$$= \frac{140 \times 10^3 \times [113 \times 250^2 - (113 - 10)(250 - 2 \times 13)^2]\text{N} \cdot \text{mm}^3}{8 \times 5.25 \times 10^{-5} \times 10^{12} \times 10\text{mm}^5}$$

$$= 63.1\text{MPa} < [\tau]$$

校核点 D，点 D 的应力状态如图 8-9d 所示，其中

$$\sigma_D = \frac{M_{\max}}{I_z}\left(\frac{h}{2} - \delta\right) = \frac{56 \times 10^6 \text{N} \cdot \text{mm}}{5.25 \times 10^{-5} \times 10^{12} \text{mm}^4}\left(\frac{250\text{mm}}{2} - 13\text{mm}\right) = 119.5\text{MPa}$$

$$\tau_D(y) = \frac{F_S}{tI_z}\left[\frac{b}{8}(h^2 - (h - 2d)^2) + \frac{t}{2}\left(\frac{(h - 2d)^2}{4} - y^2\right)\right]$$

$$= \frac{F_s}{tI_z}\left[\frac{b}{8}(h^2-(h-2d)^2)+\frac{t}{2}\left(\frac{(h-2d)^2}{4}-\frac{(h-2d)^2}{4}\right)\right]$$

$$= \frac{F_s}{tI_z}\left[\frac{b}{8}(h^2-(h-2d)^2)\right]$$

$$= \frac{140\times10^3\mathrm{N}}{5.25\times10^{-5}\times10^{12}\times10\mathrm{mm}^5}\times\left[\frac{113}{8}\times(250^2-(250-2\times13)^2)\right]\mathrm{mm}^3$$

$$= 46.4\mathrm{MPa}$$

该单元体的主应力为

$$\left.\begin{array}{c}\sigma_1\\\sigma_3\end{array}\right\} = \frac{\sigma_D}{2}\pm\sqrt{\left(\frac{\sigma_D}{2}\right)^2+\tau_D^2}$$

按第三强度理论进行强度校核：

$$\sigma_{r3}=\sigma_1-\sigma_3=\sqrt{\sigma_D^2+4\tau_D^2}=\sqrt{119.5^2+4\times46.4^2}\,\mathrm{MPa}\approx151\mathrm{MPa}<[\sigma]$$

所有危险点的应力均未超过许用应力，该弯曲梁满足强度要求。

从题解过程可以看到，虽然点 D 的单元体上正应力和切应力均不是该梁上正应力和切应力的最大值，但该点的相当应力却超过了最大正应力的值。

8.4 连接件的实用强度计算

1. 剪切与挤压的概念

工程结构是由很多构件通过某些形式互相连接组成的。最常见的有螺栓连接、铆接、榫接、焊接等，其中起到连接作用的螺栓、铆钉、销、键等统称为连接件。例如图 8-10a 所示法兰上的连接螺栓，其失效的形式如图 8-10b 所示。

连接件的受力和变形特点是：作用在构件两侧面上分布力的合力大小相等、方向相反，作用线垂直杆轴线且相距很近，构件沿着与力平行的截面发生相对错动。这种变形形式称为剪切。发生相对错动的截面称为剪切面。当连接件和被连接件的接触面上压力过大时，也可能在接触面上发生局部压陷的塑性变形而导致破坏，称为挤压破坏。因此一般需要对连接件进行剪切强度和挤压强度的计算。由于连接件的几何形状、受力和变形情况复杂，在工程设计中，为了简化计算，易于设计，对连接件的受力根据其实际破坏情况做了一些假设，再根据这些假设利用试验的方法确定极限应力，据此建立强度条件，这种计算我们称之为"实用计算"。

2. 剪切的实用计算

考虑图 8-11a 所示为两块钢板通过铆钉连接的情况，铆钉的受力如图 8-11b 所示。利用截面法，从铆钉的剪切面，即 m—n 截面截开，剪切面上存在与截面相切的内力，即为剪力，用 F_s 表示。

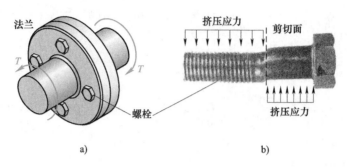

图 8-10

由图 8-11c，根据力平衡，可得剪力

$$F_S = F$$

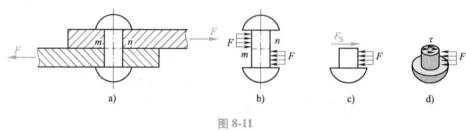

图 8-11

连接件发生剪切变形时，其剪切面上的切应力并非均匀分布，但是在实用计算中，我们假设切应力在剪切面上均匀分布，如图 8-11d 所示。因此平均切应力，也称名义切应力，可按下式计算：

$$\tau = \frac{F_S}{A} \tag{8-13}$$

相应的强度条件为

$$\tau = \frac{F_S}{A} \leqslant [\tau] \tag{8-14}$$

式 (8-13)、式 (8-14) 中的 A 是剪切面的面积。

这里的 $[\tau]$ 是根据连接件实物或模拟剪切破坏试验，测出连接件在剪切破坏时的剪力，然后除以剪切面的面积得到极限切应力，再除以安全因数得到的。它和式 (8-4) 中的许用切应力的数值是不同的。试验表明，这里的 $[\tau]$ 与许用拉应力 $[\sigma]$ 大致有如下关系：

$$[\tau] = (0.6 \sim 0.8)[\sigma]$$

3. 挤压的实用计算

连接件和被连接件通过压紧的接触表面相互传递力。接触表面上总的压紧力称为挤压力，用 F_{bs} 表示；相应的应力称为挤压应力，用 σ_{bs} 表示。实际的挤压应力在连接件上分布相当复杂，在工程中通常采用简化计算，即假设挤压应力在计算挤压面上是均匀分布的，于是有

$$\sigma_{bs} = \frac{F_{bs}}{A_{bs}} \tag{8-15}$$

相应的强度条件为

$$\sigma_{bs} = \frac{F_{bs}}{A_{bs}} \leqslant \left[\sigma_{bs} \right] \tag{8-16}$$

式（8-15）、式（8-16）中的 A_{bs} 是挤压面的计算面积，$\left[\sigma_{bs} \right]$ 是许用挤压应力。

对于键连接、榫齿连接，其挤压面是平面，挤压计算面积取为实际的挤压面面积，例如图 8-12a 所示的齿轮连接，键和轴连接的挤压面是图 8-12b 所示的阴影面积，$A_{bs} = bl$；对于钢板、轴套等被连接件，实际挤压面为半圆孔壁，计算挤压面取其正投影面，如图 8-12c 所示，$A_{bs} = d\delta$；对于铆钉、销轴、螺栓等圆柱形连接件，由于轴孔配合的关系，实际接触面为半圆面，而挤压力在接触面上并非均匀分布，因此在实用计算中，取计算挤压面积为实际接触面在直径平面上的正投影面积，如图 8-12d 所示铆钉的阴影面积，$A_{bs} = d\delta$。

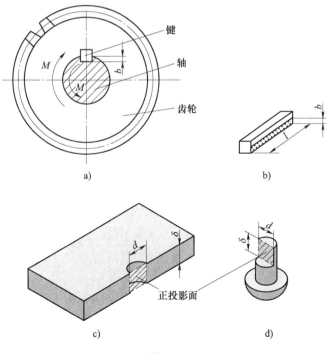

图 8-12

力称为**挤压力**，用 F_{bs} 表示；相应的应力称为**挤压应力**，用 σ_{bs} 表示。实际的挤压应力在连接件上分布相当复杂，在工程中通常采用简化计算，即假设挤压应力在计算挤压面上是均匀分布的，于是有

$$\sigma_{bs} = \frac{F_{bs}}{A_{bs}} \tag{8-15}$$

相应的强度条件为

$$\sigma_{bs} = \frac{F_{bs}}{A_{bs}} \leqslant \left[\sigma_{bs} \right] \tag{8-16}$$

式（8-15）、式（8-16）中的 A_{bs} 是挤压面的计算面积，$\left[\sigma_{bs} \right]$ 是许用挤压应力。

对于键连接、榫齿连接，其挤压面是平面，挤压计算面积取为实际的挤压面面积，例如图 8-12a 所示的齿轮连接，键和轴连接的挤压面是图 8-12b 所示的阴影面积，$A_{bs} = bl$；对于钢板、轴套等被连接件，实际挤压面为半圆孔壁，计算挤压面取其正投影面，如图 8-12c 所示，$A_{bs} = d\delta$；对于铆钉、销轴、螺栓等圆柱形连接件，由于轴孔配合的关系，实际接触面为半圆面，而挤压力在接触面上并非均匀分布，因此在实用计算中，取计算挤压面积为实际接触面在直径平面上的正投影面积，如图 8-12d 所示铆钉的阴影面积，$A_{bs} = d\delta$。

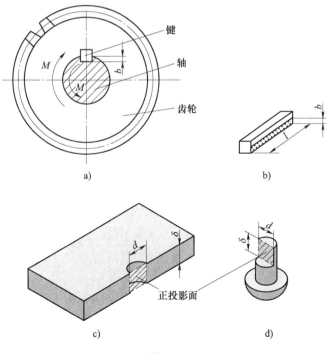

图 8-12

许用挤压应力 $[\sigma_{bs}]$ 的确定方法和本节中的许用切应力 $[\tau]$ 类似。对于钢材，许用挤压应力 $[\sigma_{bs}]$ 和许用拉应力 $[\sigma]$ 之间存在如下的经验关系：

$$[\sigma_{bs}] = (1.7 \sim 2.0)[\sigma]$$

例题 8-9 如图 8-13a 所示的拖车挂钩用销钉连接，销钉的许用切应力 $[\tau] = 60\text{MPa}$，许用挤压应力 $[\sigma_{bs}] = 120\text{MPa}$，挂钩部分的钢板厚度 $\delta = 8\text{mm}$，拖车的拉力 $F = 19\text{kN}$，选择销钉的直径 d。

分析：选取销钉为研究对象，其受力如图 8-13b 所示，可见销钉有两个剪切面，根据图 8-13c 计算出剪力，并进一步按照剪切强度条件设计直径，对设计结果进行挤压强度的校核。

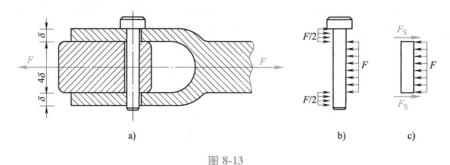

图 8-13

解：1）按照剪切强度条件进行设计。

取销钉的中段为研究对象，利用截面法，并假设两个剪切面上的剪力相等，可得剪力

$$F_S = \frac{F}{2} = \frac{19\text{kN}}{2} = 9.5\text{kN}$$

销钉的剪切面面积为 $A = \pi d^2/4$，由剪切强度条件式（8-14）有

$$\tau = \frac{F_S}{A} = \frac{F_S}{\pi d^2/4} \leqslant [\tau]$$

则直径需满足

$$d \geqslant \sqrt{\frac{4F_S}{\pi[\tau]}} = \sqrt{\frac{4 \times 9.5 \times 10^3\text{N}}{\pi \times 60\text{MPa}}} = 14.19\text{mm}$$

2）挤压强度校核。

销钉的中段受到的挤压力为 F，其计算挤压面积为 $4\delta d$，而两端挤压力为 $F/2$，计算挤压面积为 δd，因此杆两端所受挤压应力较大，故按式（8-16）校核挤压强度

$$\sigma_{bs} = \frac{F_{bs}}{A_{bs}} = \frac{F/2}{d\delta} = \frac{9.5 \times 10^3\text{N}}{14.19 \times 8\text{mm}^2} \approx 83.69\text{MPa} < [\sigma_{bs}] = 100\text{MPa}$$

满足挤压强度要求。考虑销钉的产品标准化和系列化要求，取设计直径 $d=16\text{mm}$。

思考：考虑计算应力超过许用应力 5% 仍可认为满足强度条件，请读者验证若取设计直径 $d=14\text{mm}$ 是否能满足剪切和挤压强度要求。

例题 8-10 在厚度 $t=6\text{mm}$ 的钢板上，冲直径 $d=18\text{mm}$ 的圆孔，如图 8-14a 所示。若钢板的极限切应力 $\tau_\text{u}=400\text{MPa}$，试计算能成功冲孔所需的冲压力。

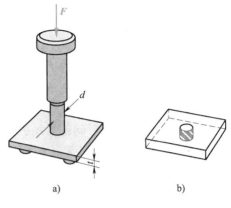

a) b)

图 8-14

分析：钢板的剪切面等于所冲圆孔侧面的面积，如图 8-14b 所示的阴影面积，在此剪切面上若平均切应力大于钢板的极限切应力，则能成功冲孔。

解：1）求剪切面面积

$$A = \pi dt = \pi \times 18 \times 6\text{mm}^2 = 339\text{mm}^2$$

2）求冲压力

$$\tau = \frac{F_\text{S}}{A} = \frac{F}{A} \geqslant \tau_\text{u}$$

$$F \geqslant \tau_\text{u}A = 400\text{MPa} \times 339\text{mm}^2 = 1.36 \times 10^5\text{N} = 136\text{kN}$$

故冲孔所需的最小冲压力应大于 136kN。

8.5 组合变形的强度计算

1. 组合变形与叠加原理

工程中的构件往往同时承受不同类型的载荷，发生两种或两种以上的基本变形，当每一种变形所对应的应力或变形处于同一量级时，就无法忽略其中较小的部分，此时我们称构件发生了组合变形。图 8-15a 所示的厂房牛腿立柱，是拉伸（压缩）与

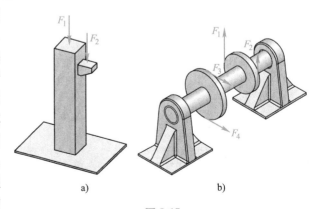

a) b)

图 8-15

弯曲的组合，图 8-15b 所示的带轮传动轴，承受的是弯曲与扭转的组合，若该构件还受到轴向拉压的作用，则是拉伸（压缩）、扭转和弯曲的组合问题。

当工程构件在线弹性、小变形条件下时，组合变形中各个基本变形引起的应力和变形可以认为相互独立、互不影响。这时可以先将外力进行简化或分解，把构件上的外力转化为几组静力等效的载荷，其中每一组载荷对应一种基本变形，然后分别计算每一基本变形各自引起的应力、内力、变形和位移，最后将所得结果叠加，得到构件在组合变形下的应力、内力、变形和位移，这就是在工程力学中处理组合变形问题常用的**叠加原理**。组合变形中几种常见的外力作用情况及其分析方法见表 8-2。

表 8-2　组合变形中几种常见的外力作用情况及其分析方法

组合变形形式	受力图	外力分析方法	等效受力图
斜弯曲（弯弯组合）		将外力沿截面形心主惯性轴分解	
拉弯组合		沿横截面的法线与切面方向分解	
扭转和弯曲组合		向截面形心处简化	
偏心受拉（压）		向截面形心处简化	
拉伸与两个垂直面内弯曲组合变形		向截面形心处简化	

本章重点讨论在工程中常见的拉伸（压缩）与弯曲、弯曲与扭转两种组合变形的应力分析和强度计算。解决其他形式的组合变形强度问题的方法和步骤与之类似，详细内容可参考有关的材料力学教材。

2. 组合变形的强度计算

（1）拉伸（压缩）与弯曲的组合变形 如图 8-16a 所示的矩形截面悬臂梁，其自由端受到轴向力 F_x（图 8-16b）、横向力 F_y（图 8-16c）的作用。利用叠加法，考虑每一种载荷单独作用的情形。忽略剪力的影响。

在轴向力 F_x 单独作用下，梁各横截面上的轴力均相等，即 $F_N = F_x$。轴力 F_N 在截面 A 上形成的拉伸正应力为均匀分布，$\sigma_N = F_N/A$，如图 8-16e 所示；在横向力 F_y 单独作用下，容易判断在固定端截面 A 上弯矩达到最大，即 $|M_A| = |M|_{max} = F_y l$。故可判断固定端截面 A 是该梁的危险截面。弯矩引起的正应力分布为线性分布，$\sigma_M = My/I_z$，上边缘是最大的拉伸正应力，当最大弯曲正应力大于轴力引起的正应力时，下边缘达到最大压缩正应力，如图 8-16f 所示。利用叠加原理，轴力和弯矩均在横截面上引起正应力，可以直接求代数和，可得到轴力和弯矩共同作用下截面 A 上的正应力分布，$\sigma = \sigma_N + \sigma_M$，如图 8-16d 所示。

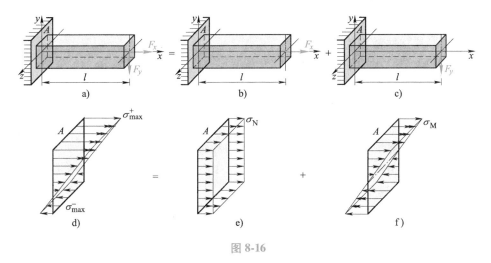

图 8-16

危险截面 A 上边缘的最大拉应力为 $\sigma_{max}^+ = \dfrac{F_N}{A} + \dfrac{M_{max}}{W_z}$。若 $\dfrac{F_N}{A} < \dfrac{M_{max}}{W_z}$，则在危险截面 A 的下边缘形成最大的压应力，其绝对值为 $|\sigma_{max}^-| = \left| \dfrac{F_N}{A} - \dfrac{M_{max}}{W_z} \right|$。考虑拉压强度相等的材料，则可建立的强度条件为

$$\sigma_{max}^{+} = \frac{F_N}{A} + \frac{M_{max}}{W_z} \leqslant [\sigma] \tag{8-17}$$

若材料的拉压强度不等，而危险截面上又同时存在最大拉应力和最大压应力，则需分别建立强度条件。

由式（8-17）可以看出，截面面积 A 是截面尺寸长度的平方项，而抗弯截面系数 W_z 是截面尺寸长度的三次方，直接利用该公式设计构件的截面尺寸略有一些数学上的困难。一般来说，对于细长构件受弯矩和轴力共同作用的问题，弯曲正应力往往是引起强度问题的主要因素，故可在设计时先不考虑轴力引起的正应力项，仅考虑弯曲正应力来设计截面，然再后考虑轴力引起的正应力适当修改截面尺寸，最后代入式（8-17）加以校核。

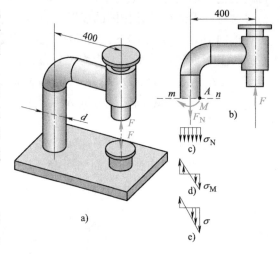

图 8-17

例题 8-11　如图 8-17a 所示的钻床，其立柱截面为实心圆，材料为铸铁，许用拉应力 $[\sigma^{+}] = 35\text{MPa}$，若 $F = 15\text{kN}$，试设计钻床立柱的直径。

解：1）研究立柱 m—n 横截面的上部分，如图 8-17b 所示，分析其上的内力分量。由平衡条件可以得到截面上的轴力和弯矩分别为

$F_N = F = 15\text{kN}$，$M = F \times 400\text{mm} = 15 \times 10^3\text{N} \times 400\text{mm} = 6 \times 10^6\text{N} \cdot \text{mm}$

2）分析横截面上的应力。

横截面上由轴力、弯矩引起的正应力分布分别如图 8-17c、d 所示。它们共同作用下的正应力分布如图 8-17e 所示。从应力分布可以看出，立柱的危险点位于其内侧的点 A，其上的正应力大小为

$$\sigma = \sigma_N + \sigma_M = \frac{F_N}{A} + \frac{M}{W_z}$$

3）根据强度条件设计立柱的直径。由式（8-17）得

$$\sigma_A = \frac{F_N}{A} + \frac{M}{W_z} = \frac{F_N}{\dfrac{\pi d^2}{4}} + \frac{M}{\dfrac{\pi d^3}{32}} \leqslant [\sigma]$$

代入数据，经整理后，可得

$$d^3 - 546d - 1.75 \times 10^6 \geqslant 0$$

解以上不等式，可得 $d \geqslant 122\text{mm}$。

按照上述方法直接设计直径需要求解一个略为复杂的不等式。为避免计算上的困难，可以在设计时先不考虑轴力引起的正应力，则有

$$\frac{M}{W_z} = \frac{6 \times 10^6 \text{N} \cdot \text{mm}}{\dfrac{\pi d^3}{32} \text{mm}^3} \leqslant [\sigma]$$

$$d \geqslant \sqrt[3]{\frac{32 \times 6 \times 10^6 \text{N} \cdot \text{mm}}{\pi \times 35\text{MPa}}} = 120\text{mm}$$

取设计直径 $d = 120\text{mm}$ 将结果代入式（8-17）进行校核，可得

$$\sigma_A = \frac{F_N}{\dfrac{\pi d^2}{4}} + \frac{M}{\dfrac{\pi d^3}{32}} = \frac{15 \times 10^3 \text{N}}{\dfrac{\pi \times 120^2}{4} \text{mm}^2} + \frac{6 \times 10^6 \text{N} \cdot \text{mm}}{\dfrac{\pi \times 120^3}{32} \text{mm}^3}$$

$$= 1.33\text{MPa} + 35.37\text{MPa} = 36.70\text{MPa} > [\sigma] = 35\text{MPa}$$

强度略微不足，可适当增大设计直径，取 $d = 122\text{mm}$ 进行校核，可得

$$\sigma_A = \frac{F_N}{\dfrac{\pi d^2}{4}} + \frac{M}{\dfrac{\pi d^3}{32}} = \frac{15 \times 10^3 \text{N}}{\dfrac{\pi \times 122^2}{4} \text{mm}^2} + \frac{6 \times 10^6 \text{N} \cdot \text{mm}}{\dfrac{\pi \times 122^3}{32} \text{mm}^3}$$

$$= 1.28\text{MPa} + 33.66\text{MPa} = 34.94\text{MPa} < [\sigma] = 35\text{MPa}$$

强度符合要求，故取设计直径 $d = 122\text{mm}$ 是合理的。

有一些受轴向拉伸或压缩的杆件，由于功能要求或制造、装配误差等方面的原因，其所受轴向外力 F 与杆的轴线有所偏离，这种情况称为偏心受拉（压）。如图 8-18a 所示。

处理偏心拉（压）的情况，可以考虑将偏心力向轴心进行静力等效的简化处理，如图 8-18b 所示。此时偏心力 F 可以用一个等值的轴向力 F' 和一个附加力偶 $M' = Fe$ 代替，其中 e 是偏心距。根据圣维南原理，虽然两者在载荷作用的附近应力分布是不同的，但是在离开载荷作用处稍远的位置，两者在杆件内所产生的应力分布基本相同。通过截面法，可以得到横截面 $m-n$ 上的内力分量和应力分布，如图 8-18c、d 所示。类似地，按照式（8-17）进行强度计算，这里不再赘述。

（2）弯曲与扭转组合变形 传动轴、齿轮轴等轴类构件，在传递扭矩的同时，往往还会发生弯曲变形。轴的横截面上存在由弯矩引起的正应力和由扭矩引起的切应力，这时候需要分析轴上的危险点的应力状态进行应力和强度的计算。以图 8-19a 所示的操作手柄为例，说明弯曲和扭转组合变形下的强度计算。

手柄的 AB 段截面为实心圆，直径为 d，A 端可视为固定端约束，集中力 F

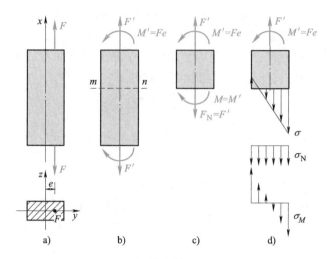

图 8-18

作用在点 C。若考虑 AB 段的强度问题，可以将分析过程简单分为三个步骤：

1）外力分析。利用静力等效的方法，将集中力简化至 AB 段 B 截面的形心处，此时 AB 段的受力简图如图 8-19b 所示，力系简化所带来的附加力偶 $M' = Fa$，使其发生扭转变形；集中力 $F' = F$，使其发生弯曲变形。

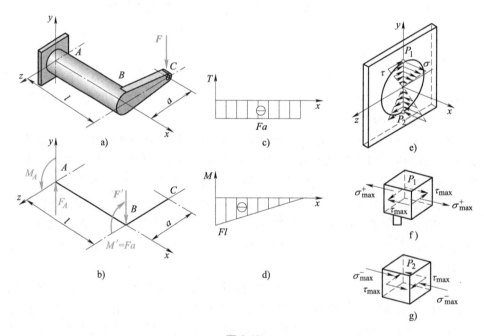

图 8-19

2）内力分析。分别画出附加力偶 M' 单独作用下 AB 段的扭矩图，画出集中力 F' 单独作用下 AB 段的弯矩图，如图 8-19c、d 所示。显然，截面 A 上的内力最大，是危险截面。其扭矩和弯矩分别为 $T_A=-Fa$，$M_A=-Fl$。

3）应力分析。画出弯曲正应力 σ 和扭转切应力 τ 在危险截面 A 上的分布，如图 8-19e 所示。显然，截面在 y 方向上的两个端点 P_1 和 P_2 处，σ、τ 均达到最大值，所不同的是点 P_1 为最大拉应力，而点 P_2 为最大压应力。对于抗拉能力和抗压能力相同的材料，这两点都是危险点。分别画出这两点的单元体，如图 8-19f、g 所示。两个单元体上的正应力，切应力分别按下式计算：

$$\sigma_{max} = \frac{M_A}{W_z} = \frac{Fl}{\dfrac{\pi d^3}{32}} = \frac{32Fl}{\pi d^3}, \tau_{max} = \frac{T_A}{W_p} = \frac{Fa}{\dfrac{\pi d^3}{16}} = \frac{16Fa}{\pi d^3}$$

4）强度分析。危险点 P_1 或 P_2 既不是单向拉压问题，也不是纯剪切问题，显然不能简单地使用 $\sigma_{max} \leq [\sigma]$，$\tau_{max} \leq [\tau]$ 这样的强度条件，即便上面两个条件都满足，也不一定能够保证构件的强度安全。事实上，危险点 P_1 和 P_2 的应力状态（图 8-19f、g）与图 8-1 所示的单元体应力状态是类似的，而传动轴、齿轮轴等通常都采用结构钢制成，其主要失效形式是塑性屈服，因此可按照式（8-11）、式（8-12）分别计算其第三强度理论、第四强度理论的相当应力，由此建立强度条件

$$\sigma_{r3} = \sqrt{\sigma^2 + 4\tau^2} \leq [\sigma] \tag{8-18}$$

$$\sigma_{r4} = \sqrt{\sigma^2 + 3\tau^2} \leq [\sigma] \tag{8-19}$$

若杆件为圆截面，注意到有 $W_p = 2W_z$，而 $\sigma = M/W_z$，$\tau = T/W_p$，将这些关系代入式（8-18）、式（8-19），则可得以内力表示的强度条件

$$\sigma_{r3} = \frac{1}{W_z}\sqrt{M^2 + T^2} \leq [\sigma] \tag{8-20}$$

$$\sigma_{r4} = \frac{1}{W_z}\sqrt{M^2 + 0.75T^2} \leq [\sigma] \tag{8-21}$$

式中，M 和 T 分别是危险截面上的弯矩和扭矩；W_z 为抗弯截面系数。应用式（8-20）、式（8-21）时需要注意，杆件的横截面必须是圆或空心圆；杆件仅受弯扭组合的作用（危险点的应力状态与图 8-1 所示一致），如果杆件还承受轴向力，则应考虑将轴向力引起的正应力和弯矩引起的正应力进行叠加得到 σ，然后利用式（8-18）或式（8-19）进行强度计算。

例题 8-12 如图 8-20a 所示的电动机的功率 $P=9\mathrm{kW}$，匀速转动的传动轴转速 $n=715\mathrm{r/min}$（rpm），带轮的直径 $D=250\mathrm{mm}$，带轮松边张力为 F，紧边张力为 $2F$。电动机外伸部分长度 $l=120\mathrm{mm}$，轴的直径 $d=40\mathrm{mm}$，若许用应力 $[\sigma]=60\mathrm{mm}$，用第四强度理论校核电动机轴的强度。

分析：电动机传动轴受到带轮松紧边的张力作用，因此有弯曲变形；松边和紧边张力不同，对轴产生外加力偶矩，轴有扭转变形，故电动机轴是弯扭组合变形。电动机轴做匀角速转动，根据对轴线的力矩平衡方程计算出带上的张力。做内力分析，确定危险截面。传动轴是实心圆截面，故可按式（8-21）进行强度校核。

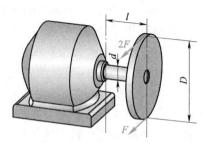

a)

解：1）计算带的拉力。

由电动机的功率和转速，计算作用在轴上的外力偶矩

$$M_e = 9549 \frac{P}{n} = 9549 \times \frac{9\text{kW}}{715\text{r/min}}$$

$$= 120.2\text{N} \cdot \text{m}$$

该轴做匀角速转动，根据 $\sum M_x = 0$，有

$$2F \times \frac{D}{2} - F \times \frac{D}{2} - M_e = 0$$

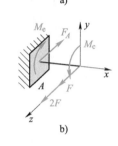

b)

图 8-20

计算得

$$F = \frac{2M_e}{D} = \frac{2 \times 120.2\text{N} \cdot \text{m}}{250 \times 10^{-3}\text{m}} = 961.6\text{N}$$

2）内力分析。

将作用在带轮上的力向轴线进行简化，轴右端视为自由端而左端为固定端，得到其受力简图如图 8-20b 所示。其中附加力偶 $M_e = 120.2\text{N} \cdot \text{m}$。由于问题比较简单，可以不必画出弯矩图和扭矩图，可直接判断固定端截面 A 是危险截面，其上的弯矩和扭矩分别为

$$M_A = (2F + F)l = 3 \times 961.6 \times 120\text{N} \cdot \text{mm} = 3.462 \times 10^5\text{N} \cdot \text{mm}$$

$$T_A = M_e = 120.2\text{N} \cdot \text{m} = 1.202 \times 10^5\text{N} \cdot \text{mm}$$

3）强度校核。

应用第四强度理论，由式（8-21）有

$$\sigma_{r4} = \frac{1}{W_z}\sqrt{M^2 + 0.75T^2} = \frac{32}{\pi d^3}\sqrt{M^2 + 0.75T^2}$$

$$= \frac{32}{\pi \times 40^3 \text{ mm}^3}\sqrt{(3.462 \times 10^5\text{N} \cdot \text{mm})^2 + 0.75 \times (1.202 \times 10^5\text{N} \cdot \text{mm})^2}$$

$$= 57.53\text{MPa} < [\sigma] = 60\text{MPa}$$

所以电动机轴满足强度要求。

在本例中，电动机轴的危险截面上只有作用在一个平面内的弯矩。实际工程中，传动轴的危险截面上可能存在作用于两个相互垂直平面内的弯矩，如图 8-21a 所示。若轴的横截面是圆截面，对任意一条过圆心与横截面平行的轴线的抗弯截面系数都是相同的，因此当危险截面上有两个弯矩 M_y 和 M_z 同时作用时，

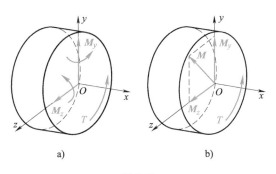

图 8-21

可采用矢量求和的方法，确定危险面上总弯矩 M，这个总弯矩通常被称为合成弯矩，其大小 $M = \sqrt{M_y^2 + M_z^2}$，合成弯矩的方向，如图 8-21b 所示。注意下标 y 和 z 表示弯矩矢量的坐标轴指向。

例题 8-13　如图 8-22a 所示的钢制传动圆截面轴有两个带轮 A 和 B，两个轮的直径 $D = 800\text{mm}$，轮的自重 $W = 4\text{kN}$。已知 $F_1 = F_3 = 5\text{kN}$，$F_2 = F_4 = 2\text{kN}$，$l_1 = 0.3\text{m}$，$l_2 = 0.5\text{m}$。轴的许用应力 $[\sigma] = 80\text{MPa}$，试按照第三强度理论设计轴的直径 d。

分析：轮轴为弯扭组合变形。首先将所有外力向轴线简化，通过向两个垂直平面进行投影，计算支座反力，并绘制相应的内力图，确定危险截面。按照强度条件设计轴的直径。

解：1）绘制受力简图。

将各力向作用截面的形心简化，得到图 8-22b 所示的受力简图。其中

$$M_{eA} = M_{eB} = (F_1 - F_2) \times \frac{D}{2}$$

$$= 3\text{kN} \times \frac{0.8\text{m}}{2} = 1.2\text{kN} \cdot \text{m}$$

2）内力分析。

由图可知，AB 段有扭矩作用，扭矩图如图 8-22e 所示，扭矩

$$T = 1.2\text{kN} \cdot \text{m}$$

将外力向 x-y 平面投影，得到图 8-22c 所示的受力简图，由平衡方程可求得约束力

$$F_{Cy} = 10.7\text{kN}, F_{Dy} = 4.3\text{kN}$$

画出 x-y 平面内的弯矩图，如图 8-22f 所示。

将外力向 x-z 平面投影，由平衡方程得到约束力

$$F_{Cz} = 9.1\text{kN}, F_{Dz} = -2.1\text{kN}$$

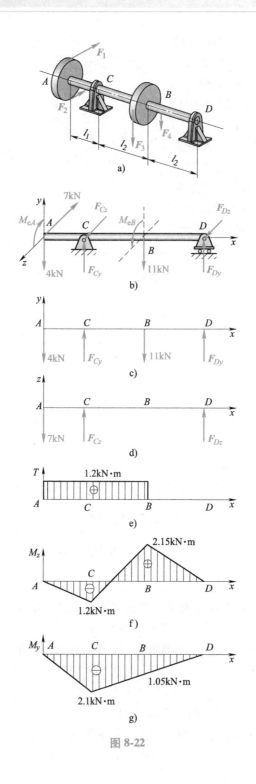

图 8-22

画出如图 8-22g 所示的 x-z 平面内的弯矩图。

从内力图可以看出，截面 B、C 有可能是危险截面，由于存在两个平面内的弯矩，同时该轴是圆截面，故可计算出截面 B、C 上的合成弯矩分别为

$$M_B = \sqrt{(2.15\text{kN} \cdot \text{m})^2 + (1.05\text{kN} \cdot \text{m})^2} = 2.39\text{kN} \cdot \text{m}$$

$$M_C = \sqrt{(1.2\text{kN} \cdot \text{m})^2 + (2.1\text{kN} \cdot \text{m})^2} = 2.42\text{kN} \cdot \text{m}$$

由于 $M_C > M_B$，故截面 C 是危险截面。

3）设计轴的直径。本问题满足使用式（8-20）的条件，可直接用该式进行计算。

$$\sigma_{r3} = \frac{1}{W_z}\sqrt{M^2 + T^2} = \frac{32}{\pi d^3}\sqrt{M^2 + T^2} \leqslant [\sigma]$$

$$d \geqslant \sqrt[3]{\frac{32\sqrt{M_C^2 + T^2}}{\pi[\sigma]}} = \sqrt[3]{\frac{32\sqrt{(2.42\text{kN} \cdot \text{m})^2 + (1.2\text{kN} \cdot \text{m})^2}}{\pi \times 80\text{MPa}}}$$

$$= \sqrt[3]{\frac{32 \times 2.70 \times 10^6 \text{N} \cdot \text{mm}}{\pi \times 80\text{MPa}}} = 70.06\text{mm}$$

第三强度理论设计偏安全，故可取设计直径 $d = 70\text{mm}$。

思考题

8-1 试说明什么是安全因数、许用应力。影响安全因数的主要因素有哪些？除了本书中提及的那些因素以外，试通过文献检索的方法思考还有哪些因素会影响安全因数或许用应力的取值。

8-2 试分析安全因数取值的大小对杆件设计尺寸的影响。

8-3 阅读以下文字和思考题 8-3 图，用本章知识揭露所谓的"大师轻功"是骗人的伪科学。

记者说，某气功大师在某地举行公开的轻功展示报告，有成千上万的人听讲。气功师表演轻功时，用两个封闭的纸环套在荧光灯的两端，在下面再套上另一支荧光灯管。他双手握着下面的荧光灯管，整个人离开地面悬空，牛皮纸环竟然不被拉断。所有观众无不目瞪口呆。

提示：通过文献检索获取牛皮纸的抗拉强度和厚度范围，再根据强度条件分析其极限载荷。

8-4 在建立连接件剪切强度条件和挤压强度条件时，分别做了哪种假设？

8-5 连接件强度设计中的挤压应力和杆件轴向压缩应力有什么区别？

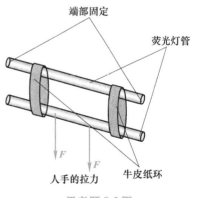

思考题 8-3 图

8-6 什么是强度理论？为什么要提出强度理论？

8-7 简述四种强度理论的基本观点及其适用条件。脆性材料在强度设计时是否只能采用第一和第二强度理论？塑性材料在强度设计时是否只能采用第三和第四强度理论？

8-8 若塑性材料中某点的最大拉应力 $\sigma_{max} = \sigma_s$，则该点一定会产生屈服；若脆性材料中某点的最大拉应力 $\sigma_{max} = \sigma_b$，则该点一定会产生断裂。上述两种说法是否正确？为什么？

8-9 思考题 8-9 图所示的焊接工字钢简支梁，若不能忽略剪力造成的影响，试分析横截面上 A、B、C 三点的应力状态，若这三个点都可能是危险点，应对这三个点建立何种强度条件进行强度校核？

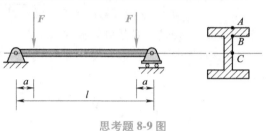

思考题 8-9 图

8-10 冬天的铸铁自来水管会因为结冰而胀裂，但管内的冰却不会破坏，试解释其原因。

8-11 求解组合变形问题的基本原理是什么？其适用条件是什么？求解组合变形问题的基本步骤是什么？

8-12 以下三种形式的强度条件，其适用范围有何区别？原因是什么？

$$\sigma_{r3} = \sigma_1 - \sigma_3 \leqslant [\sigma]$$

$$\sigma_{r3} = \sqrt{\sigma^2 + 4\tau^2} \leqslant [\sigma]$$

$$\sigma_{r3} = \frac{1}{W_z}\sqrt{M^2 + T^2} \leqslant [\sigma]$$

8-13 若钢质圆截面杆件的横截面上存在有弯矩、轴力和扭矩，且三者引起的正应力和切应力处于同一量级，此时应如何建立强度条件？

8-14 例题 8-6 选择第一强度理论，请问本问题是否可选择第二强度理论或第三、第四强度理论，说明理由。

习 题

8-1 简易儿童秋千由两根尼龙绳吊挂，若考虑尼龙绳露天使用存在的磨损、老化等多种不利因素后，取其许用应力 $[\sigma] = 4\text{MPa}$。若尼龙绳的直径 $d = 10\text{mm}$，试确定能够玩耍该秋千的儿童的体重限定值。

8-2 如习题 8-2 图所示结构，钢质杆 AC 截面为圆，其直径为 16mm，许用应力 $[\sigma] = 160\text{MPa}$，铜质杆 BC 截面为正方形，边长为 20mm，许用拉应力为 $[\sigma^+] = 100\text{MPa}$。结构所受的拉力 $F = 40\text{kN}$，试校核该结构的安全性。

8-3 如习题 8-3 图所示的雨篷结构简图，假定横梁 AB 是刚性的，上面受到均布载荷 $q = 2\text{kN/m}$ 的作用。梁

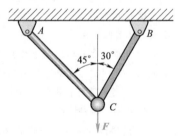

习题 8-2 图

的 B 端由圆截面钢丝绳 BC 拉住，若钢丝绳的许用应力 $[\sigma]=120$MPa，试计算钢丝绳所需要的直径 d。

8-4 钢木结构的桁架如习题 8-4 图所示，1、2 两杆为木质杆，其横截面面积 $A_1=A_2=4000$mm^2，许用应力 $[\sigma_木]=20$MPa；3、4 两杆为钢质杆，其横截面面积 $A_3=A_4=800$mm^2，许用应力 $[\sigma_钢]=120$MPa，结构尺寸均在图中标出。求结构的许可载荷 $[F]$。

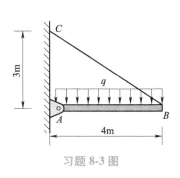

习题 8-3 图

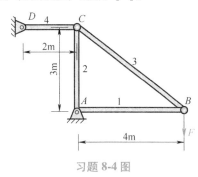

习题 8-4 图

8-5 实心圆轴直径 $d=50$mm，材料的许用切应力 $[\tau]=55$MPa，轴的转速 $n=300$r/min，（1）试按照扭转强度要求确定该轴能够传递的功率 P；（2）若转速提高到 $n_1=600$r/min，而传递的功率不变，则此时需要多大的传动轴直径？（3）减速器有高速输入轴和低速输出轴，为安全起见，需要设置制动器，根据本题的结果，思考制动器应安装在高速轴还是低速轴？

8-6 如习题 8-6 图所示的牙嵌联轴器，左端空心轴外径 $d_1=50$mm，内径 $d_2=30$mm，右端实心轴直径 $d=40$mm。材料的许用切应力 $[\tau]=80$MPa，工作力矩 $M_e=1000$N·m，校核轴的扭转强度。

8-7 如习题 8-7 图所示的变截面轴，已知 $M_e=2$kN·m，AB 段直径 $d_1=75$mm，BC 段直径 $d_2=50$mm，若材料的剪切屈服极限 $\tau_s=163$MPa，此结构工作状态下的安全因数最大是多少？

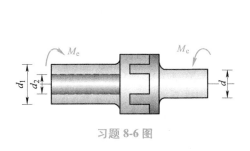

习题 8-6 图

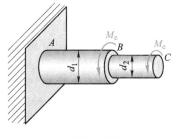

习题 8-7 图

8-8 如习题 8-8 图所示的受均布载荷作用的简支梁，已知 $l=3$m，$[\sigma]=140$MPa，$q=2$kN/m，若其横截面是矩形，且宽高比 $b:h=1:2$，设计截面的尺寸 b 和 h。

8-9 外伸梁如习题 8-9 图所示，作用力 $F_1=200$N，$F_2=400$N，梁材料的许用应力 $[\sigma]=$

80MPa，$a=1$m。梁横截面为圆形，直径 $d=30$mm，试校核该梁的强度。

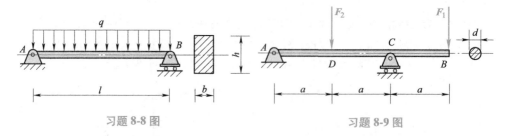

习题 8-8 图　　　　　　　　　　　　　　习题 8-9 图

8-10　铸铁悬臂梁的尺寸和受力如习题 8-10 图所示，其中 $y_1=96.4$mm，$y_2=153.6$mm，$F=20$kN。已知材料的许用拉应力 $[\sigma^+]=25$MPa，许用压应力 $[\sigma^-]=40$MPa。截面对中性轴的惯性矩 $I_z=1.02\times10^8$mm^4，试校核该梁的强度。

8-11　梁 AD 是 No.10 工字钢，点 B 处由钢制圆杆 CB 悬挂。已知圆杆的直径 $d=20$mm，梁 AD 和杆 BC 的许用应力都是 $[\sigma]=160$MPa，结构尺寸如习题 8-11 图所示，求许可均布载荷 $[q]$。

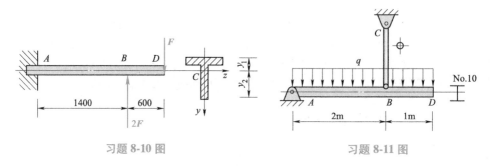

习题 8-10 图　　　　　　　　　　　　　　习题 8-11 图

*8-12　如习题 8-12 图所示简支梁，在 C、D 两点处分别作用有集中力 $F_1=110$kN、$F_2=50$kN。结构的几何尺寸均已在图中标出。材料的许用拉应力 $[\sigma]=160$MPa，许用切应力 $[\tau]=100$MPa。（1）若截面采用正方形截面，试设计截面的边长。（2）若选用工字钢，试选择适当的工字钢型号。（提示：按照正应力强度条件设计截面，校核切应力强度，若切应力强度条件不满足，则按切应力强度条件设计截面或选择大一型号的型钢进行校核。）

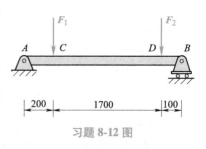

习题 8-12 图

8-13　销钉连接如习题 8-13 图所示，外力 $F=8$kN，销钉直径 $d=8$mm。材料的许用切应力 $[\tau]=60$MPa，试校核销钉的抗剪强度，若强度不足，则重新选择销钉的直径 d。

8-14　铆钉连接如习题 8-14 图所示，外力 $F=5$kN，$t_1=t_2=10$mm，铆钉材料的许用切应力 $[\tau]=60$MPa，被连接板材的许用挤压应力 $[\sigma_{bs}]=125$MPa。若铆钉的直径 $d=12$mm，试校核该连接处的强度。

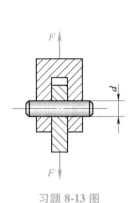

习题 8-13 图

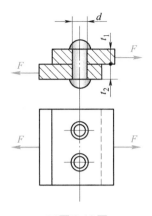

习题 8-14 图

8-15 如习题 8-15 图所示的传动轴，直径 $d = 50\text{mm}$，用平键传递的力偶 $M = 1600\text{N} \cdot \text{m}$。已知，键的材料许用切应力 $[\tau] = 80\text{MPa}$，许用挤压应力 $[\sigma_{bs}] = 240\text{MPa}$，键的尺寸 $b = 10\text{mm}$，$h = 10\text{mm}$，试设计键的长度。

8-16 习题 8-16 图所示直径为 30mm 的心轴上安装一个手摇柄，两者用平键 K 连接，键长 36mm，截面为边长 8mm 的正方形。材料的许用切应力 $[\tau] = 56\text{MPa}$，许用挤压应力 $[\sigma_{bs}] = 200\text{MPa}$，若力 $F = 300\text{N}$，校核键的强度。

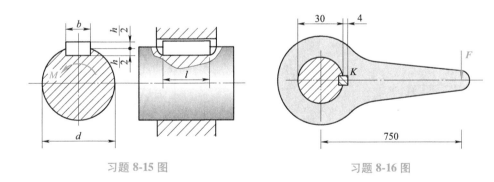

习题 8-15 图　　　　　　　　　　　　习题 8-16 图

8-17 压力机允许最大载荷 $F = 600\text{kN}$，为防止过载而利用习题 8-17 图所示环状保险器，当过载时，保险器先被剪断。已知 $D = 50\text{mm}$，材料的极限切应力 $\tau_b = 200\text{MPa}$，试确定保险器的尺寸 δ。

8-18 如习题 8-18 图所示的构件由两块钢板焊接而成。已知作用在钢板上的拉力 $F = 300\text{kN}$，焊缝高度 $h = 10\text{mm}$，焊缝的许用切应力 $[\tau] = 100\text{MPa}$，试求所需焊缝的长度 l。（提示：焊缝破坏时，沿着焊缝最小宽度 n—n 的纵向截面被剪断。焊缝的横截面可视为等腰直角三角形。）

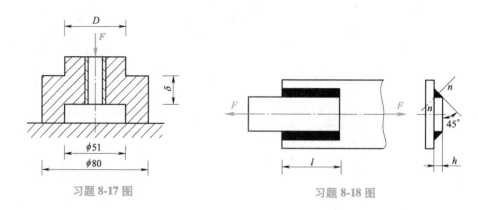

习题 8-17 图   习题 8-18 图

8-19 已知某构件上危险点的三个主应力分别为（1）$\sigma_1 = 100\text{MPa}$，$\sigma_2 = 60\text{MPa}$，$\sigma_3 = 0\text{MPa}$（2）$\sigma_1 = 10\text{MPa}$，$\sigma_2 = -10\text{MPa}$，$\sigma_3 = -50\text{MPa}$。分别就上述两种情况计算第一强度理论、第三强度理论和第四强度理论的相当应力。

8-20 有一铸铁零件，其危险点处单元体的应力状态如习题 8-20 图所示，已知材料的许用应力 $[\sigma^+] = 35\text{MPa}$，$[\sigma^-] = 105\text{MPa}$，泊松比 $\nu = 0.3$，试用第二强度理论校核其强度。

8-21 如习题 8-21 图所示的压力容器，壁厚为 δ，内径为 D，受到内压 p 作用。其外表面上一点的应力状态已给出，其中 $\sigma_1 = \dfrac{pD}{2\delta}$，$\sigma_2 = \dfrac{pD}{4\delta}$。试按第一、第三、第四强度理论建立强度条件，并讨论应用哪种强度条件更为合理。

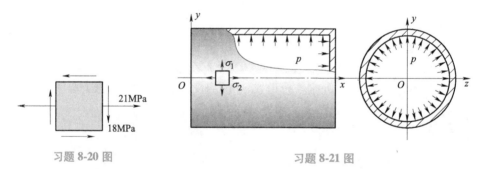

习题 8-20 图   习题 8-21 图

8-22 铸铁薄壁圆筒如习题 8-22 图所示，已知筒的外径为 200mm，壁厚 $t = 15\text{mm}$；内压 $p = 4\text{MPa}$，轴向载荷 $F = 200\text{kN}$；铸铁的许用拉应力 $[\sigma_t] = 30\text{MPa}$，许用压应力 $[\sigma_c] = 120\text{MPa}$，泊松比 $\nu = 0.25$。试用第二强度理论校核该薄壁圆筒的强度。

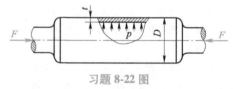

习题 8-22 图

8-23 如习题 8-23 图所示，内径 $D = 500\text{mm}$、壁厚 $\delta = 10\text{mm}$ 的薄壁圆筒承受内压 p。现用电测法测得其周向线应变 $\varepsilon_A = 3.5 \times 10^{-4}$、轴向线应变 $\varepsilon_B = 1 \times 10^{-4}$。已知材料的弹性模量 $E = 200\text{ GPa}$、泊松比 $\nu = 0.25$。试求：

（1）筒壁的轴向应力、周向应力以及内压力 p；

（2）若材料的许用应力 $[\sigma]=80\text{MPa}$，试用第四强度理论校核该容器的强度。

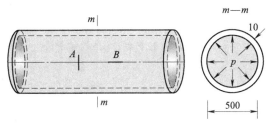

习题 8-23 图

8-24 如习题 8-24 图所示为 14 工字钢悬臂梁受力情况。已知 $l=0.8\text{m}$，$F_1=2.5\text{kN}$，$F_2=1\text{kN}$，试求危险截面上的最大正应力。

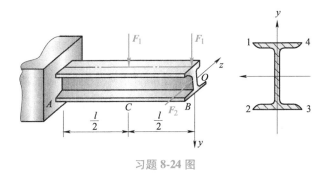

习题 8-24 图

8-25 如习题 8-25 图所示，矩形截面直角折杆 ABC 受力 F 的作用。已知 $\alpha=\arctan 4/3$，$a=l/4$，$l=12h$。试求杆内横截面上的最大正应力，并绘制危险截面上的正应力分布图。

8-26 一拉杆如习题 8-26 图所示，截面原为边长为 a 的正方形，拉力 F 与杆轴线重合，后因使用上的需要，开一深 $a/2$ 的切口。试求杆内的最大拉、压应力。并问最大拉应力是截面削弱前拉应力的几倍？

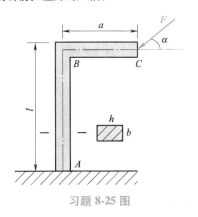

习题 8-25 图

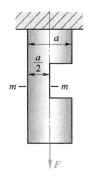

习题 8-26 图

8-27 如习题 8-27 图所示的链环，其横截面圆的直径 $d=4\text{mm}$，$a=12\text{mm}$，材料的许用应力 $[\sigma]=100\text{MPa}$，试求许可载荷 $[F]$。

8-28 铸铁材料制成的压力机框架，其 $[\sigma^+]=30\text{MPa}$，$[\sigma^-]=80\text{MPa}$，立柱截面尺寸如习题 8-28 图所示。压力机的工作载荷 $F=12\text{kN}$。已知截面对 z 轴的惯性矩 $I_z=488\text{cm}^4$，截面面积 $A=48\text{cm}^2$，$y_1=40.5\text{mm}$，$y_2=59.5\text{mm}$，试校核该框架立柱的强度。

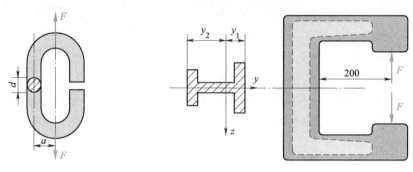

习题 8-27 图　　　　　　　　　　　习题 8-28 图

8-29 如习题 8-29 图所示的起重支架，梁 AB 采用两根槽钢对面布置，其材料的许用应力 $[\sigma]=140\text{MPa}$。已知 $a=3\text{m}$，$b=1\text{m}$，$F=36\text{kN}$。试选择槽钢的型号。

8-30 矩形截面的偏心拉杆如习题 8-30 图所示。已知拉杆的弹性模量 $E=200\text{GPa}$，拉力 F 的偏心距 $e=1\text{cm}$，$b=2\text{cm}$，$h=6\text{cm}$。在拉杆下侧与轴线平行的方向贴有电阻应变片，测得应变 $\varepsilon=100\times10^{-6}$，试求拉力 F 的大小。

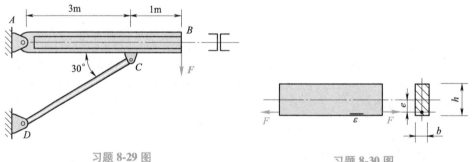

习题 8-29 图　　　　　　　　　　　习题 8-30 图

8-31 单臂液压机机架及其立柱的横截面尺寸如习题 8-31 图所示。已知 $F=1600\text{kN}$，材料的许用应力 $[\sigma]=160\text{MPa}$。试校核机架立柱强度。

8-32 如习题 8-32 图所示简支梁用 32a 工字钢制成，跨距 $l=4\text{m}$，许用应力 $[\sigma]=160\text{MPa}$。作用在梁跨中点截面 C 的集中力 $F=30\text{kN}$，F 的作用线与铅直对称轴 y 的夹角 $\alpha=15°$，试校核梁的强度。

8-33 手摇起升装置如习题 8-33 图所示，轴的直径 $d=30\text{mm}$，材料为 Q235，许用应力 $[\sigma]=80\text{MPa}$，试按照第三强度理论确定该装置的最大起吊重量 W。

8-34 如习题 8-34 图所示，直径为 60cm 的两个相同带轮，转速 $n=100\text{r/min}$ 时传递功率

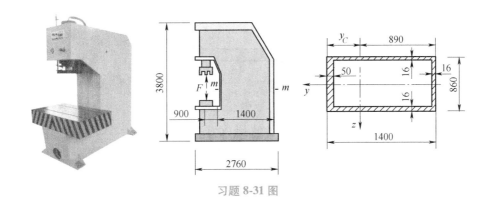

习题 **8-31** 图

$P = 7.36\text{kW}$。C 轮上传动带是水平的，D 轮上传动带是铅垂的。已知传动带拉力 $F_{T2} = 1.5\text{kN}$，$F_{T1} > F_{T2}$。若材料的许用应力 $[\sigma] = 80\text{MPa}$，试按第三强度理论选择轴的直径，带轮的自重略去不计。

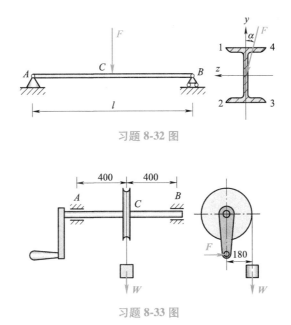

习题 **8-32** 图

习题 **8-33** 图

8-35 如习题 8-35 图所示曲轴的 AB 段直径 $d = 12\text{mm}$，尺寸 $l = 80\text{mm}$，$a = 60\text{mm}$。材料的许用应力 $[\sigma] = 120\text{MPa}$，载荷 $F = 200\text{N}$，不考虑 BC 部分的强度，试利用第四强度理论校核曲轴的强度。

8-36 习题 8-36 图所示为圆盘铣刀机刀杆结构简图，电动机的驱动力矩为 M_0，铣刀片直径 $D = 90\text{mm}$，铣刀切向切削力 $F_t = 2.2\text{kN}$，径向切削力 $F_r = 0.7\text{kN}$。$a = 160\text{mm}$。刀杆的材料的许用应力 $[\sigma] = 80\text{MPa}$，试按照第三强度理论设计刀杆的直径 d。

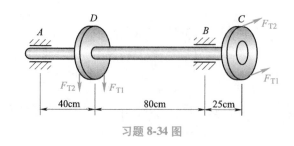

习题 8-34 图

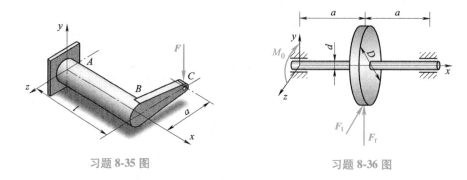

习题 8-35 图   习题 8-36 图

8-37 如习题 8-37 图所示圆截面轴，装有 2 个直径相同的带轮 A 和 B，$D_A = D_B = 1\text{m}$；重量 $W_A = W_B = 5\text{kN}$。轮 A 上的带拉力沿水平方向，轮 B 上的带拉力沿铅直方向，拉力的大小为 $F_A = F_B = 5\text{kN}$，$F'_A = F'_B = 2\text{kN}$。设许用应力 $[\sigma] = 80\text{MPa}$，试按第三强度理论确定圆轴直径 d。

*8-38 如习题 8-38 图所示飞机起落架的折轴为圆柱形管，内径 $d = 70\text{mm}$，外径 $D = 80\text{mm}$，承受载荷 $F_1 = 1\text{kN}$，$F_2 = 4\text{kN}$，材料的许用应力 $[\sigma] = 100\text{MPa}$，试按第三强度理论校核折轴的强度。

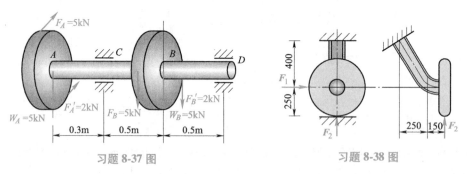

习题 8-37 图   习题 8-38 图

第9章

杆件的变形分析及刚度设计

杆件在受到外力的作用下会发生变形，不同的内力会引起不同的变形，构件受力变形的程度用变形位移来度量。过大的变形会影响结构或机构的正常使用，例如齿轮轴产生过大的变形会影响齿间的啮合。因此工程上对受力构件的变形有一定的限制。当然，在一些特定的场合又需要较大的位移，因此计算杆件在不同内力下的变形位移是有实际意义的。

本章主要讨论杆件在基本变形中的位移计算，并结合强度和刚度问题，讨论提高构件强度和刚度的措施。

9.1 拉（压）杆的变形与位移

在轴向外力的作用下，杆件的内力是轴力，会使拉压杆沿其轴向尺寸伸长或缩短，同时其横向尺寸将缩短或伸长。轴向尺寸的变化称为轴向变形 Δl，横向尺寸的变化称为横向变形 Δd，如图 9-1a、b 所示，双点画线框表示变形后的构件。

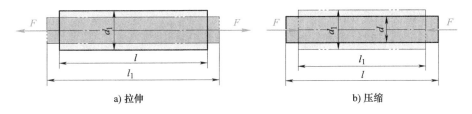

a) 拉伸   b) 压缩

图 9-1

根据拉压杆的试验现象和圣维南原理，等截面直杆在轴向受力下其轴向和横向都处于均匀变形状态，根据式（5-3）、式（5-9）可知，等截面直杆的轴向应变、横向应变以及它们之间的关系为

$$\varepsilon = \frac{\Delta l}{l} , \quad \varepsilon' = \frac{\Delta d}{d} , \quad \varepsilon' = -\nu\varepsilon$$

根据胡克定律 $\sigma = E\varepsilon$，其中 $\sigma = \dfrac{F_N}{A}$，则有

$$\Delta l = \frac{F_{\mathrm{N}}l}{EA} \tag{9-1}$$

式中，F_{N} 为长度为 l 的杆的轴力；E 为材料的弹性模量；A 为杆的横截面面积。利用式（9-1）计算杆的变形量时，应将轴力 F_{N} 的正负符号代入，则 Δl 的正负与轴力 F_{N} 一致，这样计算结果的正负表明了杆件伸长或缩短。EA 称为杆的**抗拉刚度**，对于长度相等且受力相同的杆件，其拉伸（压缩）刚度越大则杆件的变形越小。

根据式（9-1），若杆件所受外力、截面积或者材料发生变化时，需根据具体情况分段研究，计算各段的变形，各段变形的代数和即为杆的总变形：

$$\Delta l = \sum_i \frac{F_{\mathrm{N}i}l_i}{E_i A_i} \tag{9-2}$$

例题 9-1　已知阶梯形直杆受力如图 9-2a 所示，材料的弹性模量 $E = 200\mathrm{GPa}$，杆各段的横截面面积分别为 $A_{AB} = A_{BC} = 1500\mathrm{mm}^2$，$A_{CD} = 1000\mathrm{mm}^2$。试计算杆的总伸长量。

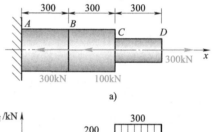

a)

b)

图 9-2

解：1）计算轴力：画轴力图如图 9-2b 所示。

2）计算杆的总伸长量。

因为阶梯杆各段轴力不等，且横截面面积也不完全相同，因而须将杆件分为 AB、BC 和 CD 三段，分别计算各段的变形，然后求和。各段杆的轴向变形分别为

$$\Delta l_{AB} = \frac{F_{NAB}l_{AB}}{EA_{AB}} = \frac{-100 \times 10^3\mathrm{N} \times 300\mathrm{mm}}{200 \times 10^3\mathrm{MPa} \times 1500\mathrm{mm}^2} = -0.1\mathrm{mm}$$

$$\Delta l_{BC} = \frac{F_{NBC}l_{BC}}{EA_{BC}} = \frac{200 \times 10^3\mathrm{N} \times 300\mathrm{mm}}{200 \times 10^3\mathrm{MPa} \times 1500\mathrm{mm}^2} = 0.2\mathrm{mm}$$

$$\Delta l_{CD} = \frac{F_{NCD}l_{CD}}{EA_{CD}} = \frac{300 \times 10^3\mathrm{N} \times 300\mathrm{mm}}{200 \times 10^3\mathrm{MPa} \times 1000\mathrm{mm}^2} = 0.45\mathrm{mm}$$

杆的总伸长量为

$$\Delta l = \sum_{i=1}^{3} \Delta l_i = -0.1\mathrm{mm} + 0.2\mathrm{mm} + 0.45\mathrm{mm} = 0.55\mathrm{mm}$$

例题 9-2　如图 9-3a 所示实心圆钢杆 AB 和 AC 在杆端 A 由销钉连接，在 A 点作用有铅垂向下的力 F。已知 $F = 30\mathrm{kN}$，两杆的截面直径分别为 $d_{AB} = 10\mathrm{mm}$，$d_{AC} = 14\mathrm{mm}$，钢的弹性模量 $E = 200\mathrm{GPa}$。试求 A 点在铅垂方向的位移。

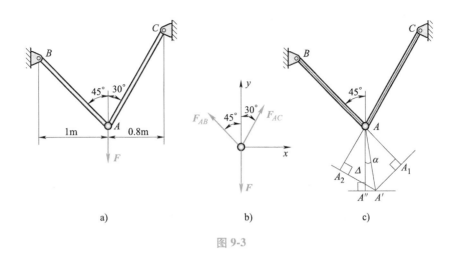

图 9-3

解：1）利用静力平衡条件求二杆的轴力。

根据小变形假设，可以由变形前的尺寸计算杆件的内力。以节点 A 为研究对象，受力如图 9-3b 所示，由节点 A 的平衡条件，有

$$\sum F_x = 0, \qquad F_{AC}\sin30° - F_{AB}\sin45° = 0$$

$$\sum F_y = 0, \qquad F_{AC}\cos30° + F_{AB}\cos45° - F = 0$$

解得，各杆的轴力为

$$F_{AB} = 0.518F = 15.53\text{kN}, F_{AC} = 0.732F = 21.96\text{kN}$$

2）计算杆 AB 和杆 AC 的伸长量。

分别设杆 AB 和杆 AC 的变形量为 $\overline{AA_1}$ 和 $\overline{AA_2}$，由式（9-1），有

$$\overline{AA_1} = \frac{F_{AB}l_{AB}}{EA_{AB}} = \frac{15.53 \times 10^3\text{N} \times \sqrt{2} \times 10^3\text{mm}}{200 \times 10^3\text{MPa} \times \frac{\pi}{4} \times (10)^2\text{mm}^2} = 1.399\text{mm}$$

$$\overline{AA_2} = \frac{F_{AC}l_{AC}}{EA_{AC}} = \frac{21.96 \times 10^3\text{N} \times 1.6 \times 10^3\text{mm}}{200 \times 10^3\text{MPa} \times \frac{\pi}{4} \times 14^2\text{mm}^2} = 1.142\text{mm}$$

3）求点 A 在铅垂方向的位移。

杆 AB 和 AC 在节点 A 由销钉连接。受力变形后，在正常使用范围，两个直杆在节点 A 仍然会相连。欲求节点 A 的位移，可以分别以点 B 和点 C 为圆心，以 $\overline{BA_1}$ 和 $\overline{CA_2}$ 为半径作圆弧，其交点为结构变形后节点 A 的位置。在小变形假设前提下，认为结构的变形非常微小，可以近似用切线代替弧线，以方便计算。这样，过点 A_1 作 AB 的垂线，同样过点 A_2 作 AC 的垂线，得到交点 A'，则可认为点 A' 为杆 AB 和 AC 变形后连接点 A 的位置。由图中的几何关系得

$$\frac{\overline{AA_1}}{\overline{AA'}} = \cos(45° - \alpha), \quad \frac{\overline{AA_2}}{\overline{AA'}} = \cos(30° + \alpha)$$

可得

$$\tan\alpha = 0.12, \quad \alpha = 6.87°$$

$$\overline{AA'} = 1.778\text{mm}$$

则点 A 的铅垂位移为

$$\Delta = \overline{AA''} = \overline{AA'}\cos\alpha = 1.778\text{mm}\cos6.87° = 1.765\text{mm}$$

在工程设计中，对构件不仅有强度要求，也有刚度要求。即构件的变形不能超过规定的值。对于拉压杆，刚度设计准则为

$$\Delta l \leqslant [\Delta l] \tag{9-3}$$

拉压杆的设计以强度设计为主，仅在一些特殊情况下，才需要刚度设计。

9.2 圆轴扭转的变形及刚度计算

工程设计中，对于承受扭转变形的圆轴，除了要求足够的强度外，还要求有足够的刚度，即要求扭转轴在弹性范围内的扭转变形不能超过一定的限度。例如，车床结构中的传动丝杠，若其相对扭转角太大会影响车刀进给动作的准确性，降低加工的精度；又如，若发动机中控制气门动作的凸轮轴相对扭转角过大，会影响气门启闭时间等。对某些重要的轴或传动精度要求较高的扭转轴，均要进行扭转刚度计算。

由式 (5-15) 可得两个相距 $\mathrm{d}x$ 的横截面的相对转动的计算公式：

$$\mathrm{d}\varphi = \frac{T}{GI_\mathrm{p}}\mathrm{d}x$$

对于扭矩 T 为常量的等截面圆轴，由上式积分得到相距为 l 的两个截面间的相对扭转角为

$$\varphi = \int_l \mathrm{d}\varphi = \frac{Tl}{GI_\mathrm{p}} \tag{9-4}$$

式中，G 为轴材料的切变模量；I_p 为第 i 段轴横截面的极惯性矩。GI_p 越大，则相对扭转角越小，GI_p 反映了材料及轴的截面形状和尺寸对弹性扭转变形的影响，称为圆轴的抗扭刚度。

若扭转轴受到多个绕轴线的外力偶作用，或者轴的尺寸、材料发生变化，则可由下式确定两端的相对扭转角：

$$\varphi = \sum_{i=1}^n \varphi_i = \sum_{i=1}^n \frac{T_i l_i}{G_i I_{\mathrm{p}i}} \tag{9-5}$$

为了消除轴的长度对变形的影响，引入单位长度扭转角

$$\theta = \frac{\mathrm{d}\varphi}{\mathrm{d}x} = \frac{T}{GI_\mathrm{p}} \tag{9-6}$$

有些轴类零件若在工作中扭转变形过大，会影响机器的加工精度或产生扭转振动。因此，为了保证机器正常工作，在对此类扭转轴除了做强度要求之外，还要对其扭转变形加以限制，即刚度要求。工程上通常规定其最大单位长度扭转角 θ_max 不能超过规定的许用值 $[\theta]$：

$$\theta_\mathrm{max} = \frac{|T_\mathrm{max}|}{GI_\mathrm{p}} \leqslant [\theta] \tag{9-7}$$

工程上，$[\theta]$ 的单位习惯采用 $(°)/\mathrm{m}$，将国际单位与工程单位换算，则等截面圆轴扭转时的刚度条件

$$\theta_\mathrm{max} = \frac{|T_\mathrm{max}|}{GI_\mathrm{p}} \cdot \frac{180°}{\pi} \leqslant [\theta]((°)/\mathrm{m}) \tag{9-8}$$

式中，$[\theta]$ 称为许用单位长度扭转角（可从有关设计规范中查阅）。

例题 9-3　某传动轴承受的外力偶矩及其长度如图 9-4a 所示，AB 段是空心轴，内外径之比 $\alpha = d/D = 0.8$，BC 段是实心轴。已知轴材料的切变模量 $G = 80\mathrm{GPa}$，许用应力为 $[\tau] = 80\mathrm{MPa}$，许用单位长度扭转角 $[\theta] = 1(°)/\mathrm{m}$。试根据强度条件和刚度条件设计空心轴的外径 D 和实心轴的直径 d。

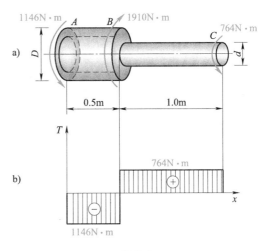

图 9-4

分析：杆件发生扭转变形，其横截面上应力分布情况可知，危险点位于轴的外表面，为纯剪切应力状态，根据式（5-17）、式（8-4）可知，其强度条件为 $\tau_\mathrm{max} = \frac{T}{W_\mathrm{p}} \leqslant [\tau]$，刚度条件可由式（9-8）确定，运用强度条件和刚度条件时，均需先确定扭矩的情况。

解：1) 作扭矩图，如图 9-4b 所示。可知两段内横截面上的扭矩分别为

$$T_{AB} = 1146\mathrm{N} \cdot \mathrm{m}, T_{BC} = 764\mathrm{N} \cdot \mathrm{m}$$

2) 根据强度条件进行设计，由式（5-17）可知

AB 段：
$$\tau_\mathrm{max} = \frac{T_{AB}}{W_{\mathrm{p}空}} = \frac{T_{AB}}{\frac{\pi}{16}D^3(1-\alpha^4)} \leqslant [\tau] = 80\mathrm{MPa}$$

$$D \geqslant \sqrt[3]{\frac{16 \times 1146}{\pi \times (1 - 0.8^4) \times 80 \times 10^6}} \mathrm{m} = 49.6\mathrm{mm}$$

BC 段：
$$\tau_{\max} = \frac{T_{BC}}{W_p} = \frac{T_{BC}}{\frac{\pi d^3}{16}} \leqslant [\tau] = 80\mathrm{MPa}$$

$$d \geqslant \sqrt[3]{\frac{16 \times 764}{\pi \times 80 \times 10^6}} \mathrm{m} = 36.5\mathrm{mm}$$

3）根据刚度条件进行设计

AB 段：$\theta = \dfrac{T_{AB}}{GI_{pAB}} \cdot \dfrac{180°}{\pi} = \dfrac{T_{AB}}{G \times \dfrac{\pi}{32}D^4(1 - \alpha^4)} \cdot \dfrac{180°}{\pi} \leqslant [\theta] = 1(°)/\mathrm{m}$

$$D \geqslant \sqrt[4]{\frac{32 \times 1146\mathrm{N} \cdot \mathrm{m}}{80 \times 10^9\mathrm{Pa} \times \pi \times (1 - 0.8^4) \times 1(°)\mathrm{m}} \times \frac{180°}{\pi}} = 0.0611\mathrm{m} = 61.1\mathrm{mm}$$

BC 段：
$$\theta = \frac{T_{BC}}{GI_{pBC}} \cdot \frac{180°}{\pi} \leqslant [\theta] = 1(°)/\mathrm{m}$$

$$d \geqslant \sqrt[4]{\frac{32 \times 764\mathrm{N} \cdot \mathrm{m}}{80 \times 10^9\mathrm{Pa} \times \pi \times 1°/\mathrm{m}} \cdot \frac{180°}{\pi}} = 0.0486\mathrm{m} = 48.6\mathrm{mm}$$

为使扭转轴同时满足强度条件和刚度条件，轴的直径应选取较大值，考虑到制造方便，对尺寸进行圆整，可取设计直径 $D = 62\mathrm{mm}$，$d = 50\mathrm{mm}$。

9.3 平面弯曲直梁的变形计算

为了保证机构的整体性和设备正常工作，在工程中不仅要求梁有足够的强度，通常还要求其有足够的刚度。

1. 弯曲变形的挠度和转角

梁弯曲时的内力为剪力和弯矩，通常情况下，细长梁的弯曲变形主要是由弯矩引起的，剪力对变形的影响很小，可以忽略不计。

在研究梁的变形位移时，可建立如图 9-5 所示的右手直角坐标系。当梁在 x-y 面内发生弯曲时，梁的轴线由直线变为 x-y 面内的一条光滑连续曲线，称为梁的挠曲线。梁的每一个截面不仅发生了线位移，而且还绕中性轴偏转产生了角位移。

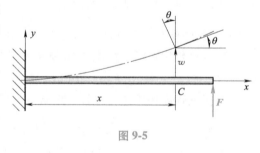

图 9-5

横截面的形心在垂直于弯曲前的轴线方向所产生的线位移称为挠度，并用符号 w 表示。规定挠度向上（与 y 轴同向）为正，向下（与 y 轴反向）为负。在小变形条件下，可忽略沿梁轴线方向的线位移。

横截面绕中性轴的转动角度 θ，称为截面的转角，以逆时针的转角 θ 为正，反之为负。

显然，梁弯曲时，各个截面的挠度和转角均是截面形心坐标 x 的函数。从图 9-5 中可以看到，梁的挠度是沿轴线变化的，可以记为 $w = w(x)$。根据梁弯曲的平面假设，变形前垂直于轴线的横截面，变形后依然与挠曲线垂直。因此，横截面的转角等于挠曲线在该截面处的切线与 x 轴间的夹角，即 $\tan\theta = \dfrac{\mathrm{d}w}{\mathrm{d}x}$。工程实际中，小变形情形下，有 $\tan\theta \approx \theta$，可以得到小变形下挠度和转角之间的关系：

$$\frac{\mathrm{d}w}{\mathrm{d}x} = w' = \theta \tag{9-9}$$

即将挠曲线方程 $w = w(x)$ 对 x 求一次导数可以得到转角方程 $\theta = \theta(x)$。

2. 挠曲线近似微分方程

对于细长梁，根据微积分中函数与曲率之间的关系以及弯矩 M 的正负符号规定，在小变形情况下，有

$$EIw'' = M(x) \tag{9-10}$$

上式称为梁平面弯曲时挠曲线近似微分方程。实践表明，由此方程求得的挠度和转角，对工程计算来说，已足够精确了。

3. 积分法求弯曲变形

梁的挠曲线近似微分方程可用直接积分的方法求解。将挠曲线近似微分方程积分，可得梁的转角方程，再积分一次，即可得梁的挠曲线方程

$$EI_z\theta = EIw' = \int M(x)\,\mathrm{d}x + C \tag{9-11}$$

$$EI_zw = \int\left(\int M(x)\,\mathrm{d}x\right)\mathrm{d}x + Cx + D \tag{9-12}$$

式中，C 和 D 为积分常数，它们可由梁的边界条件或光滑连续条件来确定。

当梁的载荷发生变化，或截面的形状、尺寸沿梁轴改变时，各段梁的弯矩或惯性矩不同，挠曲线近似微分方程也不相同。此时，需要根据具体情况分段写出不同的挠曲线近似微分方程。

例题 9-4 图 9-6 所示等截面简支梁 AB 受集中力 F 的作用，已知梁材料的弹性模量 E 和其截面对中性轴的惯性矩，试求该梁的挠曲线方程和转角方程。

分析：若利用式（9-11）和式（9-12）确定梁的挠度方程和转角方程，均需先确定梁的弯矩方程。

解：1）求约束力并列出梁的弯矩方程。

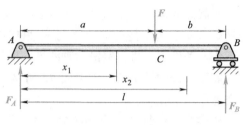

图 9-6

简支梁 AB 的约束力为

$$F_A = \frac{b}{l}F, \quad F_B = \frac{a}{l}F$$

按图所示建立坐标系，分两段列出 AB 梁的弯矩方程为

$$AC \text{ 段：} M_1(x_1) = \frac{b}{l}Fx_1 \qquad (0 \leqslant x_1 \leqslant a)$$

$$CB \text{ 段：} M_2(x_2) = \frac{b}{l}Fx_2 - F(x_2 - a) \quad (a \leqslant x_2 \leqslant l)$$

2）列出梁的各段的挠曲线近似微分方程并积分。

将 AC 和 CB 两段的挠曲线近似微分方程及积分结果列于表 9-1。

表 9-1　简支梁 AB 的挠曲线近似微分方程

方程名称	AC 段 $(0 \leqslant x_1 \leqslant a)$	CB 段 $(a \leqslant x_2 \leqslant l)$
挠曲线方程	$EIw_1'' = \dfrac{Fb}{l}x_1$	$EIw_2'' = \dfrac{Fb}{l}x_2 - F(x_2 - a)$
转角方程	$EIw_1' = \dfrac{Fb}{2l}x_1^2 + C_1$	$EIw_2' = \dfrac{Fb}{2l}x_2^2 - \dfrac{F}{2}(x_2 - a)^2 + C_2$
弯矩方程	$EIw_1 = \dfrac{Fb}{6l}x_1^3 + C_1x_1 + D_1$	$EIw_2 = \dfrac{Fb}{6l}x_2^3 - \dfrac{F}{6}(x_2 - a)^3 + C_2x_2 + D_2$

3）确定积分常数。

由于 AB 梁的挠曲线应该是一条光滑连续的曲线，因此，在 AC 和 CB 两段挠曲线的交界截面 C 处，挠曲线应有相同的挠度和转角，这样的条件称为光滑连续条件。

当 $x_1 = x_2 = a$ 时，$\theta_1 = \theta_2$，$w_1 = w_2$，即

$$\frac{Fb}{6l}a^2 + C_1 = \frac{Fb}{6l}a^2 - \frac{F}{2}(l - a)^2 + C_2$$

$$\frac{Fb}{6l}a^3 + C_1a + D_1 = \frac{Fb}{6l}a^3 - \frac{F}{6}(l - a)^3 + C_2a + D_2$$

由上两式解得

$$C_1 = C_2, \quad D_1 = D_2$$

此外，梁在约束 A、B 两端的挠度为零，约束处的已知转角和挠度称为位移边界条件。

$$x_1 = 0 \text{ 时，} w_1 = 0$$

$$x_2 = l \text{ 时，} w_2 = 0$$

分别代入两段的挠度方程和转角方程，可得

$$D_1 = D_2 = 0, C_1 = C_2 = -\frac{Fb}{6l}(l^2 - b^2)$$

梁 AC 和 CB 段的转角方程和挠曲线方程列于表9-2。

表 9-2　梁的转角方程和挠曲线方程

AC 段（$0 \leqslant x_1 \leqslant a$）	CB 段（$a \leqslant x_2 \leqslant l$）
$\theta_1(x_1) = -\dfrac{Fb}{6EIl}(l^2 - b^2 - 3x_1^2)$	$\theta_2(x_2) = -\dfrac{Fb}{6EIl}\left[(l^2 - b^2 - 3x_1^2) + \dfrac{3l}{b}(x_2 - a)^2\right]$
$w_1(x_1) = -\dfrac{Fbx_1}{6EIl}(l^2 - b^2 - x_1^2)$	$w_2(x_2) = -\dfrac{Fb}{6EIl}\left[(l^2 - b^2 - x_2^2) + \dfrac{l}{b}(x_2 - a)^3\right]$

需要说明的是，光滑条件和连续条件是不同的，如图9-7所示梁，梁 AC 与梁 CB 在 C 铰接，两段梁在 C 处的挠度相同（满足连续条件），但在 C 处的转角不相同（不满足光滑条件）。

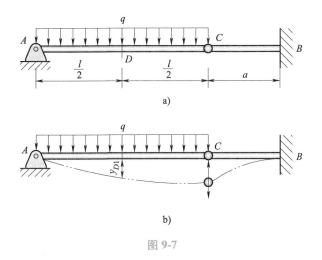

图 9-7

4. 叠加法求弯曲变形

在线弹性、小变形条件下，梁的位移与载荷之间呈齐次线性关系，即任一载荷使杆件产生的变形均与其他载荷无关。此时可以将每一个载荷单独作用得到的在同一梁相同位置的位移进行叠加，即为 梁位移的叠加法。

叠加法是计算结构特殊点处转角和挠度的简便方法，表9-3给出的就是一些常见或简单梁的转角和挠度计算公式。查表时应注意载荷的类型和方向及边界条件一一对应。

例题 9-5　如图9-8a所示外伸梁，其中 AB 段上受均布载荷 q 的作用，而外伸段自由端 C 上作用有一集中力 F，求 C 点的挠度和转角。梁的抗弯刚度 EI。

解: 分别考虑 q 和 F 单独作用时截面 C 的挠度和转角，如图 9-8b、c 所示。

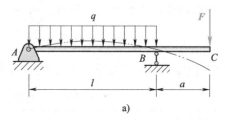

a)

查表 9-3 第 8 项，可以得到均布载荷作用下截面 B 的转角的大小为 $\theta_{Bq} = \dfrac{ql^3}{24EI}$。$BC$ 段的弯矩为零，因此截面 C 的转角与截面 B 的转角相同：

$$\theta_{Cq} = \theta_{Bq} = \frac{ql^3}{24EI}$$

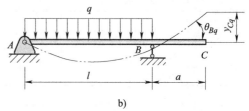

b)

截面 C 的挠度是由 B 截面的转角引起的，则截面 C 的挠度为

$$w_{Cq} = \theta_{Bq}a = \frac{ql^3}{24EI}a$$

查表 9-3 第 12 项，可以得到外伸梁在集中力作用下，截面 C 的挠度和转角分别为

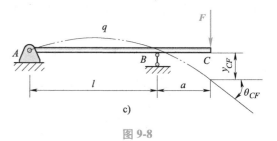

c)

图 9-8

$$w_{CF} = -\frac{Fa^2}{3EI}(l+a) \ , \ \theta_{CF} = -\frac{Fa}{6EI}(2l+3a)$$

这样，C 点的挠度可由下式求解：

$$w_C = w_{Cq} + w_{CF} = \frac{ql^3}{24EI}a - \frac{Fa^2}{3EI}(l+a)$$

C 点的转角可由下式求解：

$$\theta_C = \theta_{Cq} + \theta_{CF} = \frac{ql^3}{24EI} - \frac{Fa}{6EI}(2l+3a)$$

表 9-3　常见和简单梁的转角和挠度计算公式

序号	梁的简图	挠曲线方程	转角	挠度
1		$w = -\dfrac{Fx^2}{6EI}(3l-x)$	$\theta_B = -\dfrac{Fl^2}{2EI}$	$w_B = -\dfrac{Fl^3}{3EI}$

（续）

序号	梁的简图	挠曲线方程	转角	挠度
2		$w=-\dfrac{Fx^2}{6EI}(3a-x)$ $(0\leqslant x\leqslant a)$ $w=-\dfrac{Fa^2}{6EI}(3x-a)$ $(a\leqslant x\leqslant l)$	$\theta_B=-\dfrac{Fa^2}{2EI}$	$w_B=-\dfrac{Fa^2}{6EI}(3l-a)$
3		$w=-\dfrac{qx^2}{24EI}(x^2-4lx+6l^2)$	$\theta_B=-\dfrac{ql^3}{6EI}$	$w_B=-\dfrac{ql^4}{8EI}$
4		$w=-\dfrac{Mx^2}{2EI}$	$\theta_B=-\dfrac{Ml}{EI}$	$w_B=-\dfrac{Ml^2}{2EI}$
5		$w=-\dfrac{Mx^2}{2EI}$ $(0\leqslant x\leqslant a)$ $w=-\dfrac{Ma}{EI}\left(x-\dfrac{a}{2}\right)$ $(a\leqslant x\leqslant l)$	$\theta_B=-\dfrac{Ma}{EI}$	$w_B=-\dfrac{Ma}{EI}\left(l-\dfrac{a}{2}\right)$
6		$w=-\dfrac{Fx}{48EI}(3l^2-4x^2)$ $\left(0\leqslant x\leqslant\dfrac{l}{2}\right)$	$\theta_A=-\theta_B=-\dfrac{Fl^2}{16EI}$	$w_C=-\dfrac{Fl^3}{48EI}$
7		$w=-\dfrac{Fbx}{6EIl}(l^2-x^2-b^2)$ $(0\leqslant x\leqslant a)$ $w=-\dfrac{Fb}{6EIl}\left[\dfrac{l}{b}(x-a)^3+x(l^2-b^2)-x^3\right]$ $(a\leqslant x\leqslant l)$	$\theta_A=-\dfrac{Fab(l+b)}{6EIl}$ $\theta_B=\dfrac{Fab(l+a)}{6EIl}$	设 $a>b$, 在 $x=\sqrt{\dfrac{l^2-b^2}{3}}$ 处, $w_{\max}=-\dfrac{Fb(l^2-b^2)^{\frac{3}{2}}}{9\sqrt{3}\,EIl}$, $w_{l/2}=-\dfrac{Fb(3l^2-4b^2)}{48EI}$

（续）

序号	梁的简图	挠曲线方程	转角	挠度
8		$w=-\dfrac{qx}{24EI}(l^3-2lx^2+x^3)$	$\theta_A=-\theta_B=-\dfrac{ql^3}{24EI}$	$x=\dfrac{l}{2}$, $w_{max}=-\dfrac{5ql^4}{384EI}$
9		$w=-\dfrac{Mx}{6EIl}(l-x)(2l-x)$	$\theta_A=-\dfrac{Ml}{3EI}$ $\theta_B=\dfrac{Ml}{6EI}$	$x=l-\dfrac{l}{\sqrt{3}}$, $w_{max}=-\dfrac{Ml^2}{9\sqrt{3}\,EI}$ $x=l/2,\ w_{l/2}=-\dfrac{Ml^2}{16EI}$
10		$w=\dfrac{Mx}{6EIl}(l^2-x^2-3b^2)$ $(0\le x\le a)$ $w=\dfrac{M}{6EIl}[-x^3+$ $3l(x-a)^2+(l^2-3b^2)x]$ $(a\le x\le l)$	$\theta_A=\dfrac{M}{6EIl}(l^2-3b^2)$ $\theta_B=\dfrac{M}{6EIl}(l^2-3a^2)$	
11		$w=-\dfrac{Mx}{6EIl}(x^2-l^2)$ $(0\le x\le l)$ $w=-\dfrac{Mx}{6EIl}(3x^2-4xl+l^2)$ $(l\le x\le l+a)$	$\theta_A=-\dfrac{1}{2}\theta_B=\dfrac{Ml}{6EI}$ $\theta_C=-\dfrac{M}{6EI}(2l+3a)$	$w_C=-\dfrac{Ma}{6EI}(2l+3a)$
12		$w=\dfrac{Fax}{6EIl}(l^2-x^2)$ $(0\le x\le l)$ $w=-\dfrac{F(x-l)}{6EI}$ $[a(3x-l)-(x-l)^2]$ $(l\le x\le l+a)$	$\theta_A=-\dfrac{1}{2}\theta_B=\dfrac{Fal}{6EI}$ $\theta_C=-\dfrac{Fa}{6EI}(2l+3a)$	$w_C=-\dfrac{Fa^2}{3EI}(l+a)$
13		$w=\dfrac{qa^2x}{12EIl}(l^2-x^2)$ $(0\le x\le l)$ $w=-\dfrac{q(x-l)}{24EI}$ $[2a^2(3x-l)+(x-l^2)$ $(x-l-4a)]$ $(l\le x\le l+a)$	$\theta_A=-\dfrac{1}{2}\theta_B=\dfrac{qa^2l}{12EI}$ $\theta_C=-\dfrac{qa^2}{6EI}(l+a)$	$w_C=-\dfrac{qa^3}{24EI}(3a+4l)$

9.4 弯曲梁的刚度计算

对于工程中承受弯曲的构件，除了强度要求以外，常常还有刚度要求，即要求梁的最大挠度和最大转角不超过某一规定的限度：

$$\begin{cases} w_{max} \leqslant [w] \\ \theta_{max} \leqslant [\theta] \end{cases} \tag{9-13}$$

式中，$[w]$、$[\theta]$ 分别是许可挠度和许可转角，它们由工程实际情况确定。工程中 $[\theta]$ 通常以度（°）表示。

与拉伸压缩及扭转类似，根据梁的刚度条件可以进行刚度校核、截面设计和确定许可载荷。

例题 9-6 如图 9-9 所示简支梁，在载荷 $F=40\text{kN}$，$q=0.6\text{N/mm}$ 共同作用下发生弯曲变形，已知梁的跨度 $l=8\text{m}$，材料为 36a 工字钢，其弹性模量 $E=200\text{GPa}$，$[w]=l/500$，试校核梁的刚度。

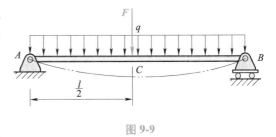

图 9-9

解：本题可以利用叠加法，分别考虑集中力作用和均布载荷作用的情况。查型钢表，可得 $I=15800\times10^4\text{mm}^4$。根据表 9-3 可知，在 F 或 q 作用下，梁产生的最大挠度均位于跨中，有

$$w_C = w_{CF} + w_{Cq} = -\frac{Fl^3}{48EI} + \left(-\frac{5ql^4}{384EI}\right)$$

$$= -\frac{40\times10^3\times(8\times10^3)^3}{48\times200\times10^3\times15800\times10^4}\text{mm} - \frac{5\times0.6\times(8\times10^3)^4}{384\times200\times10^3\times15800\times10^4}\text{mm}$$

$$= -14.51\text{mm}$$

$$w_{max} = |w_C| = 14.51\text{mm} < [w] = \frac{l}{500} = \frac{8\times10^3}{500}\text{mm} = 16\text{mm}$$

刚度符合要求。

9.5 组合变形杆件的位移

计算组合变形杆件的位移，仍遵循小变形、线弹性变形范围和叠加原理适用的原则，将组合变形分解为几个基本变形，分别计算后叠加。根据位移的情况可代数叠加或矢量叠加。下面以弯扭组合构件为例，介绍组合变形杆件的位移计算。

弯曲、扭转组合变形杆件的主要内力是扭矩 $T(x)$ 和弯矩 $M(x)$，可采用叠加法求其位移。

例题 9-7   图 9-10a 所示为一摇臂轴 ABC，在自由端受垂直地面的力 F 作用，已知轴长为 l，臂长为 a，轴的抗弯刚度和抗扭刚度分别为 EI_z 和 GI_p，臂的抗弯刚度为 EI_x，求 C 端的挠度和转角。

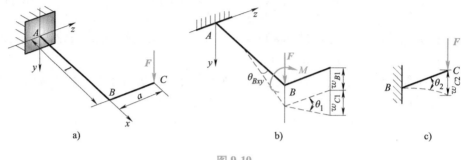

图 9-10

解：1）将摇臂 BC 视为刚体分析杆 AB 的变形。

将 F 平移至 B 处，并附加力偶 M，且 $M=Fa$，如图 9-10b 所示。

① 考虑 F 单独作用，B 端的挠度和转角（xBy 平面内）的大小分别为

$$w_{B1} = \frac{Fl^3}{3EI_z}, \quad \theta_{Bxy} = \frac{Fl^2}{2EI_z}$$

② 考虑 M 单独作用，截面 B 的扭矩大小为

$$T = Fa$$

则截面 B 相对于截面 A 的扭转角（yBz 平面内）的大小为

$$\theta_1 = \frac{Fal}{GI_p}$$

则此时 C 端的挠度 w_{C0} 和转角 θ_{C1} 的大小分别为

$$w_{C0} = w_{B1} + w_{C1} = w_{B1} + |\theta_{Byz}a| = \frac{Fl^3}{3EI_z} + \frac{Fa^2l}{GI_p}$$

$$\theta_{C1} = \theta_1 = \frac{Fal}{GI_p}$$

2）将杆 AB 视为刚体，摇臂 BC 即为悬臂梁，在力 F 的作用下将产生变形，如图 9-10c 所示。此时，C 端的挠度和转角分别为

$$w_{C2} = \frac{Fa^3}{3EI_x}, \quad \theta_2 = \frac{Fa^2}{2EI_x}$$

3）C 端的挠度实际为摇臂 BC 和杆 AB 同时变形的结果，采用叠加法将上述挠度相加，得到 C 端的实际挠度

$$w_C = w_{C1} = w_{BC} = \frac{Fl^3}{3EI_z} + \frac{Fa^2l}{GI_p} + \frac{Fa^3}{3EI_x}$$

C 端截面的转角大小为

$$xBy \text{ 面内：} \theta_{Cxy} = \theta_{Bxy} = \frac{Fl^2}{2EI_z}$$

$$yBz \text{ 平面内：} \theta_{Cyz} = \theta_{C1} + \theta_2 = \frac{Fal}{GI_p} + \frac{Fa^2}{2EI_x}$$

思 考 题

9-1 胡克定律是如何建立的？有几种表示形式？该定律的应用条件是什么？何谓截面抗拉（压）刚度？

9-2 何谓小变形？如何利用切线代替圆弧方法确定点的位移？

9-3 何谓扭转角？其单位是什么？如何计算圆轴的扭转角？何谓抗扭刚度？圆轴扭转刚度条件是如何建立的？应用该条件时应该注意什么？

9-4 弯曲变形的基本公式是什么？何为抗弯刚度？

9-5 何谓挠曲轴？何谓挠度？何谓转角挠度与转角之间的关系？该关系成立的条件是什么？

9-6 挠曲线近似微分方程是如何建立的？该方程的应用条件是什么？关于坐标轴 x、y 有何规定？

9-7 如何根据弯矩沿梁轴的变化及梁的支持条件画出挠曲线的大致形状？如何判断挠曲线的凹、凸形状与拐点的位置？

9-8 何谓叠加法？叠加法成立的条件是什么？如何利用叠加法分析梁的位移？

9-9 试述提高抗弯刚度的主要措施。

习 题

9-1 如习题 9-1 图所示，钢质杆横截面面积为 $A = 100\text{mm}^2$，如果 $F = 20\text{kN}$，钢杆的弹性模量 $E = 200\text{GPa}$，试求端面 A 的水平位移。

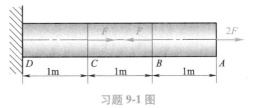

习题 9-1 图

9-2 习题 9-2 图所示短柱，上段为钢制，长 200mm，截面尺寸为 100mm × 100mm；下段为铝制，长 300mm，截面尺寸为 200mm×200mm。已知 $E_{钢} = 200\text{GPa}$，$E_{铝} = 70\text{GPa}$，当柱顶受力 F 作用时，柱子总长度减少了 0.4mm，试求 F 值。

9-3 习题 9-3 图所示结构中，AB 可视为刚性杆，AD 为钢杆，横截面面积 $A_1 = 500\text{mm}^2$，弹性模量 $E_1 = 200\text{GPa}$；CG 为铜杆，横截面面积 $A_2 = 1500\text{mm}^2$，弹性模量 $E_2 = 100\text{GPa}$；BE 为

木杆，横截面面积 $A_3 = 3000\text{mm}^2$，弹性模量 $E_3 = 10\text{GPa}$。当 G 处作用有 $F = 60\text{kN}$ 时，试求该点的竖直位移 Δ_C。

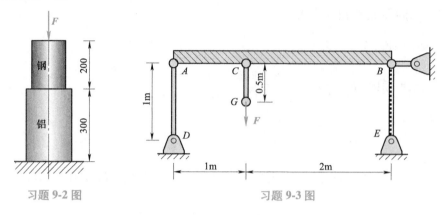

习题 9-2 图   习题 9-3 图

    9-4 直径 $d = 36\text{mm}$ 的钢杆 ABC 与铜杆 CD 在 C 处连接，杆受力如习题 9-4 图所示。若不考虑杆的自重，试求 C、D 两截面的铅垂位移。

    9-5 如习题 9-5 图所示相同材料制成的 AB 杆和 CD 杆，其直径之比为 $d_{AB}/d_{CD} = 1/2$，若使刚性杆 BD 保持水平位置，试求 x 的大小。

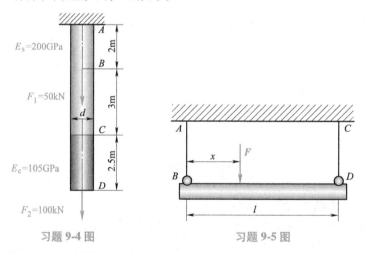

习题 9-4 图   习题 9-5 图

    9-6 一外径 $D = 6\text{mm}$、内径 $d = 20\text{mm}$ 的空心圆截面杆，受到 $F = 200\text{kN}$ 的轴向拉力的作用，已知材料的弹性模量 $E = 80\text{GPa}$，泊松比 $\mu = 0.3$。试求该杆外径的改变量 ΔD。

    9-7 一端固定、一端自由的圆截面钢质轴，若 $G = 80\text{GPa}$，其直径为 50mm，内径为 25mm，其他几何尺寸及受力情况如习题 9-7 图所示，试求两端截面的相对扭转角。

    9-8 如习题 9-8 图所示传动轴的转速为 $n = 500\text{r/min}$，主动轮输入功率 $P_1 = 500\text{kW}$，从动轮 2、3 输出功率分别为 $P_2 = 200\text{kW}$，$P_3 = 300\text{kW}$。已知 $[\tau] = 70\text{MPa}$，$[\theta] = 1(°)/\text{m}$，$G = 80\text{GPa}$，确定 AB 段的直径 d_1 和 BC 段的直径 d_2；若 AB 和 BC 两段选用同一直径，试确定直径 d。

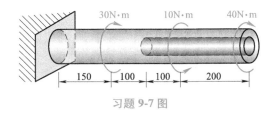

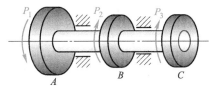

习题 9-7 图　　　　　　　　　　习题 9-8 图

9-9　如习题 9-9 图所示一实心圆钢杆，直径 $d=100\text{mm}$，$G=80\text{GPa}$，受外力偶矩 M_1 和 M_2 作用。若杆的许用切应力 $[\tau]=80\text{MPa}$；900mm 长度内容许的最大相对扭转角 $[\varphi]=0.014\text{rad}$，试求 M_1 和 M_2 的值。

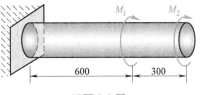

习题 9-9 图

9-10　一直径 $d=25\text{mm}$ 的钢圆杆，受轴向拉力 60kN 作用时，在标距为 200mm 的长度内伸长了 0.113mm。当它受力偶矩为 0.2kN·m 的外力偶作用发生扭转时，在标距 200mm 长度内相对扭转了 0.732°的角度，求钢杆的弹性模量 E、切变模量 G、泊松比 μ。

9-11　空心铝管受扭矩作用如习题 9-11 图所示，已知该管端部的扭转角为 2°，铝材的 $G=27\text{GPa}$，试求：

（1）该铝管所受的力偶矩 M_e；

（2）如果在相同 M_e 作用下，将铝管换成铝棒，横截面面积和杆长都与铝管相同，则其杆端的扭转角是多少？

9-12　习题 9-12 图所示阶梯圆截面轴，AB 与 BC 段的直径分别为 d_1 与 d_2，且 $d_1=4d_2/3$，材料的切变模量为 G。试求截面 C 的转角。

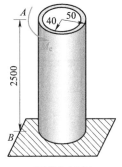

习题 9-11 图

9-13　如习题 9-13 图所示，阶梯形圆轴上装有三个带轮。已知各段轴的直径分别为 $d_1=38\text{mm}$、$d_2=75\text{mm}$；主动轮 B 的输入功率 $P_3=32\text{kW}$，从动轮 A、C 的输出功率分别为 $P_1=14\text{kW}$、$P_2=18\text{kW}$；轴的额定转速 $n=240\text{r/min}$；材料的许用扭转切应力 $[\tau]=60\text{MPa}$，切变模量 $G=80\text{GPa}$；轴的许用单位长度扭转角 $[\varphi']=1.8(°)/\text{m}$。试校核该轴的强度和刚度。

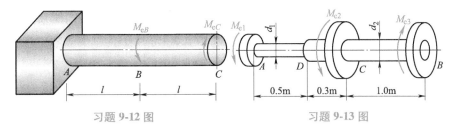

习题 9-12 图　　　　　　　　　　　　习题 9-13 图

9-14　写出习题 9-14 图所示各梁的位移边界条件。

9-15　试用积分法求习题 9-15 图所示各梁的转角方程、挠度方程及 B 截面的转角和挠度。并画出梁挠曲线的大致形状。各梁的抗弯刚度 EI 为常数。

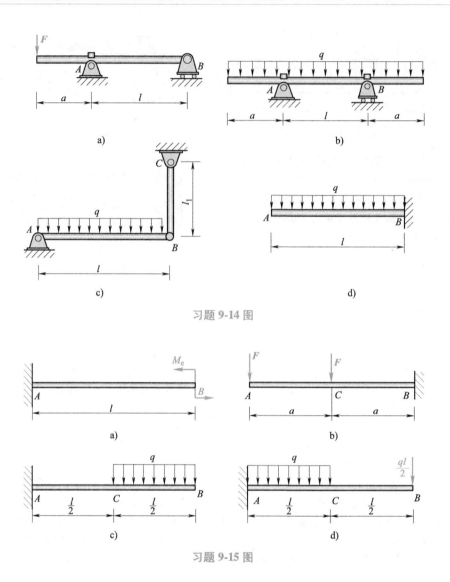

习题 9-14 图

习题 9-15 图

9-16 习题 9-16 图所示简支梁，已知 $F = 20\text{kN}$，$E = 200\text{GPa}$。若该梁的最大弯曲正应力不得超过 160MPa，最大挠度不得超过跨度的 1/400。试选择工字钢型号。

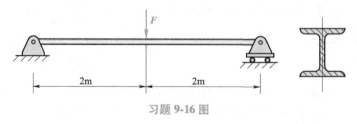

习题 9-16 图

9-17　习题 9-17 图所示梁的 B 截面置于弹簧上，弹簧刚度系数（即引起单位变形所需的力）为 k，试求 A 截面的挠度。EI 为已知常数。

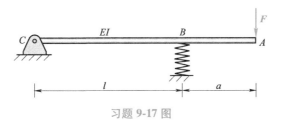

习题 9-17 图

9-18　试用叠加法求习题 9-18 图所示各梁指定截面的转角和挠度。EI 为已知常数。

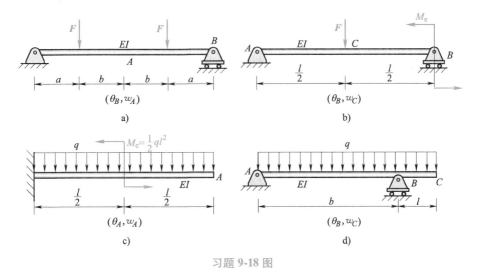

a)

b)

c)

d)

习题 9-18 图

9-19　习题 9-19 图所示结构承受均布载荷 q，试求截面 D 的挠度和转角。AB 杆的抗拉刚度 EA 和梁 BC 的抗弯刚度 EI 均为已知的常数。

9-20　悬臂梁如习题 9-20 图所示。已知 $q = 10\text{kN/m}$，$l = 3\text{m}$，$E = 200\text{GPa}$，若最大弯曲应力不得超过 120MPa，最大挠度不得超过 $l/250$，$h = 2b$。试选定矩形截面的最小尺寸。

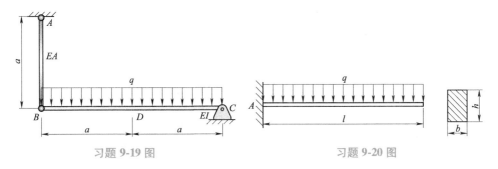

习题 9-19 图

习题 9-20 图

9-21 I20b 工字钢简支梁受载如习题 9-21 图所示，$E = 200\mathrm{GPa}$，求最大挠度。

9-22 试确定习题 9-22 图所示悬臂梁自由端的挠度和转角，梁的抗弯刚度为 EI。

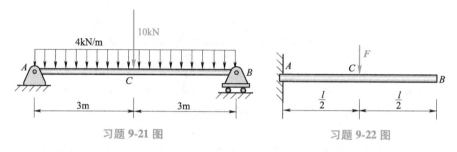

习题 9-21 图　　　　　　　　　　　　习题 9-22 图

9-23 工字钢简支梁如习题 9-23 图所示，已知跨度 $l = 5\mathrm{m}$；力偶矩 $M_{e1} = 5\mathrm{kN \cdot m}$、$M_{e2} = 10\mathrm{kN \cdot m}$；材料的弹性模量 $E = 200\mathrm{GPa}$、许用应力 $[\sigma] = 160\mathrm{MPa}$；梁的许用挠度 $[w] = l/500$，试选择工字钢型号。

9-24 若习题 9-24 图所示外伸梁 A 截面的挠度为零，试求 F 和 ql 间的关系。

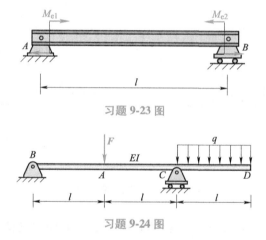

习题 9-23 图

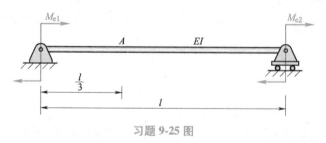

习题 9-24 图

9-25 若习题 9-25 图所示梁的挠曲线在 A 截面处有一拐点，试求比值 M_{e1}/M_{e2}。

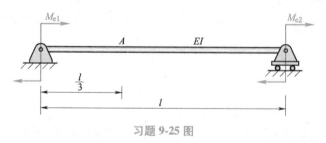

习题 9-25 图

9-26 试比较习题 9-26 图所示二梁的受力、内力（弯矩）、变形和位移，总结从中所得到的结论。

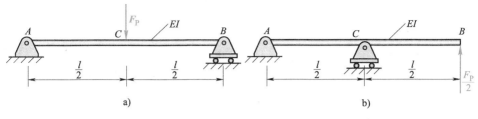

习题 **9-26** 图

9-27 已知长度为 l 的等截面直梁的挠度方程

$$w(x) = \frac{q_0 x}{360EIl}(3x^4 - 10l^2 x^2 + 7l^4)$$

试求：（1）梁的中间截面上的弯矩；（2）最大弯矩（绝对值）；（3）分布载荷的变化规律。

9-28 已知长度为 l 的等截面直梁的挠度方程为

$$w(x) = \frac{q_0 x}{48EI}(2x^3 - 3lx^2 + l^3)$$

试求：梁内绝对值最大的弯矩值。

*9-29 矩形截面简支梁如习题 9-29 图所示受到 10kN 力作用，若 $E = 10$GPa，试求：（1）梁内最大正应力；（2）梁中点 C 的总挠度及其方向（与截面对称轴 y 的夹角）。

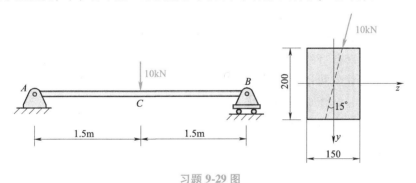

习题 **9-29** 图

9-30 如习题 9-30 图所示圆截面简支梁，直径 $d = 32$mm，材料弹性模量 $E = 200$GPa，工作时要求截面 C 处的挠度不大于 0.05mm，试对梁进行刚度校核。

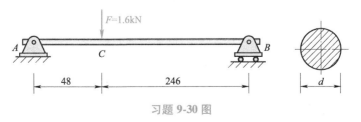

习题 **9-30** 图

第10章
压杆稳定及提高构件承载能力的措施

在本书前面章节所讨论的强度和刚度问题中，构件是处于稳定的平衡状态的。但对于细而长的轴向受压杆件，在外界的扰动下，容易发生侧向的弯曲。例如，松木的抗压强度 $\sigma_b = 40\text{MPa}$，假设其横截面面积 $A = 150\text{mm}^2$，由 $\dfrac{F}{A} \leqslant \sigma_b$ 可知，$F_{\max} \leqslant 6\text{kN}$，即该压杆能承受不超过 6kN 的压力。但试验表明，当松木长度 $l = 1\text{m}$ 时，当载荷远小于 6kN 时，松木会首先发生弯曲以至于无法承受载荷。

一般地，在直杆件两端施加轴向压力，根据二力平衡公理，杆件应处于直线平衡状态。若施加横向干扰力使杆件发生弯曲（图 10-1a），当两端压力较小时，解除横向干扰力，杆件可以恢复到直线平衡状态（图 10-1b）。这表明，压杆原有直线状态的平衡是稳定的。逐渐增大两端载荷，当载荷超过某一个值时，施加横向干扰力使之弯曲，干扰力解除后，杆件不能恢复原有的直线形状而过渡为曲线平衡（图 10-1c），这种现象称为失稳。构件失稳后，压力的微小增加将引起弯曲变形的显著增加，因此丧失了承载能力。

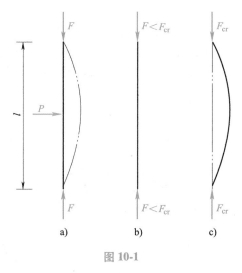

图 10-1

失稳的问题早在 17 世纪就被提出。随着高强度材料（钢、铝合金）的出现，从强度、刚度出发设计的截面尺寸越来越小，构件失稳造成的事故时有发生，稳定性的问题开始引起人们的重视。

实际工程中的受压杆件，例如简易起重机的起重臂（图 10-2a），桁架桥中的受压杆件（图 10-2b）等，其轴线存在一定的初始曲率，从而压力可能存在偏心；材料也不可能做到绝对的均匀，且实际工程中，有许多诸如风载荷、外界物体的碰撞等情况，这些都可以视为横向扰动。

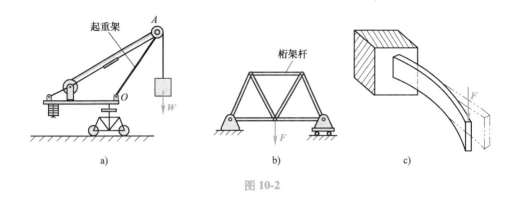

图 10-2

从受压杆件直线稳定平衡的"小载荷"到引起失稳的"大载荷"之间，必然存在一个极限值，当载荷超过这一极限值，横向的扰动会使压杆不能保持原有的直线平衡状态，导致失稳，这一极限值称为临界压力或临界载荷，它表明了杆件承受压力而不丧失稳定性的能力，记为 F_{cr}。实验表明，临界压力与杆件的材料、尺寸、截面形状、两端的约束形式有关。

失稳现象不仅限于细长受压杆件，例如狭长的矩形截面梁在平面内弯曲时（图 10-2c），当载荷 F 达到临界值 F_{cr} 时，在外界扰动影响下发生侧向弯曲，并伴随扭转，这也是稳定性不足而引起的失效。

杆件发生失稳时的应力值远小于材料受压时的屈服极限或强度极限，因此细长受压构件的失效通常都是由于其失稳而引起的。

失稳现象的发生具有突然性，并常产生严重的破坏性，其危害是巨大的。因此，对于受压构件，需要考虑其受轴向压力时的稳定性问题。本章学习的目的是找到构件和结构失稳的原因，以及防止失稳的方法和措施。

10.1　压杆的稳定性分析　欧拉公式

1. 两端铰支细长压杆的临界压力

如图 10-3 所示，设压杆在轴向压力 F 作用下处于微弯平衡状态，则当杆内应力不超过材料的比例极限时，压杆挠曲线方程 $w=w(x)$ 应满足下述关系式：

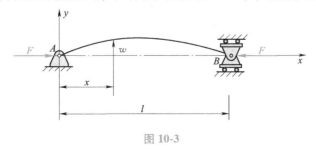

图 10-3

$$w''EI = M(x) = -Fw$$

上式是一个二阶常微分方程，解方程并代入位移边界条件可得

$$F = \frac{n^2 \pi^2 EI}{l^2} \quad (n = 0, 1, 2, \cdots)$$

上式表明，杆件处于微弯状态时保持平衡的压力，在理论上是多值的。其中，能使杆件保持微小弯曲的最小压力为临界压力，即

$$F_{cr} = \frac{\pi^2 EI}{l^2} \tag{10-1}$$

式中，E 为杆件材料的弹性模量；I 为对截面中性轴的惯性矩。式（10-1）称为两端铰支等截面细长压杆的**欧拉公式**。

在工程实际中，除上述两端为铰支的压杆外，还可能遇到有其他支座形式的细长压杆，一般可采用类比法得到其他支座形式的临界应力公式。两端铰支的细长压杆两端的弯矩为零，则由其挠曲线曲率计算公式 $\frac{1}{\rho} = \frac{M_z}{EI_z}$ 可知，挠曲线在其两端处的曲率为零，即两个端点为挠曲线的两个拐点。而其他支座形式的压杆，例如千斤顶的受压螺杆（图10-4a），其下端可简化为固定端，上端因可与顶起的重物一同做侧向移位，其挠曲线形状如图10-4b 所示。对比两端铰支的细长压杆的挠曲线形状，一端固定一端自由的细长压杆，相当于一个长为 $2l$ 的两端铰支细长压杆，则其临界载荷为

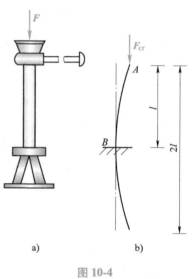

a)   b)

图 10-4

$$F_{cr} = \frac{\pi^2 EI}{(2l)^2}$$

对于两端为其他约束情形的压杆，均可采用类比法得到其临界压力。

表10-1 将几种常见的不同支座条件下的等截面细长压杆的临界载荷公式列出。由表中可以看到，在各临界载荷的欧拉公式中，只是分母中 l 前面的系数 μ 的值不同，因此可将其统一写成如下形式：

$$F_{cr} = \frac{\pi^2 EI}{(\mu l)^2} \tag{10-2}$$

式中，μl 称为相当长度；μ 称为长度因数。从式（10-2）可知，杆件的惯性矩 I 越大，临界应力越大，稳定性越好。

式（10-2）为欧拉公式的普遍形式。表 10-1 中所列出的结果是在理想情况下得到的，工程实际的情况要复杂很多。例如，两端的约束在不同平面内的约束性质不同，或杆端与其他弹性构件固定连接，因为弹性构件会变形，则压杆的端部约束就是介于固定端和铰支座之间的弹性支座。此外，压杆上的载荷也有多种形式，例如压力可能沿轴线分布而不是集中于两端。这些不同的情况可以用不同的长度因数来体现，可以查阅有关的设计手册，或者通过实验来测定。

表 10-1　压杆的临界应力和长度因数 μ 的取值

约束条件	两端铰支	一端固定 另一端铰支	两端固定	一端固定 另一端自由
挠曲线 形状	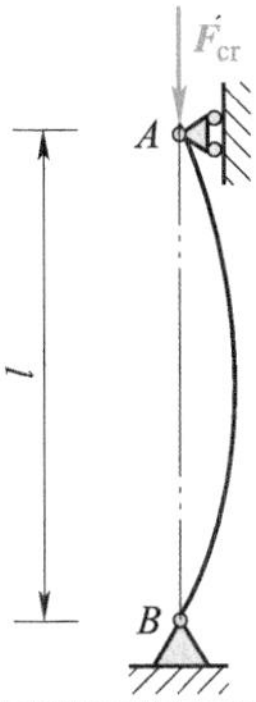	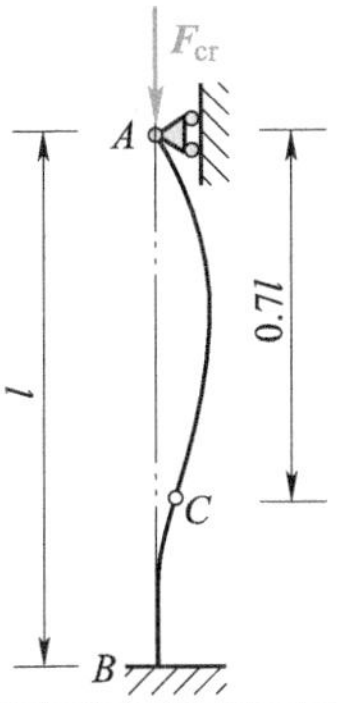	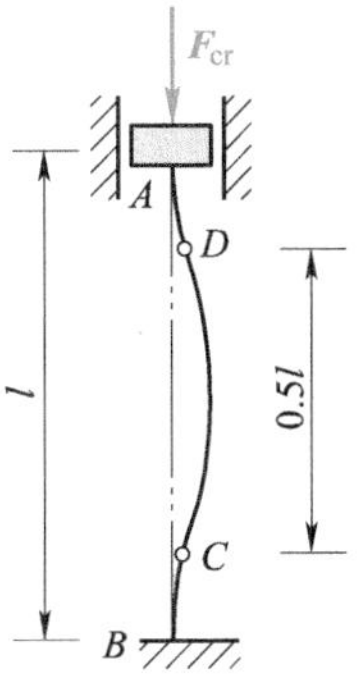	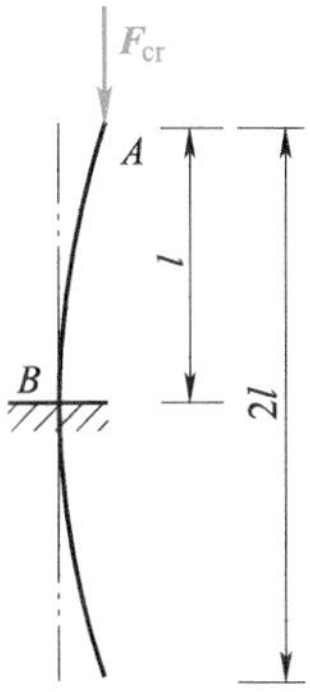
欧拉公式	$F_{cr}=\dfrac{\pi^2EI}{l^2}$	$F_{cr}\approx\dfrac{\pi^2EI}{(0.7l)^2}$	$F_{cr}=\dfrac{\pi^2EI}{(0.5l)^2}$	$F_{cr}=\dfrac{\pi^2EI}{(2l)^2}$
长度因数	$\mu=1.0$	$\mu\approx0.7$	$\mu=0.5$	$\mu=2$

2. 临界应力的欧拉公式

压杆在临界载荷的作用下保持直线平衡状态时，其横截面上的平均应力可用临界压力和杆件横截面面积之比来表示 σ_{cr}，称为压杆的临界应力，即

$$\sigma_{cr}=\frac{F_{cr}}{A}=\frac{\pi^2E}{(\mu l)^2}\cdot\frac{I}{A}$$

令 $\dfrac{I}{A}=i^2$，称 i 为惯性半径，引用无量纲记号 λ，令

$$\lambda=\frac{\mu l}{i} \tag{10-3}$$

将计算临界应力的公式改写为

$$\sigma_{cr}=\frac{\pi^2E}{\lambda^2} \tag{10-4}$$

上式为欧拉公式的另一种形式，其中 λ 称为柔度（或长细比）。柔度综合地反映了压杆长度、截面形状与尺寸以及支承情况对临界应力的影响。

3. 欧拉公式的适用范围

由于欧拉公式是根据挠曲线近似微分方程建立的，只有在线弹性范围、小变形假设条件下才是适用的，即该方程仅适用于压杆横截面上的应力不超过材料的比例极限 σ_p 的情况，所以欧拉公式的适用范围为

$$\sigma_{cr} = \frac{\pi^2 E}{\lambda^2} \leqslant \sigma_p \text{ 或 } \lambda \geqslant \pi\sqrt{\frac{E}{\sigma_p}}$$

令

$$\lambda_p = \pi\sqrt{\frac{E}{\sigma_p}} \tag{10-5}$$

则上述适用范围又可写成

$$\lambda \geqslant \lambda_p$$

其中，λ_p 是对应于材料的比例极限 σ_p 的柔度值，不同材料的压杆，其 λ_p 数值不同。例如对于 Q235 钢，已知 $E = 2.06 \times 10^5$ MPa，$\sigma_p = 200$ MPa，将其代入上式得

$$\lambda_p = \pi\sqrt{\frac{E}{\sigma_p}} = \pi\sqrt{\frac{2.06 \times 10^5}{200}} \approx 100$$

即由 Q235 钢制成的压杆，只有当 $\lambda_p \geqslant 100$ 时，才可以使用欧拉公式。其他材料的 λ_p 值可参见表 10-2。

4. 压杆的分类及临界应力的经验公式

满足 $\lambda \geqslant \lambda_p$ 的杆件称为大柔度杆，也称为细长压杆。

工程中有些柔度小于 λ_p 的压杆也会发生失稳。虽然这是稳定性问题，但此时临界应力已经超过比例极限，不适用欧拉公式。内燃机的连杆、千斤顶的螺杆等多属于这类压杆。这类压杆称为中柔度杆，工程上常用经验公式来进行计算，常用的有直线形和抛物线形经验公式。直线形经验公式为

$$\sigma_{cr} = a - b\lambda \tag{10-6a}$$

式（10-6a）适用材料合金钢、铝合金、灰铸铁与松木等。式中的 a、b 为与材料力学性能有关的常数，单位为 MPa。几种常用材料的 a 和 b 值由表 10-2 列出。

抛物线形经验公式为

$$\sigma_{cr} = a_1 - b_1\lambda^2 \tag{10-6b}$$

抛物线形经验公式适用材料包括结构钢与低合金结构钢等。

表 10-2 常用材料直线形经验公式的系数 a、b 值

材料	a/MPa	b/MPa	λ_p	λ_s
Q235 钢	304	1.12	100	61.6
硅钢	577.0	3.740	100	60
优质碳钢	461.0	2.568	86	44
铬钼钢	980.0	5.290	55	0
硬铝	372.0	2.140	50	0
铸铁	332.2	1.453	—	—
松木	28.7	0.199	59	0

当 λ 小于某一数值时，压杆的破坏主要是因为发生屈服（塑性材料）或者发生断裂（脆性材料），此时不再是稳定性问题而成为强度问题，因此其临界应力为屈服极限或强度极限，这类压杆称为 小柔度杆。对于塑性材料，在式（10-6a）中，令 $\sigma_{\mathrm{cr}}=\sigma_{\mathrm{s}}$，得

$$\lambda_{\mathrm{s}} = \frac{a - \sigma_{\mathrm{s}}}{b} \tag{10-7}$$

式中，σ_{s} 为材料的屈服极限。

据此，根据柔度的大小，将压杆分为大柔度杆、中柔度杆和小柔度杆，其各自对应的柔度范围和临界应力的计算方法列于表 10-3 中。

表 10-3 不同柔度下压杆临界载荷的计算公式

种类	柔度	临界应力计算公式	临界柔度计算公式
大柔度杆	$\lambda \geqslant \lambda_{\mathrm{p}}$	$\sigma_{\mathrm{cr}} = \dfrac{\pi^2 E}{\lambda^2}$	$\lambda_{\mathrm{p}} = \pi\sqrt{\dfrac{E}{\sigma_{\mathrm{p}}}}$
中柔度杆	$\lambda_{\mathrm{s}} \leqslant \lambda < \lambda_{\mathrm{p}}$	$\sigma_{\mathrm{cr}} = a - b\lambda$	$\lambda_{\mathrm{s}} = \dfrac{a - \sigma_{\mathrm{s}}}{b}$
小柔度杆	$\lambda < \lambda_{\mathrm{s}}$	$\sigma_{\mathrm{cr}} = \sigma_{\mathrm{s}}$（塑性材料） $\sigma_{\mathrm{cr}} = \sigma_{\mathrm{b}}$（脆性材料）	—

将上述三种情况，用临界应力随柔度变化的曲线表示，如图 10-5 所示，称为临界应力总图。由图可见，对细长压杆和中柔度杆，其临界应力 σ_{cr} 随柔度的增大而减小。在不同柔度区间，临界应力的计算方法也不一样。应先确定压杆的柔度以判断压杆的类型，再确定对应的计算公式。

例题 10-1 两端铰支压杆的长度 $l = 1.2\mathrm{m}$，材料为 Q235 钢，$E = 200\mathrm{GPa}$，$\sigma_{\mathrm{p}} = 200\mathrm{MPa}$，$\sigma_{\mathrm{s}} = 235\mathrm{MPa}$，截面面积 $A = 900\mathrm{mm}^2$。若截面的形状分别为圆形、正方形和内外径之比为 $\dfrac{d}{D} = 0.7$ 的空心管。试分别计算各杆的临界力。

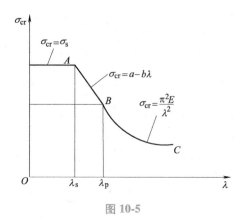

图 10-5

解：1）计算临界柔度

$$\lambda_s = \frac{a - \sigma_s}{b} = \frac{304 - 235}{1.12} = 61.6, \quad \lambda_p = \pi\sqrt{\frac{E}{\sigma_p}} = \pi\sqrt{\frac{200 \times 10^9}{200 \times 10^6}} = 99.3$$

2）计算各杆柔度，确定压杆的类型。

① 圆形截面：

直径 $D = \sqrt{\dfrac{4A}{\pi}} = \sqrt{\dfrac{4 \times 900\text{mm}^2}{\pi}} = 33.85\text{mm}$

惯性半径 $i = \sqrt{\dfrac{I}{A}} = \sqrt{\dfrac{\pi D^4/64}{\pi D^2/4}} = \dfrac{D}{4} = \dfrac{33.85\text{mm}}{4} = 8.46\text{mm}$

柔度 $\lambda = \dfrac{\mu l}{i} = \dfrac{1 \times 1.2}{8.46 \times 10^{-3}} = 141.8 > \lambda_p = 99.3$

为细长压杆，用欧拉公式计算临界力

$$F_{cr} = \frac{\pi^2 EI}{(\mu l)^2} = \frac{\pi^2 \times 200 \times 10^3\text{MPa} \times \dfrac{\pi}{64} \times (33.85\text{mm})^4}{(1 \times 1.2 \times 10^3\text{mm})^2} = 88.3 \times 10^3\text{N} = 88.3\text{kN}$$

② 正方形截面：

截面边长 $a = \sqrt{A} = \sqrt{900}\,\text{mm} = 30\text{mm}$

惯性半径 $i = \sqrt{\dfrac{I}{A}} = \sqrt{\dfrac{\dfrac{a^4}{12}}{a^2}} = \dfrac{a}{\sqrt{12}} = \dfrac{30\text{mm}}{\sqrt{12}} = 8.66\text{mm}$

柔度 $\lambda = \dfrac{\mu l}{i} = \dfrac{1 \times 1.2}{8.66 \times 10^{-3}} = 138.6 > \lambda_p = 99.3$

为细长压杆，可用欧拉公式计算临界力

$$F_{\text{cr}} = \frac{\pi^2 EI}{(\mu l)^2} = \frac{\pi^2 \times 200 \times 10^3 \text{MPa} \times \dfrac{1}{12} \times (30\text{mm})^4}{(1 \times 1.2 \times 10^3 \text{mm})^2} = 92.5 \times 10^3 \text{N} = 92.5\text{kN}$$

③ 空心圆管截面：

$$A = \frac{\pi}{4}(D^2 - d^2) = \frac{\pi}{4}\left[D^2 - (0.7D)^2 \right]$$

得 $\qquad\qquad D = 47.4\text{mm}, \qquad d = 33.18\text{mm}$

惯性矩 $\qquad\qquad I = \dfrac{\pi}{64}(D^4 - d^4) = 1.88 \times 10^5 \text{mm}^4$

惯性半径 $\qquad\qquad i = \sqrt{\dfrac{I}{A}} = \sqrt{\dfrac{1.88 \times 10^5}{900}}\text{mm} = 14.5\text{mm}$

柔度 $\qquad\qquad \lambda = \dfrac{\mu l}{i} = \dfrac{1 \times 1200}{14.5} = 82.7$

$$\lambda_{\text{s}} = \frac{a - \sigma_{\text{s}}}{b} = \frac{304 - 235}{1.12} = 61.6, \quad \lambda_{\text{s}} < \lambda < \lambda_{\text{p}}$$

属中长压杆，可采用直线形经验公式计算临界力

$$F_{\text{cr}} = (a - b\lambda)A = \left[(304 - 1.12 \times 82.7) \times 10^6 \times 900 \times 10^{-6} \right]\text{N} = 190\text{kN}$$

讨论：三根杆件截面积相同，但其中空心圆管截面具有最大的临界力。这说明此种截面较为合理，因其具有较大的惯性矩和惯性半径，从而使得柔度 λ 值比较小。

例题 10-2 由 Q235 钢制成的矩形截面杆，其受力和两端约束情况如图 10-6 所示，图中上图为主视图，下图为俯视图。在杆的两端 A、B 处为销钉连接。若已知 $l = 2300\text{mm}$，$b = 40\text{mm}$，$h = 60\text{mm}$，材料的弹性模量 $E = 205\text{GPa}$，试求此杆的临界载荷。

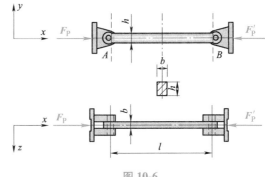

图 10-6

解：1）计算临界柔度

$$\lambda_{\text{s}} = \frac{a - \sigma_{\text{s}}}{b} = \frac{304 - 235}{1.12} = 61.6, \quad \lambda_{\text{p}} = \pi\sqrt{\frac{E}{\sigma_{\text{p}}}} = \pi\sqrt{\frac{205 \times 10^9}{200 \times 10^6}} = 101$$

2）压杆在正视图和俯视图中，都有可能失稳。需通过计算两个面内的柔度，以确定连杆会在哪一个平面内失稳。

在主视图平面内，两端约束相当于铰链，取长度因数 $\mu = 1$，截面将绕轴 z 转动，惯性半径为 i_z，压杆的柔度为

$$\lambda_z = \frac{\mu l}{i_z} = \frac{\mu l}{\sqrt{\dfrac{I_z}{A}}} = \frac{\mu l}{\dfrac{h}{2\sqrt{3}}} = \frac{1 \times 2300 \times 10^{-3} \times 2\sqrt{3}}{60 \times 10^{-3}} = 132.8$$

在俯视图平面内，两端不能转动，近似视为固定端。取长度因数 $\mu = 0.5$。截面将绕轴 y 转动，惯性半径为 i_y，压杆的柔度为

$$\lambda_y = \frac{\mu l}{i_y} = \frac{\mu l}{\sqrt{\dfrac{I_y}{A}}} = \frac{\mu l}{\dfrac{h}{2\sqrt{3}}} = \frac{0.5 \times 2300 \times 10^{-3} \times 2\sqrt{3}}{40 \times 10^{-3}} = 99.6$$

$\lambda_z > \lambda_y$，柔度越大，临界应力越小，因此压杆首先在主视图内失稳。又因为 $\lambda_z > \lambda_p$，为细长压杆，故临界载荷为

$$F_{cr} = \sigma_{cr}A = \frac{\pi^2 E}{\lambda^2}bh = \frac{\pi^2 \times 205 \times 10^9 \times 40 \times 10^{-3} \times 60 \times 10^{-3}}{132.8^2}\text{N} = 275.1\text{kN}$$

10.2 压杆稳定实用计算

在掌握了轴向受压杆件的临界力 F_{cr} 的计算方法以后，就可以在此基础上建立压杆的稳定性安全条件，进行压杆的稳定计算。

由临界压力的定义可知，为了保证压杆正常工作时不发生失稳，必须使压杆所承受的压力小于该杆的临界压力，而且还应使压杆具有足够的稳定安全储备。工程上常用的稳定性设计准则有安全因数法和折减因数法。

1. 安全因数法

压杆的稳定条件可表示为

$$F \leqslant \frac{F_{cr}}{[n_{st}]} \tag{10-8a}$$

或

$$n_{st} = \frac{F_{cr}}{F} \geqslant [n_{st}] \tag{10-8b}$$

式中，F 为压杆的工作压力（压杆上的实际作用压力）；F_{cr} 为压杆的临界力；$[n_{st}]$ 为规定的安全因数；n_{st} 为压杆的实际的安全因数。工程实际中，压杆可能存在初曲率、载荷的偏心以及材料的不均匀等因素，它们对稳定的影响是比较大的，柔度越大，这些因素产生的不利影响也越大。因此在一般情况下，稳定的安全因数比强度安全系数大。关于稳定安全因数的选取，可在有关的设计规范或手册中查到，也可直接用实验来分析测定。

2. 折减因数法

工程中常采用折减因数法进行稳定性校核。其稳定条件为

$$\frac{F}{A} \leqslant \varphi[\sigma] \tag{10-9}$$

式中，φ 称为稳定因数或折减因数，通常小于 1。φ 不是一个定值，它是随实际压杆的柔度而变化的，工程实用上常将各种材料的 φ 值随 λ 而变化的关系绘成曲线或列成数据表以便应用。

压杆稳定性计算包括稳定性校核、截面设计和确定许可载荷三方面。

在实际的工程应用中，常会遇到压杆在其某一局部受到削弱的情况，比如钢结构的螺栓孔或铆钉孔等。由于压杆稳定性取决于整个杆件的抗弯刚度，因此对于压杆进行稳定性分析时，可按未削弱的截面计算截面惯性矩和面积。但对被削弱的截面应进行强度校核。

例题 10-3 一个两端球铰的等截面圆柱压杆，长度 $l = 703\text{mm}$，直径 $d = 45\text{mm}$，受轴向压力 $F = 41.6\text{kN}$。其材料为优质碳钢，$\sigma_s = 306\text{MPa}$，$\sigma_p = 280\text{MPa}$，$E = 210\text{GPa}$，稳定安全因数 $[n_{st}] = 10$。试校核其稳定性。

解：1）计算柔度，判断压杆的类型。

查表得 $a = 461\text{MPa}$，$b = 2.57\text{MPa}$，有

$$\lambda_p = \sqrt{\frac{\pi^2 E}{\sigma_p}} = \sqrt{\frac{\pi^2 \times 210 \times 10^9 \text{Pa}}{280 \times 10^6 \text{Pa}}} = 86, \lambda_s = \frac{a - \sigma_s}{b}$$

$$= \frac{461 \times 10^6 \text{Pa} - 306 \times 10^6 \text{Pa}}{2.57 \times 10^6 \text{Pa}} = 60.3$$

压杆为两端铰支，因此取 $\mu = 1$。对于圆截面杆，有

$$i = \sqrt{\frac{I}{A}} = \sqrt{\frac{\dfrac{\pi d^4}{64}}{\dfrac{\pi d^2}{4}}} = \frac{d}{4}$$

则有

$$\lambda = \frac{\mu l}{i} = \frac{\mu l}{\dfrac{d}{4}} = \frac{1 \times 703 \times 10^{-3}\text{m}}{\dfrac{1}{4} \times 45 \times 10^{-3}\text{m}} = 62.5$$

即 $\lambda_s < \lambda < \lambda_p$，为中柔度杆。

2）求临界压力。

应用直线型经验公式可得

$$\sigma_{cr} = a - b\lambda = (461 - 2.57 \times 62.5)\text{MPa} = 300\text{MPa}$$

$$F_{cr} = \sigma_{cr} A = 300 \times 10^6 \text{Pa} \times \frac{\pi}{4} \times (45 \times 10^{-3})^2 \text{m}^2 = 477\text{kN}$$

3）校核稳定性。

$$n = \frac{F_{cr}}{F} = \frac{477\text{kN}}{41.6\text{kN}} = 11.5 > [n_{st}] = 10$$

该压杆满足稳定安全要求。

例题 10-4 某内燃机挺杆的杆长 $l = 25.7\text{cm}$、圆形截面的直径 $d = 8\text{mm}$；两端球形铰支；材料的弹性模量 $E = 210\text{GPa}$、比例极限 $\sigma_p = 240\text{MPa}$；挺杆所受最大压力 $F = 1.76\text{kN}$。若规定的稳定安全因数 $n_{st} = 3$，试校核挺杆的稳定性。

解： 1）计算挺杆的临界力。

挺杆两端铰支，长度因数 $\mu = 1$。截面惯性半径 $i = \dfrac{d}{4} = 2\text{mm}$。挺杆的柔度

$$\lambda = \frac{\mu l}{i} = \frac{1 \times 0.257}{2 \times 10^{-3}} = 128.5 > \lambda_p = \sqrt{\frac{\pi^2 E}{\sigma_p}} = 92.9$$

故挺杆为大柔度杆，由欧拉公式得其临界力

$$F_{cr} = \sigma_{cr} A = \frac{\pi^2 E}{\lambda^2} \times \frac{\pi d^2}{4} = \frac{\pi^3 \times 210 \times 10^9 \times 8^2 \times 10^{-6}}{128.5^2 \times 4} \text{N} = 6.3\text{kN}$$

2）稳定计算。

由压杆的稳定条件，得

$$n = \frac{F_{cr}}{F} = \frac{6.3\text{kN}}{1.76\text{kN}} = 3.58 > n_{st}$$

所以，挺杆的稳定性满足要求。

例题 10-5 三脚架受力如图 10-7a 所示，其中 AB 杆长 l 为 1.5m，BC 杆为 10 工字钢，参数为 $i_{min} = i_z = 15.2\text{mm}$，$A = 1434.5\text{mm}^2$，弹性模量 $E = 200\text{GPa}$，比例极限 $\sigma_p = 200\text{MPa}$，若稳定安全因数 $[n_{st}] = 2.2$，试从 BC 杆的稳定考虑，求结构的许可载荷 $[F]$。

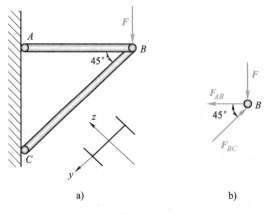

a)   b)

图 10-7

解：1）计算柔度，确定 BC 杆的类型

$$\lambda_p = \sqrt{\frac{\pi^2 E}{\sigma_p}} = \sqrt{\frac{\pi^2 \times 200 \times 10^3 \text{MPa}}{200\text{MPa}}} = 99.3$$

其杆端约束为两端铰支，柔度 λ 为

$$\lambda = \frac{\mu l}{i_z} = \frac{1 \times l}{i_z} = \frac{1 \times \sqrt{2} \times 1.5 \times 10^3}{15.2} = 139.6$$

2）计算临界力。

由于 $\lambda > \lambda_p$，可以用欧拉公式计算其临界力，故 BC 杆能承受的最大载荷为

$$F_{BC\max} = \frac{F_{cr}}{[n_{st}]} = \frac{\pi^2 EA}{\lambda^2 [n_{st}]} = \frac{\pi^2 \times 200 \times 10^3 \text{MPa} \times 1434.5\text{mm}^2}{139.6^2 \times 2.2} = 66\text{kN}$$

3）确定结构的许可载荷。

考察节点 B 的平衡，如图 10-7b 所示，由平衡方程可得

$$F = \frac{\sqrt{2}}{2} F_{BC}$$

因此有

$$[F] = \frac{\sqrt{2}}{2} F_{BC\max} = 46.7\text{kN}$$

10.3 提高杆件强度、刚度和稳定性的一些措施

设计构件时应在保证构件安全性能的前提下，节省材料、减轻构件的自重以达到经济的目的。从构件的强度、刚度和稳定性的相关计算中可知，构件的截面形状和尺寸、构件的受力情况、约束条件及材料的性质都会影响到构件的强度、刚度和稳定性。提高杆件的强度、刚度和稳定性，可以从选择合理的截面形状、改善结构的受力情况和合理选择材料等几个方面加以考虑。

1. 选择合理的截面形状

通过前几章的学习可知，受弯构件横截面的惯性矩越大，其危险点的应力越小，构件具有更好的拉伸强度；同样，受扭构件截面的极惯性矩越大，其危险点的切应力越小，构件的扭转强度越好。由欧拉公式 $F_{cr} = \frac{\pi^2 EI}{(\mu L)^2}$ 可知，压杆截面的惯性矩越大，临界应力越大，其稳定性越好。由平面图形几何性质可知，截面积相同时，空心构件的惯性矩和极惯性矩要比实心构件的大。选择较小的横截面面积、同时具有较大的截面模量的截面形状对于提高构件的强度更为合理。

表 10-4 列举了几种常用截面的有关几何性质。由表可知，相同截面积情况

下，工字形截面的 W_z/A 最大。

表 10-4　截面 W_z/A 数值表

截面形状	矩形	圆形	槽钢	工字钢
W_z/A	$0.167h$	$0.123d$	$(0.27\sim0.31)h$	$(0.27\sim0.31)h$

当压杆的材料和相当长度 μl 一定时，细长压杆的临界应力是随杆截面惯性半径的增加而提高的。所以，细长压杆截面形状的选择应以不增加横截面面积，提高横截面惯性矩，从而提高截面惯性半径为原则。为此，应尽量使截面材料远离截面的中性轴。如用空心圆管以及用角钢、槽钢等型钢和它们组成的组合柱制成压杆，就要比用实心截面的稳定性高。由两槽钢组合的压杆，采用图 10-8b 所示的组合形式，其结构的整体稳定性要比图 10-8a 所示的形式好。需要指出的是，不能为了追求大的惯性矩而采用壁厚很薄的截面形状，这样做不仅会导致结构的整体尺寸过大，而且局部壁厚过薄容易产生局部稳定失效。

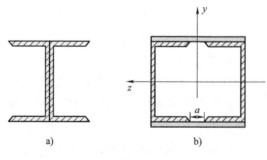

图 10-8

2. 充分利用材料性能

对于受弯构件，若其材料的抗拉、抗压性能相同，则应采用中性轴对称的截面，这样可以使得截面上下边缘处的最大拉应力与最大压应力同时达到材料的许用值。对于抗拉和抗压强度不相等的材料（如铸铁），应使中性轴偏于强度较弱（受拉）的一边，使其边缘处的拉应力与压应力同时达到许用值。如图 10-9 所示。

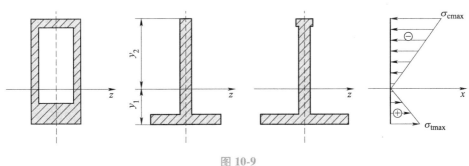

图 10-9

3. 改善构件的受力情况

降低构件的内力显然能够降低构件内部的应力，减少其变形。以受弯梁为例，可以通过合理安排支座和合理配置载荷来改善梁的受力情况，以降低梁内最大弯矩。

（1）合理安排支座 将图 10-10a 所示漂的两支座分别向梁中心方向移动 $0.2l$ 后（图 10-10b），梁内的最大弯矩是移动之前的 0.2 倍。工程上常用减小梁的跨度来减小最大弯矩。在跨度不能减小的情况下，可采取增加约束的方法提高梁的刚度。如车削细长工件时，除用尾座顶针外，有时还加用中心架或跟刀架，以减小工件的变形，提高加工精度，减小表面粗糙度。对较长的传动轴，有时采用三支承以提高轴的刚度。

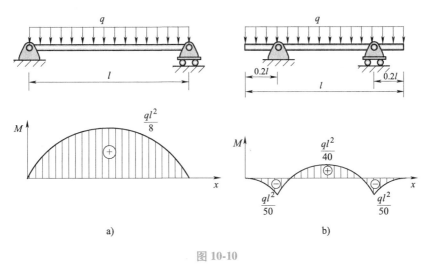

图 10-10

（2）合理配置载荷 在情况允许的条件下，可以通过把较大的集中力分散成较小的力来降低最大弯矩。如图 10-11a 所示简支梁，跨度中心作用有集中力，梁的最大弯矩为 $M_{max} = 0.25Fl$。如果将集中力 F 分散成图 10-11b 所示的两个集中力，梁的最大弯矩降低为 $M_{max} = 0.125Fl$。因此在条件允许的情况下，通过合理安排约束和加载方式，可以显著减少梁内的最大弯矩。

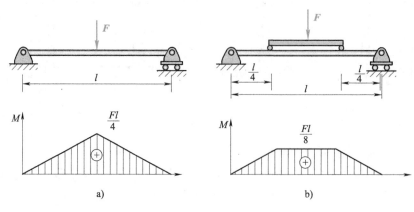

图 10-11

梁在各截面上的弯矩随截面的位置而变化，若梁各截面的抗弯截面系数 W_z 相等，那么除了最大弯矩所在截面，其他截面处的材料没有充分利用。为了节约材料，减轻自重，若使弯曲梁的各个截面上的最大应力均为许用应力，即

$$\sigma(x) = \frac{M(x)}{W_z(x)} = [\sigma]$$

满足这个条件的梁称为等强度梁，工业厂房中的鱼腹梁（图 10-12a）和机械上常用的叠板弹簧（图 10-12b）就是利用等强度的概念设计的。理想等强度梁的形状有时可能不便于制造、加工、安装，因此工程实际中常将梁设计成变截面的，即在弯矩较大处采用较大截面，而在弯矩较小处采用较小截面，例如，大型机械设备中的阶梯轴，如图 10-12c 所示。

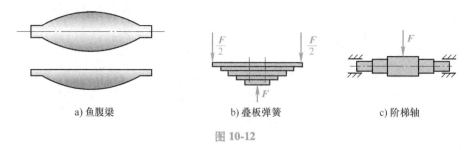

a) 鱼腹梁　　　　　　　b) 叠板弹簧　　　　　　　c) 阶梯轴

图 10-12

对于细长杆，减小相当长度 μl 可以显著提高压杆的承载能力。可以通过改变结构或增加支座达到减小杆长、提高压杆承载能力的目的。例如，矿厂中架空管道的受压支柱（图 10-13），如在两根支柱间加上横向和斜向支撑，相当于在每个支柱的中间增加了支座，减小了压杆的长度，从而提高了支柱的稳定性。

也可以用长度因数小的约束替代长度因数大的约束，如将两端铰支的细长压杆变为两端固定约束的情形，可以使临界载荷将成倍增加从而提高其稳定性。

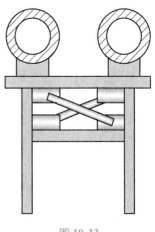

4. 合理地选用材料

合理地选用材料，对提高构件的安全使用也能起到一定的作用。

对于大柔度杆，由欧拉公式可知，材料的弹性模量 E 越大，压杆的临界力就越大。故选用弹性模量较大的材料可以提高压杆的稳定性。但必须注意，由于一般钢材的弹性模量大致相同，且临界力与材料的强度指标无关，因此选用优质高

图 10-13

强度钢并不能起到提高细长压杆（大柔度杆）稳定性的作用。

对于中柔度杆，由表 10-2 可知，采用强度高的优质钢，系数 a 显著增大，按经验公式，压杆的临界应力也相应提高，故其稳定性好。至于柔度很小的短杆，本来就是强度问题，优质钢材的强度高，其优越性自然是明显的。

最后指出，构件的弹性模量 E 值越大弯曲变形越小。由于各种钢材的弹性模量 E 大致相同，所以为提高弯曲刚度而采用高强度钢材，并不会达到预期的效果。

思　考　题

10-1　何谓失稳？如何区别压杆的稳定平衡和不稳定平衡？

10-2　压杆的失稳与梁的弯曲变形在本质上有何区别？

10-3　何谓临界压力？它的值与哪些因素有关？

10-4　何谓柔度？它与压杆的承载能力有什么关系？

10-5　如思考题 10-5 图所示三个压杆横截面相同，哪个压杆最容易失稳？哪个压杆的临界压力值最小。

10-6　如思考题 10-6 图所示的四种截面形状中，在杆件长度、材料、约束条件和横截面面积等条件均相同的情况下，哪种截面形状的

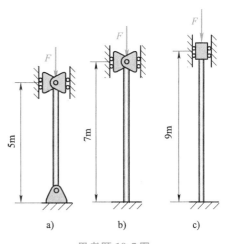

a)　　　　　　b)　　　　　　c)

思考题 10-5 图

压杆稳定性最好？为什么？

 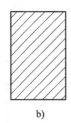  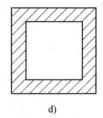

a)　　　　　　　b)　　　　　　　c)　　　　　　　d)

思考题 10-6 图

10-7　如何绘制某种材料压杆的临界应力总图？

10-8　如何区分大、中、小柔度杆？它们的临界应力如何确定？

10-9　欧拉公式的适用范围是什么？它的根据是什么？

10-10　试归纳计算压杆临界压力的步骤。

10-11　两根细长压杆 a、b 的长度，横截面面积，约束状态及材料均相同，若 a、b 杆的横截面形状分别为正方形和圆形，哪一个压杆的临界压力大？

习 题

10-1　两端铰支细长压杆如习题 10-1 图所示，杆的直径 $d=20\text{mm}$，长度 $l=800\text{mm}$，材料为 Q235 钢，$E=200\text{GPa}$。试确定压杆的临界载荷。

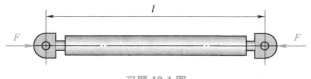

习题 10-1 图

10-2　如习题 10-2 图所示压杆，其直径均为 d，材料都是 Q235，但两者的长度和约束都不同。（1）分析哪一根的临界载荷较大；（2）若 $d=160\text{mm}$，$E=205\text{GPa}$，计算两杆的临界载荷。

10-3　一木柱两端为球形铰支，其横截面为 $120\text{mm}\times200\text{mm}$ 的矩形，长度为 4m。木材的 $E=10\text{GPa}$、$\sigma_p=20\text{MPa}$；直线型经验公式中的常数 $a=28.7\text{MPa}$、$b=0.19\text{MPa}$。试求木柱的临界应力。

10-4　有一杆长 $l=300\text{mm}$，截面宽 $b=6\text{mm}$、高 $h=10\text{mm}$ 的压杆。两端铰接，压杆材料为 Q234 钢，$E=200\text{GPa}$，试计算压杆的临界应力和临界力。

10-5　无缝钢管厂的穿孔顶杆如习题 10-5 图所示，杆端承受压力。杆长 $l=4.5\text{m}$，横截面直径 $d=15\text{cm}$，材料为低合金钢，$E=210\text{GPa}$。两端可简化为铰支座，规定的稳定安全因数为 $[n_{st}]=3.3$。试求顶杆的许可载荷。

10-6　两端球铰铰支等截面圆柱压杆，长度 $l=703\text{mm}$，直径 $d=45\text{mm}$，材料为优质碳钢，

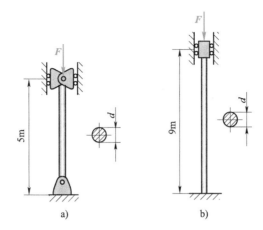

习题 10-2 图

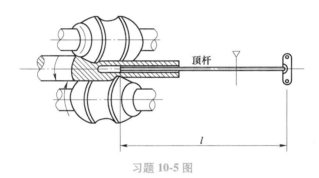

习题 10-5 图

$\sigma_s = 306\text{MPa}$，$\sigma_p = 280\text{MPa}$，$E = 210\text{GPa}$。最大轴向压力 $F_{\max} = 41.6\text{kN}$，稳定安全因数 $[n_{\text{st}}] = 10$。试校核其稳定性。

10-7　如习题 10-7 图所示的油缸直径 $D = 45\text{mm}$，油压 $p = 1.2\text{MPa}$。活塞杆长度 $l = 1250\text{mm}$，材料的 $\sigma_p = 220\text{MPa}$，$E = 210\text{GPa}$，稳定安全因数 $[n_{\text{st}}] = 6$。试确定活塞杆的直径 d。

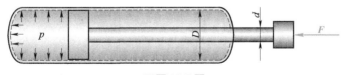

习题 10-7 图

10-8　两端球铰铰支圆截面木柱，高 $l = 6\text{m}$，直径 $d = 20\text{cm}$，承受轴向压力 $F = 50\text{kN}$，已知木材的临界应力 $[\sigma_{\text{cr}}] = 2.08\text{MPa}$，试校核其稳定性。

10-9　外径与内径之比 $D/d = 1.2$ 的两端固定压杆，材料为 Q235 钢，$E = 200\text{GPa}$，$\lambda_p = 100$。试求能应用欧拉公式时，压杆长度与外径的最小比值，以及这时的临界压应力。

10-10　习题 10-10 图所示为槽形钢质受压杆，两端均为球铰。已知槽钢的型号为 16a，材料的比例极限 $\sigma_p = 200\text{MPa}$，弹性模量 $E = 200\text{GPa}$。试求可用欧拉公式计算临界力的最小长度。

10-11　由 Q235 钢制成的压杆，两端铰支，屈服强度 $\sigma_s = 235\text{MPa}$，比例极限 $\sigma_p = 200\text{MPa}$，弹性模量 $E = 200\text{GPa}$，杆长 $l = 700\text{mm}$，截面直径 $d = 45\text{mm}$，杆承受轴向压力 $F = 100\text{kN}$。稳定安全因数 $[n_{st}] = 2.5$。试校核此杆的稳定性。

10-12　如习题 10-12 图所示结构，材料为 Q235 No.14 工字钢。已知其 $W_z = 102\text{cm}^3$，$A = 21.5\text{cm}^2$，$F = 25\text{kN}$，$\alpha = 30°$，$a = 1250\text{mm}$，$l = 550\text{mm}$，$d = 20\text{mm}$，$E = 206\text{GPa}$，$\sigma_p = 200\text{MPa}$，$[\sigma] = 160\text{MPa}$，$[n_{st}] = 2$。试校核此结构是否安全。

10-13　蒸汽机车的连杆如习题 10-13 图所示，截面为工字形，材料为 Q235 钢。连杆所受最大轴向压力为 465kN。连杆在摆动平面（$x\text{-}y$ 平面）

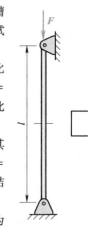

习题 10-10 图

内发生弯曲时，两端可视为铰支；而在与摆动平面垂直的 $x\text{-}z$ 平面内发生弯曲时，两端可视为长度因数 $\mu = 0.7$ 的弹性固支。试确定其工作安全因数。

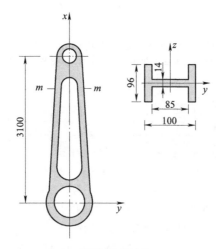

习题 10-12 图

习题 10-13 图

10-14　如习题 10-14 图所示，托架中的 AB 杆的直径 $d=36\text{mm}$，长度 $l=1\text{m}$，两端为球铰支承，材料为 Q235 钢，弹性模量 $E=200\text{GPa}$ 杆 AB 的稳定安全因数 $n_{st}=2.0$，横梁为 18 普通热轧工字钢，$[\sigma]=160\text{MPa}$。试问托架所能承受的最大载荷 F_{max} 是多少？

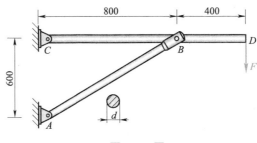

习题 10-14 图

10-15　如习题 10-15 图所示，某立柱由四根 45mm×45mm×4mm 的角钢组成，柱长 $l=8\text{m}$。立柱两端为铰支，材料为 Q235 钢，规定的稳定安全因数 $n_{st}=1.6$。当所受轴向压力 $F=40\text{kN}$ 时，试校核其稳定性。

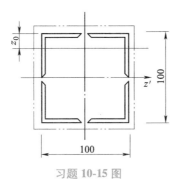

习题 10-15 图

第 11 章
简单超静定问题

本章先介绍静定结构和超静定结构的一些基本概念，讨论简单超静定结构问题的求法，然后简要说明装配应力和温度应力的概念。本章意图为读者建立起超静定结构问题求解的基本概念和基本方法，为进一步深入学习打下基础。

11.1 超静定结构的基本概念

在前述各章中，我们已经了解了如何通过静力学平衡方程来求解结构的约束力和内力。图 11-1a 所示的平面结构共有三个约束力，可通过三个独立平衡方程求解全部的约束力。全部约束力和内力均可以通过静力平衡方程求得的结构，称为静定结构。若在其上增加一个铰支座（图 11-1b），这时结构上的未知约束力的数目超过平衡方程数目，则无法通过静力平衡方程求出其所有的约束力。若无法通过静力平衡方程求出全部约束力或内力的结构，称为超静定结构（或静不定结构）。超静定结构具有较强的承载能力，在工程中得到了广泛应用，例如国家体育场鸟巢的总体结构、大型多跨钢桥等。虽然在工程实际中，很多复杂结构的约束力或内力都是无法通过静力平衡方程直接求得的，如何求解是属于结构力学或弹性力学的内容，但是一些简单超静定问题我们依然可以通过已有的材料力学知识加以解决。

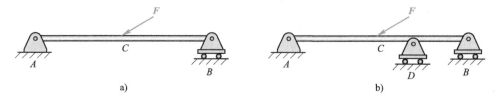

图 11-1

根据结构的约束特点，超静定结构大致可以分成三类，支座约束力不能全部由静力平衡方程求出的，称为外力超静定结构，如图 11-1b、图 11-2a 所示；结构内力不能全部由静力平衡方程求出的，称为内力超静定结构，如图 11-2b、c 所示；约束力、内力均无法全部由静力平衡方程求出的，称为混合超静定结构，如图 11-2d 所示。

在静定结构上增加的约束称为多余约束，相应的约束力称为多余约束力。图 11-1b 中增加的可动铰支座 D，图 11-2b 中构件 BC 就是多余约束。在工程结构中，为了提高安全度或者是增加结构刚性等其他原因，往往需要增加一些额外的约束，这些约束虽然被称为"多余"，但是在工程意义上并非多余。举例来说，图 11-2a 中增加了 B 处的可动铰支座使梁的整体变形大幅度减小；又如在图 11-2b 中，如果没有构件 BC 这一多余约束，则一旦受力过大导致构件 AD 发生强度失效，结构将演变成几何可变的机构，这在工程中是非常危险的。

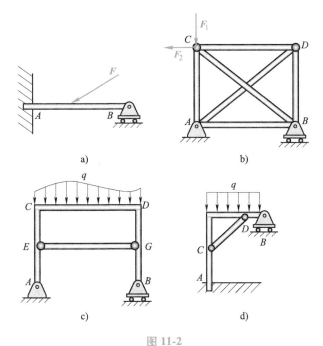

图 11-2

超静定结构的内外约束力总数或者内力数与可列的独立静力平衡方程的个数的差值称为超静定次数。图 11-2a、b、c 所示是一次超静定，而图 11-2d 所示是两次超静定结构。以上不难得出结构的超静定次数就等于它的多余约束力的个数。

由于存在多余约束力，可列的独立静力平衡方程个数要少于未知量的个数。为求解全部的未知量，还需要建立与超静定次数相等数量的补充方程，这是求解超静定问题的关键所在。对于不同的问题，建立补充方程的方法也略有差异，以下各节将展开讨论。

11.2　拉压超静定问题

如图 11-3a 所示的三杆桁架，假设杆 1 和杆 2 的横截面面积、杆长、材料均相同，即 $A_1 = A_2$，$l_1 = l_2$，$E_1 = E_2$，杆 3 的横截面面积和弹性模量分别为 A_3 和 E_3，分析在竖直作用载荷 $\boldsymbol{F}$ 下各杆的轴力。

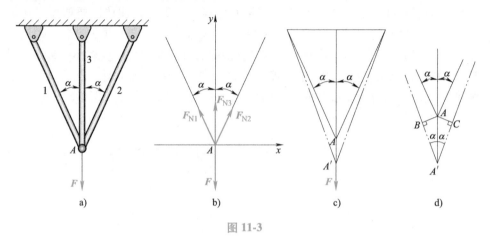

图 11-3

1. 静力分析

以节点 A 为研究对象，画出受力分析图，如图 11-3b 所示，列出平衡方程

$$\sum F_x = 0, \quad -F_{N1}\sin\alpha + F_{N2}\sin\alpha = 0 \tag{a}$$

$$\sum F_y = 0, \quad F_{N3} + F_{N1}\cos\alpha + F_{N2}\cos\alpha - F = 0 \tag{b}$$

由式（a）可知，$F_{N1} = F_{N2}$，代入式（b），可得

$$2F_{N1}\cos\alpha + F_{N3} - F = 0 \tag{c}$$

存在三个未知力和两个独立的平衡方程，因此是一次超静定，需要建立一个补充方程。

2. 几何分析

如图 11-3c 所示，三个杆原交于点 A，受力作用后，由于结构对称、刚度对称、受力对称，节点 A 只能沿竖直方向发生位移。考虑结构只发生非常微小的变形，即小变形假设，可以认为 $\angle BA'A = \angle AA'C = \alpha$。受力以后，杆 3 的轴向变形 $\Delta l_3 = AA'$，杆 1 和杆 2 的变形可近似为 $\Delta l_1 = BA'$，$\Delta l_2 = CA'$，如图 11-3d 所示。采用了以切线代替弧线的近似方法。由于三个杆变形后仍交于一点 A'，因此必须满足以下关系：

$$\Delta l_1 = \Delta l_2 = \Delta l_3 \cos\alpha \tag{d}$$

式（d）是变形几何关系，也称为变形协调关系。

3. 物理关系

考虑三个杆均处于弹性范围内，则根据胡克定律，各杆轴力与其变形之间存在以下关系：

$$\Delta l_1 = \frac{F_{N1} l_1}{E_1 A_1} \qquad (e)$$

$$\Delta l_3 = \frac{F_{N3} l_3}{E_3 A_3} = \frac{F_{N3} l_1 \cos\alpha}{E_3 A_3} \qquad (f)$$

将式（e）、式（f）代入式（d），得到以轴力表示的变形协调方程，即补充方程为

$$F_{N1} = \frac{E_1 A_1}{E_3 A_3} \cos^2\alpha \cdot F_{N3} \qquad (g)$$

联立求解式（a）、式（b）以及补充方程（g），得到各杆轴力

$$F_{N1} = F_{N2} = \frac{F \cos^2\alpha}{2 \cos^3\alpha + \dfrac{E_3 A_3}{E_1 A_1}} \qquad (h)$$

$$F_{N3} = \frac{F}{1 + 2 \dfrac{E_1 A_1}{E_3 A_3} \cos^3\alpha} \qquad (i)$$

受轴向拉压的杆件，我们把其弹性模量和横截面面积的乘积称为抗拉（压）刚度。在上述问题中，若假设 $\alpha = 0°$，即三个杆均处于竖直位置，且令杆3的抗拉（压）刚度是杆1、2的两倍，即 $E_3 A_3 = 2E_1 A_1 = 2E_2 A_2$，容易计算 $F_{N1} = F_{N2} = \frac{1}{4}F$，$F_{N3} = \frac{1}{2}F$，这说明了刚度越大的杆件，所受到的力也越大。

对于 n 次超静定系统，多余杆件的变形必须与其他杆件的变形相协调，分析表明，总可以找到 n 个变形协调关系，相应建立起 n 个补充方程。

综上所述，一般求解拉压超静定问题的基本步骤如下：

1）列出静力学平衡方程。

2）根据变形与约束应相互协调的要求列出变形几何方程。

3）列出物理关系，通常是胡克定律。

4）由2）、3）两步得到补充方程。

5）联立求解平衡方程和补充方程，得到问题的解答。

例题 11-1　如图 11-4a 所示的结构，设横梁 AB 为刚性杆（没有变形，只存在有刚体位移），杆1、2的横截面面积相等，均为 A，材料相同，弹性模量均为 E，试求杆1、2的内力。

分析：根据题意，可假设刚性杆在受到外力 F 作用后发生微小的绕着点 A 转动的刚体位移，如图 11-4c 所示，这时可以判断杆1、2受拉，于是取刚性作为研究对象，画出受力分析图如图 11-4b 所示，在此基础上建立平衡方程，分析其超静定次数，并根据变形协调关系列出补充方程，并求解。

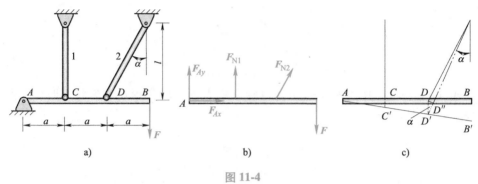

图 11-4

解：1）静力平衡方程。

依照图 11-4b，建立平衡方程

$$\sum M_A = 0, \quad F_{N1} \cdot a + F_{N2}\cos\alpha \cdot 2a - F \cdot 3a = 0 \tag{a}$$

$$\sum F_x = 0, \quad F_{Ax} + F_{N2}\sin\alpha = 0 \tag{b}$$

$$\sum F_y = 0, \quad F_{Ay} + F_{N1} + F_{N2}\cos\alpha - F = 0 \tag{c}$$

本问题有 4 个未知量，但只能列出 3 个独立平衡方程，因此是一次超静定问题。

2）变形协调关系。

考虑图 11-4c，杆轴线处于 AB'，且仍然为直线，杆 1 的变形 $\Delta l_1 = CC'$，根据以切线代替弧线的方法，杆 2 的变形 $\Delta l_2 = D'D''$，如图 11-4c 所示。由变形几何关系，$DD' = 2CC'$，又因为 $D'D'' = DD'\cos\alpha$，可得到杆 1、2 的变形应满足以下关系：

$$\frac{\Delta l_2}{\cos\alpha} = 2\Delta l_1 \tag{d}$$

3）物理关系。

由胡克定律，$\Delta l_1 = \dfrac{F_{N1}l}{EA}$，$\Delta l_2 = \dfrac{F_{N2}l}{EA\cos\alpha}$，代入式（d），得

$$\frac{F_{N2}l}{EA\cos^2\alpha} = 2\frac{F_{N1}l}{EA} \tag{e}$$

由式（e）和式（a）解得

$$F_{N1} = \frac{3F}{4\cos^3\alpha + 1}, \quad F_{N2} = \frac{6F\cos^2\alpha}{4\cos^3\alpha + 1}$$

将上述结果代入式（b）、式（c）可解出 A 处的约束力。

11.3 扭转超静定问题

和拉压超静定问题相仿，扭转超静定问题的关键也是建立正确的变形协调关系。一般来说，扭转超静定问题限制了扭转角，因此变形协调关系是建立在

求扭转角的基础上的；类似地，物理关系采用剪切胡克定律。以下以一个具体的例题说明扭转超静定问题的求解过程和方法。

例题 11-2　如图 11-5a 所示圆截面轴，AC 段为实心圆截面，直径 $D=20\text{mm}$，CB 段为空心圆截面，内径 $d=16\text{mm}$。轴两端 A、B 为固定端，在实心和空心交界截面 C 处受外力偶 $M_e=120\text{N·m}$ 作用，已知材料的切变模量 $G=80\text{GPa}$，求轴两端的约束力偶矩的大小。

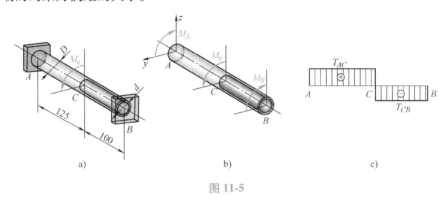

图 11-5

解：1）静力平衡方程。

将轴上 A、B 两端的约束去掉，取而代之以待求的约束力偶 M_A 和 M_B，如图 11-5b 所示。可得平衡方程为

$$\sum M_{AB}=0, \quad -M_A+M_e-M_B=0 \tag{a}$$

为一次超静定问题，可大致得到轴的扭矩图，且 $T_{AC}=M_A$，$T_{CB}=-M_B$，如图 11-5c 所示。

2）变形协调关系。

由于轴两端 A、B 固定，因此 A、B 的相对扭转角 $\varphi_{AB}=0$，即变形协调条件为

$$\varphi_{AB}=\varphi_{AC}+\varphi_{CB}=0 \tag{b}$$

3）物理关系。

根据相对扭转角 $\varphi_{AC}=\dfrac{T_{AC}l_{AC}}{GI_{pAC}}$，$\varphi_{CB}=\dfrac{T_{CB}l_{CB}}{GI_{pCB}}$，代入式（b），得

$$\frac{T_{AC}l_{AC}}{GI_{pAC}}+\frac{T_{CB}l_{CB}}{GI_{pCB}}=\frac{M_Al_{AC}}{GI_{pAC}}-\frac{M_Bl_{CB}}{GI_{pCB}}=0 \tag{c}$$

代入数据得

$$\frac{M_A\times125\times10^{-3}\text{m}}{80\times10^9\text{Pa}\times\dfrac{\pi\times(20)^4\times10^{-12}}{32}\text{m}^4}-\frac{M_B\times100\times10^{-3}\text{m}}{80\times10^9\text{Pa}\times\dfrac{\pi\times(20)^4\times10^{-12}}{32}\text{m}^4\times\left[1-\left(\dfrac{16}{20}\right)^4\right]}=0$$

$$\tag{d}$$

解得

$$M_B = 0.738 M_A \tag{e}$$

根据式（a）得

$$M_A + M_B = 120\text{N} \cdot \text{m} \tag{f}$$

联立式（e）、式（f）两式，解得

$$M_A = 69\text{N} \cdot \text{m}, M_B = 51\text{N} \cdot \text{m}$$

11.4　超静定梁

在工程中有大量超静定梁结构，例如多跨连续桥梁，水利工程中的钢闸门的主梁都可以视为多跨连续梁，这些都属于多次超静定结构。在结构力学中有专门的章节讲述多跨连续梁的求解方法，如力法、位移法、三弯矩方程等，通过已有的一些结构力学求解器，也可以很方便地直接求出多跨连续梁的剪力图和弯矩图。在本节，我们仅介绍可以用已有的材料力学知识解决的简单超静定梁问题。

和拉压及扭转超静定问题相仿，对于超静定梁的求解，除应建立平衡方程外，还需要利用变形协调条件以及力与位移之间的物理关系，建立补充方程。现以图 11-6a 所示梁为例，说明求解超静定问题的方法。

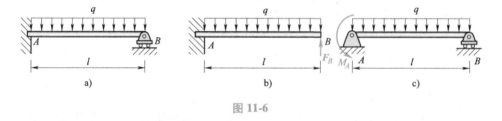

图 11-6

这是一个一次超静定梁问题，设想去掉多余约束支座 B，相应地在 B 处施加多余约束力 $\boldsymbol{F}_B$，系统的受力不变，如图 11-6b 所示，考虑原系统支座 B 处挠度必定为零，即变形协调条件 $w_B = 0$，则此系统称为原超静定问题的**相当系统**。

在图 11-6b 中，由于载荷 q 单独引起的点 B 的挠度 $w_B^q = -\dfrac{ql^4}{8EI}$，由于集中力 $\boldsymbol{F}_B$ 单独引起的点 B 的挠度 $w_B^F = \dfrac{F_B l^3}{3EI}$。根据叠加原理，有

$$w_B = w_B^q + w_B^F = -\frac{ql^4}{8EI} + \frac{F_B l^3}{3EI} = 0$$

求解上式，得到多余约束力 $F_B = \dfrac{3ql}{8}$。求得多余约束力后，截面 A 的约束力 $\boldsymbol{F}_B$、

M_A 可由静力平衡方程计算得到，进而可以画出梁的剪力图和弯矩图，计算应力、挠度；进行强度和刚度分析。

需要注意的是，超静定结构的相当系统通常并不是唯一的，若以图 11-6c 所示，将固定端退化为固定铰支座，并施加多余约束力偶 M_A，此相当系统对应的变形协调条件为 $\theta_A = 0$。

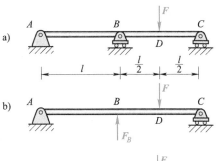

例题 11-3 如图 11-7a 所示的双跨简支梁，受到集中力 F 作用，求约束力，并画出剪力图和弯矩图，设梁的抗弯刚度 EI 为常数。

解： 1）相当系统。

容易判断，本问题是一次超静定梁。以支座 B 为多余约束，解除约束 B 代之以多余未知力 F_B，得到相当系统，如图 11-7b 所示。

2）静力平衡方程。

取梁为研究对象，画出受力分析图如图 11-7c 所示。

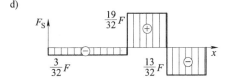

$$\sum F_y = 0, F_{Ay} + F_B + F_C - F = 0 \tag{a}$$

$$\sum M_A = 0, F_C \cdot 2l + F_B \cdot l - F \cdot \frac{3l}{2} = 0 \tag{b}$$

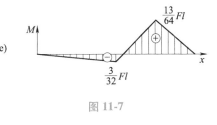

图 11-7

3）变形协调条件。

原系统中支座 B 没有竖直方向的位移，因此有

$$w_B = 0 \tag{c}$$

在集中力 F、F_B 单独作用时，截面 B 的挠度根据表 10-1，分别有

$$w_B^F = -\frac{11Fl^3}{96EI}, w_B^{F_B} = \frac{F_B l^3}{6EI} \tag{d}$$

根据叠加原理

$$w_B = w_B^F + w_B^{F_B} = 0 \tag{e}$$

将式（d）代入式（e），得 $-\dfrac{11Fl^3}{96EI} + \dfrac{F_B l^3}{6EI} = 0$，计算可得 $F_B = \dfrac{11}{16}F$。将 F_B 计算结果依次代入式（b）、式（a），可计算出约束力

$$F_{Ay} = -\frac{3}{32}F, \quad F_C = \frac{13}{32}F$$

根据约束力结果，绘出梁的剪力图、弯矩图分别如图 11-7d、e 所示。

本问题也可解除支座 C，建立不同的相当系统，这时对于截面 B 的挠度计算会略有难度，读者可自行尝试计算。

11.5 温度应力和装配应力

1. 温度应力

众所周知，温度的变化将引起物体的膨胀或收缩。当温度变化 ΔT 时，杆件的温度变形 Δl_T 应为

$$\Delta l_T = \alpha \Delta T \cdot l \tag{11-1}$$

式中，α 为材料的热膨胀系数，其单位为 ℃^{-1}；l 是杆件的长度。

静定结构由于可以自由变形，因此，当温度均匀变化时，并不会引起构件的内力（图 11-8a）。但是超静定结构的热变形由于受到部分或全部约束，不能自由变形，往往就要引起内力（图 11-8b）。由于温度变化引起的杆件内部的应力称为温度应力。

如图 11-8b 所示的超静定梁，当环境温度升高 ΔT 后，由平衡方程，只能得出

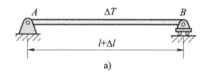 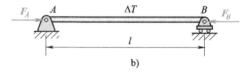

图 11-8

$$F_A = F_B$$

这并不能确定约束力的数值，拆除约束 B，允许杆件自由伸缩，杆件的温度变形应为 $\Delta l_T = \alpha \Delta T \cdot l$，然后再在右端作用 F_B，杆件因为 F_B 作用发生的变形为 $\Delta l = -\dfrac{F_B l}{EA}$，负号表示缩短。实际上，由于两端都是固定支座，杆件长度不能变化，必须有

$$\Delta l + \Delta l_T = 0 \tag{11-2}$$

这就是补充的变形协调方程。式（11-2）也可写为

$$-\frac{F_B l}{EA} + \alpha \Delta T \cdot l = 0$$

由此求出

$$F_B = EA\alpha\Delta T$$

温度应力

$$\sigma_T = \frac{F_N}{A} = \frac{F_B}{A} = E\alpha\Delta T \tag{11-3}$$

碳钢的 $\alpha = 12.5 \times 10^{-8}℃^{-1}$，弹性模量一般为 $E = 200\mathrm{GPa}$，代入式（11-3），有

$$\sigma_T = 200 \times 10^3 \times 12.5 \times 10^{-8}\Delta T = 2.5\Delta T \tag{11-4}$$

可见，当温度变化较大时，温度应力便非常可观。在我国大部分地区，一年中的最高温度和最低温度大约相差 30℃以上，按照式（11-4），超静定结构中的碳钢构件由于温度变化引起的应力变化可达到 75MPa。在日常生活中，为了避免过高的温度应力，我们通常在管道中增加伸缩节，在钢轨各段之间留有伸缩缝，以保证削弱对膨胀自由变形的约束，从而降低温度应力。

2. 装配应力

加工构件时，不可避免地存在一些微小的加工误差。对于静定结构，加工误差只不过是引起结构几何形状的微小变化，并不会引起内力；但是对于超静定结构，加工误差往往会引起内力。如图 11-9 所示，如果杆件的名义长度为 l，加工误差为 $-\delta$，加工后杆件的实际长度为 $l-\delta$，强行将这个杆件装进距离为 l 的固定支座之间，必然引起杆件内

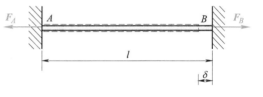

图 11-9

的拉应力，这种应力称为装配应力。强行装配后，内力引起的变形必须要和原有的加工误差相抵消，因此容易算出此时

$$F_A = F_B = \frac{EA \cdot \delta}{l}$$

对于本问题来说，加工误差将引起杆件内的拉应力 $\sigma^+ = \dfrac{E\delta}{l}$，这对杆件的强度是不利的，但是如果事先已经知道杆件将在温度升高 ΔT 的环境下工作，这时由于温度变化引起的杆件内的压应力 $\sigma^- = E\alpha\Delta T$，若加工误差引起的拉应力和温度变化引起的压应力在数值上正好相等，则此时杆件在工作环境下由于温度和装配因素引起的附加应力将相互抵消，显然对杆件的安全反而是有利的。工程中有时会有意制造这种加工误差，使杆件在实际受工作载荷之前内部事先存在一定的应力，这种应力常常被称为预应力。在机械、建筑工程中，为了增强连接的可靠性和紧密性，在受到工作载荷之前，预先增加一部分力，使得构件先发生一定的变形，使其内部产生一定的应力，从而防止结构在受到工作载荷后

连接件间出现缝隙或者相对滑移，这种预先增加的力，我们称为预紧力。其对构件产生的应力实际上就是装配应力。我国古代建筑工匠中流传这样一句工艺俗语："紧车卯子"就是指制作木轮交通运输工具的榫卯结合必须要紧，指在工作中容易松动的连接部位应该施加预紧力。

例题 11-4　吊桥链条的一节由三根长 l 的钢杆组成，简化为如图 11-10a 所示的结构，两端约束视为不变形的刚体，若三杆的横截面面积 A 相等，材料的弹性模量 E 相同，位于中部的钢杆略短于名义长度，且加工误差为 $\delta = l/2000$，求各杆的装配应力。

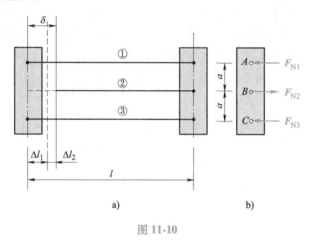

图 11-10

分析：当把较短的位于中间的钢杆与两侧钢杆一同固定于两端的刚体之间时，中间的杆将受到拉伸，两侧的杆将受到压缩，最后在图中虚线所示位置变形相互协调。由此建立变形协调关系。

解：1）静力平衡方程。

取左侧的刚体作为研究对象，画出受力分析图如图 11-10b 所示，建立平衡方程

$$\sum F_x = 0, \quad -F_{N1} + F_{N2} - F_{N3} = 0 \tag{a}$$

$$\sum M_B = 0, \quad F_{N1} \cdot a - F_{N3} \cdot a = 0 \tag{b}$$

可得

$$F_{N1} = F_{N3} = \frac{F_{N2}}{2}$$

2）变形协调关系。

由于杆①和杆③的内力 $F_{N1} = F_{N3}$，材料刚度相同，因此它们的变形也相同，记为 Δl_1；杆②的变形记为 Δl_2。参考图 11-10a，有

$$\Delta l_1 + \Delta l_2 = \delta \tag{c}$$

3）物理关系。

显然，$\Delta l_1 = \dfrac{F_{N1}l}{EA}$，$\Delta l_2 = \dfrac{F_{N2}l}{EA}$，代入式（c），并略加整理，有

$$F_{N1} + F_{N2} = \frac{EA}{l}\delta = \frac{EA}{l} \cdot \frac{l}{2000} = \frac{1}{2000}EA \qquad (\text{d})$$

因 $F_{N1} = F_{N3} = \dfrac{F_{N2}}{2}$，代入式（d），可求得

$$F_{N1} = F_{N3} = \frac{EA}{6000}, F_{N2} = \frac{EA}{3000}$$

 思考题

11-1 试说明什么是静定结构、超静定结构，两者的区别和联系是什么？

11-2 试说明什么是多余约束？多余约束与超静定次数的关系是什么？多余约束在工程实际中是否多余？试举例说明多余约束的作用。

11-3 试说明什么是温度应力。装配应力。试举例说明存在装配应力或温度应力对工程结构的利弊。

11-4 简要说明求解超静定问题的基本步骤和关键点。

11-5 超静定结构所对应的相当系统是否是唯一的？其解答是否是唯一的？

11-6 试判断思考题 11-6 图中各结构是静定的还是超静定的？如果是超静定的，那么它是几次超静定？

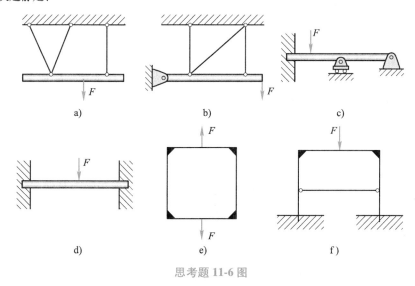

思考题 11-6 图

11-7 试对思考题 11-7 图中的超静定梁给出至少三种不同的相当系统，并给出对应相当系统下的变形协调条件。

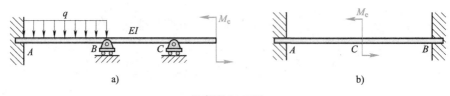

思考题 11-7 图

11-8 试针对思考题 11-8 图所示的多跨连续梁，通过文献检索的方式，了解多跨多次超静定梁的求解方法，并撰写一份小报告。

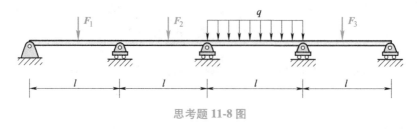

思考题 11-8 图

习 题

11-1 如习题 11-1 图所示的两端固定杆件，承受轴向载荷作用，求约束力及杆内的最大轴力。设 AB 段抗拉（压）刚度为 $2EA$，BC 段抗拉（压）刚度为 EA。

11-2 横截面面积为 250mm×250mm 的短木柱，用四根 40mm×40mm×5mm 的等边角钢加固，并承受压力 F，如习题 11-2 图所示。已知角钢的许用应力 $[\sigma]_s =$ 160MPa，弹性模量 $E_s = 200$GPa，木材的许用应力 $[\sigma]_w = 12$MPa，弹性模量 $E_w = 10$GPa。试确定许可载荷 $[F]$。

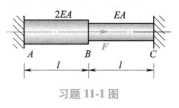

习题 11-1 图

11-3 如习题 11-3 图所示结构，杆 1、2 的弹性模量 E 相同，横截面面积 A 也相同，梁 AB 视为刚性杆，载荷 $F = 20$kN。杆 1、2 的许用拉应力 $[\sigma]^+ = 30$MPa，许用压应力 $[\sigma]^- = 90$MPa，试确定杆的横截面面积。

11-4 如习题 11-4 图所示的刚性杆 AB 悬挂于杆 1、2 之上。杆 1 的横截面面积为 60mm^2，杆 2 的横截面面积为 120mm^2，且两杆材料相同。若载荷 $F = 6$kN，试求杆 1、2 的内力及支座 A 的约束力。

11-5 如习题 11-5 所示，芯轴和套管用胶体牢固地黏合在一起，成为一受扭圆轴。已知芯轴和套管的抗扭刚度分别为 $G_1 I_{p1}$、$G_2 I_{p2}$，试求在外力偶矩 M_e 作用下，芯轴和套管所受到的扭矩。

11-6 如习题 11-6 图所示，已知外力偶 $M_{e1} = 400$N·m，$M_{e2} =$ 600N·m，许用切应力 $[\tau] = 40$MPa，单位长度许用扭转角 $[\theta] =$

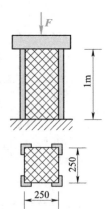

习题 11-2 图

0.25°/m，切变模量 $G=80\mathrm{GPa}$，试确定图示轴的直径。

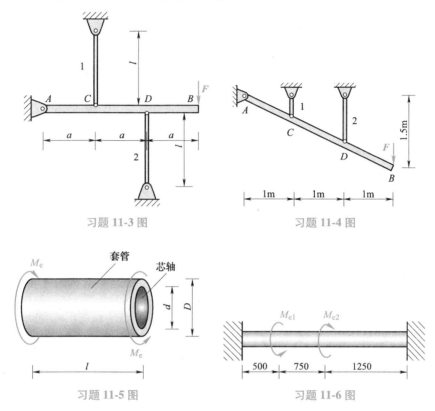

习题 11-3 图　　　　　　　　　习题 11-4 图

习题 11-5 图　　　　　　　　　习题 11-6 图

11-7　求习题 11-7 图所示各超静定梁的约束力（忽略轴向变形），画出梁的剪力图和弯矩图。设各梁的抗弯刚度 EI 均为常数。

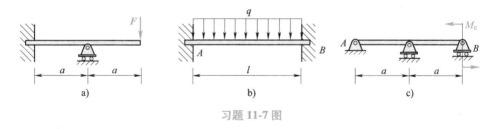

a)　　　　　　　　b)　　　　　　　　c)

习题 11-7 图

11-8　在伽利略的一篇论文中，讲述了一个故事，古罗马在运输大石柱时，先前是把石柱对称地支承在两根圆木上，如习题 11-8 图 a 所示，结果石柱往往在其中一个滚子的上方破坏。后来，为避免发生破坏，古罗马人增加了第三根圆柱，如习题 11-8 图 b 所示。伽利略指出，石柱将在中间支承处破坏，试证明伽利略论述的正确性。

11-9　习题 11-9 图所示木梁 AB 的右端由钢拉杆支承。已知梁长 $l=2\mathrm{m}$ 的横截面为边长为 200mm 的正方形，均布载荷 $q=40\mathrm{kN/m}$，$E_1=10\mathrm{GPa}$。钢拉杆 BC 的横截面面积为 $A_2=$

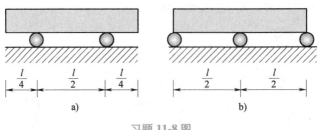

习题 11-8 图

250mm^2，$E_2 = 200\text{GPa}$，杆长 $l_{CB} = 3\text{m}$。求拉杆的伸长量 Δl_{CB}。

11-10　如习题 11-10 图所示，直径 $d = 25\text{mm}$ 的钢杆在常温下加热 $30℃$ 后将两端固定起来，然后再冷却到常温，求这时钢杆横截面上的应力以及两端对杆的约束力。已知钢的热膨胀系数 $\alpha = 1.2 \times 10^{-6}℃^{-1}$，弹性模量 $E = 210\text{GPa}$。

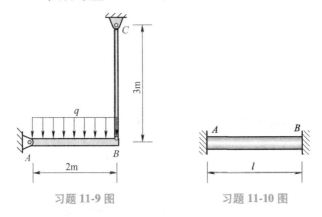

习题 11-9 图　　　　　　　　　习题 11-10 图

11-11　水平刚性梁 AB 上部由杆 1、杆 2 悬挂，下部由铰支座 C 支承，如习题 11-11 图所示。由于制造误差，杆 1 的长度短了 $\delta = 1.5\text{mm}$。已知两杆的材料和横截面面积都相同，且 $E_1 = E_2 = 200\text{GPa}$，$A_1 = A_2 = A$。试求装配后两杆横截面上的应力。

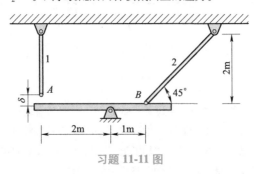

习题 11-11 图

*11-12　如习题 11-12 图所示，在直径 d 为 25mm 的钢轴上，有凸缘 A 和 B，凸缘相距长度 l 为 600mm，一外径 D 为 50mm，壁厚 t 为 2mm 的钢管置在两个凸缘之间，在装配时，轴被

200N·m 的扭矩扭着与钢管焊接在一起，然后将作用在轴上的扭矩去除，求此时钢管内切应力的大小。钢的切变模量 $G=80\text{GPa}$，并假定凸缘不变形。

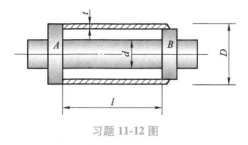

习题 11-12 图

11-13　如习题 11-13 图所示，长为 $2l$ 的直梁 ABC 在承受载荷前搁置在支座 A 和 C 上，梁和支座 B 之间有间隙 δ。当加载均布载荷后，梁在中点处与支座 B 相接触，因而三个支座均产生约束力。已知梁的弹性模量 E、截面对中性轴的惯性矩 I。为使三个约束力相等，求间隙 δ 的值。

*11-14　如习题 11-14 图所示，梁 AB 的两端均为固定端。当其左端转动了一个微小的角度 θ 时，求梁的约束力。

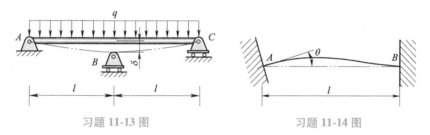

习题 11-13 图　　　　　　　　　习题 11-14 图

附　录

附录 A　平面图形的几何性质

本附录主要介绍平面图形的静矩、形心、惯性矩、极惯性矩、惯性积、平行移轴公式、转轴公式、主惯性轴、主惯性矩等定义和计算方法。这些与图形形状及尺寸有关的几何量，统称为平面图形的几何性质。

A.1　静矩与形心

1. 静矩

设任意形状平面图形如图 A-1 所示，其面积为 A，建立图示 Oyz 直角坐标系。任取微面积 dA，其坐标为 (y, z)，则积分

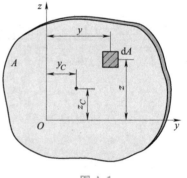

图 A-1

$$S_y = \int_A z dA, S_z = \int_A y dA \qquad (A-1)$$

分别称为平面图形对轴 y 与轴 z 的静矩或一次矩。

从式（A-1）可知，同一平面图形对不同的坐标轴，其静矩也就不同。因此，静矩的数值可能为正，可能为负，也可能为零。静矩的量纲为长度的 3 次方。

2. 形心

均质薄板形状如图 A-1 所示。根据式（2-16）可知，该均质薄板的形心在 Oyz 坐标系中坐标为

$$y_C = \frac{\int_A y dA}{A}, z_C = \frac{\int_A z dA}{A}$$

由式（A-1）可得

$$z_C = \frac{S_y}{A}, y_C = \frac{S_z}{A} \text{ 或 } S_y = Az_C, S_z = Ay_C \qquad (A-2)$$

上式可知，若坐标轴 z 或 y 通过形心时，平面图形对该轴的静矩等于零；反

之，若平面图形对某一轴的静矩等于零，则该轴必然通过平面图形的形心。通过平面图形形心的坐标轴称为形心轴。

3. 组合图形的静矩与形心

当一个平面图形是由几个简单图形（例如矩形、圆形、三角形等）组成时，根据静矩的定义可得

$$S_z = \sum_{i=1}^{n} A_i y_{C_i}, \qquad S_y = \sum_{i=1}^{n} A_i z_{C_i} \tag{A-3}$$

即图形各组成部分对某一轴的静矩的代数和，等于整个图形对同一轴的静矩。式中，A_i、y_{C_i}、z_{C_i} 分别表示任一组成部分的面积及其形心的坐标。n 表示图形由 n 个部分组成。

将式（A-3）代入式（A-2），得组合图形形心坐标的计算公式为

$$y_C = \frac{S_z}{A} = \frac{\sum\limits_{i=1}^{n} A_i y_{C_i}}{\sum\limits_{i=1}^{n} A_i}, \; z_C = \frac{S_y}{A} = \frac{\sum\limits_{i=1}^{n} A_i z_{C_i}}{\sum\limits_{i=1}^{n} A_i} \tag{A-4}$$

例题 A-1　试确定图 A-2 所示图形形心 C 的位置（图中尺寸的单位为 mm）。

解： 选取图示参考坐标系 Oyz，并将图形划分为 I 和 II 两个矩形。矩形 I 的面积与形心的坐标分别为

$A_1 = 0.14\text{m} \times 0.02\text{m} = 2.8 \times 10^{-3}\text{m}^2$

形心坐标为 $(0, -8.0 \times 10^{-2}\text{m})$

矩形 II 的面积与形心坐标分别为

$A_2 = 0.02\text{m} \times 0.1\text{m} = 2.0 \times 10^{-3}\text{m}^2$

形心坐标为 $(0, 0)$

由式（A-6），得组合图形形心 C 的纵坐标为

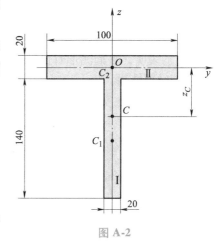

图 A-2

$$z_C = \frac{2.8 \times 10^{-3} \times (-8.0 \times 10^{-2}) + 2.0 \times 10^{-3} \times 0}{2.8 \times 10^{-3} + 2.0 \times 10^{-3}}\text{m} = -0.0467\text{m}$$

因轴 z 通过图形的形心 C，则　　　　　　$y_C = 0$

A.2　惯性矩和惯性积

1. 惯性矩

设任意形状平面图形如图 A-3 所示。其图形面积为 A，任取微面积 dA，坐标为 (y, z)，则积分

$$I_y = \int_A z^2 \mathrm{d}A , I_z = \int_A y^2 \mathrm{d}A \qquad\qquad (A\text{-}5)$$

分别称为平面图形对轴 y 与轴 z 的惯性矩或二次矩。由式（A-5）知，惯性矩 I_y 和 I_z 恒为正，其量纲为长度的 4 次方。

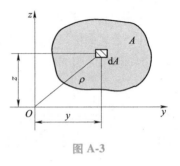

图 A-3

也把惯性矩写成如下形式：

$$I_y = Ai_y^2 , I_z = Ai_z^2 \quad 或 \quad i_y = \sqrt{\frac{I_y}{A}} , i_z = \sqrt{\frac{I_z}{A}}$$
$$(A\text{-}6)$$

式中，i_y、i_z 分别称为平面图形对轴 y 和轴 z 的惯性半径，其量纲为长度。

若以 ρ 表示微面积 $\mathrm{d}A$ 到坐标原点的距离，则下述积分

$$I_p = \int_A \rho^2 \mathrm{d}A \qquad\qquad (A\text{-}7)$$

定义为平面图形对坐标原点的极惯性矩或二次极矩。由图 A-3 可以看出

$$\rho^2 = y^2 + z^2$$

于是有

$$I_p = \int_A (y^2 + z^2)\mathrm{d}A = I_z + I_y \qquad\qquad (A\text{-}8)$$

式（A-8）表明，平面图形对任意两个互相垂直轴的惯性矩之和，等于它对该两轴交点的极惯性矩。

2. 惯性积

在图 A-3 中，下述积分

$$I_{yz} = \int_A yz\mathrm{d}A \qquad\qquad (A\text{-}9)$$

定义为平面图形对轴 y、z 的惯性积。由式（A-9）知，I_{yz} 可能为正，为负或为零。量纲是长度的 4 次方。容易得知，若坐标轴 y 或 z 中有一个是平面图形的对称轴，则平面图形的惯性积 I_{yz} 恒为零。

例题 A-2 试确定图 A-4 所示实心和空心圆对形心的极惯性矩和对形心轴的惯性矩。

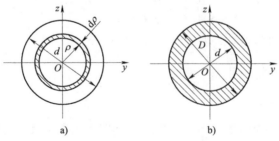

a)   b)

图 A-4

解：1）实心圆。

如图 A-4a 所示，设有直径为 d 的圆，微面积取厚度为 $\mathrm{d}\rho$ 的圆环，则有 $\mathrm{d}A = 2\pi\rho\mathrm{d}\rho$，由式（A-7）得实心圆的极惯性矩

$$I_\mathrm{p} = \int_0^{d/2} \rho^2 2\pi\rho\mathrm{d}\rho = \frac{\pi d^4}{32} \tag{A-10}$$

由于图形对称于形心轴，有 $I_y = I_z$，由式（A-8），有 $I_\mathrm{p} = 2I_y = 2I_z$，可得

$$I_y = I_z = \frac{I_\mathrm{p}}{2} = \frac{\pi d^4}{64} \tag{A-11}$$

2）空心圆。设空心圆（图 A-4b）的内径为 d，外径为 D，令 $\alpha = \dfrac{d}{D}$，按实心圆的方法，由式（A-7）得其极惯性矩

$$I_\mathrm{p} = \frac{\pi D^4}{32} - \frac{\pi d^4}{32} = \frac{\pi}{32}(D^4 - d^4) = \frac{\pi D^4}{32}(1 - \alpha^4) \tag{A-12}$$

同理，可得空心圆对轴 y 和轴 z 的惯性矩

$$I_y = I_z = \frac{\pi D^4}{64} - \frac{\pi d^4}{64} = \frac{\pi}{64}(D^4 - d^4) = \frac{\pi D^4}{64}(1 - \alpha^4) \tag{A-13}$$

例题 A-3　试确定图 A-5 所示矩形图形对形心轴的惯性矩。

解：如图 A-5 所示，取宽为 $\mathrm{d}y$，高为 h 且平行于轴 z 的狭长矩形，即 $\mathrm{d}A = h\mathrm{d}y$。于是，由式（A-5）得矩形图形对轴 z 的惯性矩为

$$I_z = \int_A y^2\mathrm{d}A = \int_{-b/2}^{b/2} y^2 h\mathrm{d}y = \frac{hb^3}{12} \tag{A-14}$$

同理，得矩形图形对轴 y 的惯性矩为

$$I_y = \frac{bh^3}{12} \tag{A-15}$$

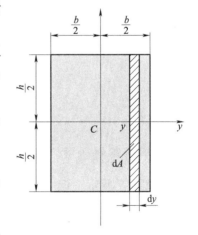

图 A-5

3. 组合图形的惯性矩

当一个平面图形是若干个简单的图形组成时，根据惯性矩的定义，可先计算出每一个简单图形对同一轴的惯性矩，然后求其总和，即得整个图形对于这一轴的惯性矩。用公式表达为

$$I_y = \sum_{i=1}^n I_{y_i},\ I_z = \sum_{i=1}^n I_{z_i} \tag{A-16}$$

例题 A-4　计算图 A-6a 所示工字形图形对形心轴 y 的惯性矩。

解：如图 A-6b 所示的边长为 $b×h$ 的矩形图形，可视为由工字形图形与阴影

部分矩形图形的组合。设边长为 $b \times h$ 的矩形对形心轴 y 的惯性矩为 I_{y1}，工字形图形对轴 y 的惯性矩为 I_y，阴影部分矩形对轴 y 的惯性矩为 I_{y2}。有

$$I_{y1} = I_y + (-I_{y2})$$

根据例题 A-3 知

$$I_{y1} = \frac{bh^3}{12}, \quad I_{y2} = 2 \times \frac{\dfrac{b-d}{2}h_0^3}{12} = \frac{(b-d)h_0^3}{12}$$

可得工字形图形对轴 y 的惯性矩

$$I_y = \frac{bh^3}{12} - \frac{(b-d)h_0^3}{12}$$

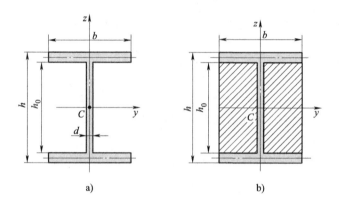

图 A-6

A.3 平行移轴公式

如图 A-7 所示，设 C 为平面图形的形心，y_C 和 z_C 是通过形心的坐标轴，图形对形心轴的惯性矩和惯性积已知，分别记为

$$I_{yC} = \int_A z_C^2 dA, I_{zC} = \int_A y_C^2 dA, I_{yCzC} = \int_A y_C z_C dA$$

$$(A-17)$$

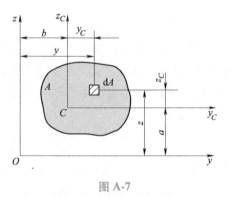

图 A-7

若轴 y 平行于轴 y_C，且两者的距离为 a；轴 z 平行于轴 z_C，且两者的距离为 b。按照定义，图形对轴 y 和轴 z 的惯性矩和惯性积分别为

$$I_y = \int_A z^2 \mathrm{d}A, I_z = \int_A y^2 \mathrm{d}A, I_{yz} = \int_A yz\mathrm{d}A \tag{A-18}$$

由图 A-7 可以看出 $y = y_C + b$，$z = z_C + a$，代入式（A-18）得

$$I_y = \int_A z^2 \mathrm{d}A = \int_A (z_C + a)^2 \mathrm{d}A = \int_A z_C^2 \mathrm{d}A + 2a\int_A z_C \mathrm{d}A + a^2\int_A \mathrm{d}A$$

$$I_z = \int_A y^2 \mathrm{d}A = \int_A (y_C + b)^2 \mathrm{d}A = \int_A y_C^2 \mathrm{d}A + 2b\int_A y_C \mathrm{d}A + b^2\int_A \mathrm{d}A$$

$$I_{yz} = \int_A yz\mathrm{d}A = \int_A (y_C + b)(z_C + a)\mathrm{d}A$$

$$= \int_A y_C z_C \mathrm{d}A + a\int_A y_C \mathrm{d}A + b\int_A z_C \mathrm{d}A + ab\int_A \mathrm{d}A$$

在以上三式中，$\int_A z_C \mathrm{d}A$ 和 $\int_A y_C \mathrm{d}A$ 分别为图形对形心轴 y_C 和 z_C 的静矩，故其值为零。而 $\int_A \mathrm{d}A = A$，再应用式（A-17），则上三式简化为

$$\left.\begin{array}{l} I_y = I_{y_C} + a^2 A \\ I_z = I_{z_C} + b^2 A \\ I_{yz} = I_{y_C z_C} + ab A \end{array}\right\} \tag{A-19}$$

式（A-19）称为惯性矩和惯性积的平行移轴公式。应用式（A-19）时要注意 a 和 b 是图形的形心 C 在 Oyz 坐标系中的坐标，它们可以为正，也可以为负。容易得知，平面图形对所有平行轴的惯性矩中，以对形心轴的惯性矩为最小。

例题 A-5　试确定例题 A-1 中（图 A-2）T 形图形对水平形心轴 y_C 的惯性矩。

解：如图 A-2 所示，将图形分解为矩形Ⅰ和矩形Ⅱ。由平行移轴公式（A-19）知，矩形Ⅰ对轴 y_C 的惯性矩为

$$I_{y_C}^{\mathrm{I}} = \frac{0.02\mathrm{m} \times (0.14\mathrm{m})^3}{12} + (0.08\mathrm{m} - 0.0467\mathrm{m})^2 \times 0.02\mathrm{m} \times 0.1\mathrm{m} = 7.68 \times 10^{-6}\mathrm{m}^4$$

矩形Ⅱ对轴 y_C 的惯性矩为

$$I_{y_C}^{\mathrm{II}} = \frac{0.1\mathrm{m} \times (0.02\mathrm{m})^3}{12} + (0.0467\mathrm{m})^2 \times 0.02\mathrm{m} \times 0.1\mathrm{m} = 4.43 \times 10^{-6}\mathrm{m}^4$$

于是得到整个图形对轴 y_C 的惯性矩为

$$I_{y_C} = I_{y_C}^{\mathrm{I}} + I_{y_C}^{\mathrm{II}} = 7.68 \times 10^{-6}\mathrm{m}^4 + 4.43 \times 10^{-6}\mathrm{m}^4 = 12.11 \times 10^{-6}\mathrm{m}^4$$

A.4　转轴公式

1. 转轴公式

设面积为 A 的平面图形（图 A-8），若将坐标轴绕点 O 旋转角 α，且以逆时

针转角为正，旋转后得到新的坐标轴为 y_1、z_1，图形对轴 y_1、z_1 的惯性矩和惯性积分别为

$$I_{y_1} = \int_A z_1^2 dA, I_{z_1} = \int_A y_1^2 dA, I_{y_1 z_1} = \int_A y_1 z_1 dA \qquad (A\text{-}20)$$

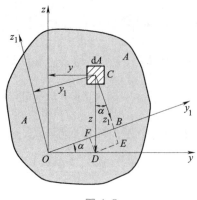

图 A-8

由图 A-8 知，微面积 dA 在新旧两个坐标系中的坐标关系为

$$\left. \begin{aligned} y_1 &= \overline{OB} = \overline{OF} + \overline{DE} = y\cos\alpha + z\sin\alpha \\ z_1 &= \overline{CB} = \overline{CE} - \overline{BE} = z\cos\alpha - y\sin\alpha \end{aligned} \right\}$$

代入式（A-20）中展开，并整理得

$$\left. \begin{aligned} I_{y_1} &= \frac{I_y + I_z}{2} + \frac{I_y - I_z}{2}\cos2\alpha - I_{yz}\sin2\alpha \\ I_{z_1} &= \frac{I_y + I_z}{2} - \frac{I_y - I_z}{2}\cos2\alpha + I_{yz}\sin2\alpha \\ I_{y_1 z_1} &= \frac{I_y - I_z}{2}\sin2\alpha + I_{yz}\cos2\alpha \end{aligned} \right\} \qquad (A\text{-}21)$$

I_{y_1}、I_{z_1}、$I_{y_1 z_1}$ 随角 α 的改变而变化，它们都是 α 的函数。式（A-21）称为惯性矩与惯性积的转轴公式。

将上述 I_{y_1} 与 I_{z_1} 相加得

$$I_{y_1} + I_{z_1} = I_y + I_z = I_p \qquad (A\text{-}22)$$

即图形对于通过同一点的任意一对直角坐标轴的两个惯性矩之和恒为常数。

2. 主轴与主惯性矩

由式（A-21）的第 3 式可知，当一对坐标轴绕原点转动时，惯性积随坐标轴转动变化而改变。由此，总可以找到一个特殊角度 α_0，以及相应的坐标轴 y_0、z_0。使得图形对这一对坐标轴的惯性积 $I_{y_0 z_0}$ 为零，则称这一对坐标轴为图形的主惯性

轴，简称主轴。图形对主惯性轴的惯性矩称为主惯性矩。通过图形形心 C 的主惯性轴称为形心主惯性轴。图形对形心主惯性轴的惯性矩称为形心主惯性矩。

在式（A-21）中令 $\alpha = \alpha_0$ 及 $I_{y_1 z_1} = 0$ 有

$$\frac{I_y - I_z}{2}\sin 2\alpha_0 + I_{yz}\cos 2\alpha_0 = 0$$

从而得

$$\tan 2\alpha_0 = -\frac{2I_{yz}}{I_y - I_z} \tag{A-23}$$

由式（A-23）可以求出 2 个相差 $\frac{\pi}{2}$ 的角度 α_0，从而确定了一对坐标轴 y_0 和 z_0，图形对其中一个轴的惯性矩为最大值 I_{max}，对另一个轴的惯性矩则为最小值 I_{min}。

由式（A-23）求出的角度 α_0 的数值，代入式（A-21），经简化后得主惯性矩的计算式为

$$\left. \begin{array}{l} I_{z_0} = \dfrac{I_y + I_z}{2} + \dfrac{1}{2}\sqrt{(I_y - I_z)^2 + 4I_{yz}^2} \\[3mm] I_{y_0} = \dfrac{I_y + I_z}{2} - \dfrac{1}{2}\sqrt{(I_y - I_z)^2 + 4I_{yz}^2} \end{array} \right\} \tag{A-24}$$

由以上分析还可推出：

1）若图形有 2 个以上（大于 2）对称轴时，任一对称轴都是图形的形心主轴，且图形对任一形心轴的惯性矩都相等。

2）若图形有两个对称轴时，这两个轴都是图形的形心主轴。

3）若图形只有 1 个对称轴时，则该轴必是一个形心主轴，另一个形心主轴为通过图形形心且与对称轴垂直的轴。

4）若图形没有对称轴时，可通过计算得到形心主轴及形心主惯性矩的值。下面通过例题说明。

例题 A-6　确定图 A-9a 所示图形的形心主惯性轴位置，并计算形心主惯性矩。

解：1）确定形心位置。如图 A-9b 所示，建立 Oyz 坐标系。设图形形心位于点 C，形心坐标为 y_C 和 z_C。将图形分为长方形 Ⅰ、Ⅱ 两个部分。图形 Ⅰ 的形心为 $C_1(60, 0)$，图形 Ⅱ 的形心为 $C_2(115, 40)$，则

$$y_C = \frac{S_z}{A} = \frac{\sum\limits_{i=1}^{n} A_i y_{C_i}}{\sum\limits_{i=1}^{n} A_i} = \frac{0.12\text{m} \times 0.01\text{m} \times 0.06\text{m} + 0.07\text{m} \times 0.01\text{m} \times 0.115\text{m}}{0.12\text{m} \times 0.01\text{m} + 0.07\text{m} \times 0.01\text{m}}$$

$$= 8.0 \times 10^{-2}\text{m}$$

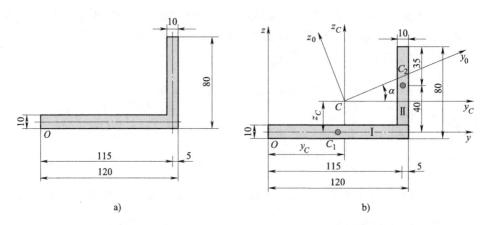

图 A-9

$$z_C = \frac{S_y}{A} = \frac{\sum\limits_{i=1}^{n} A_i z_{C_i}}{\sum\limits_{i=1}^{n} A_i} = \frac{0.07\mathrm{m} \times 0.01\mathrm{m} \times 0.04\mathrm{m}}{0.12\mathrm{m} \times 0.01\mathrm{m} + 0.07\mathrm{m} \times 0.01\mathrm{m}} = 1.5 \times 10^{-2}\mathrm{m}$$

2）计算图形对与轴 y、z 平行的形心轴 y_C 和 z_C 的惯性矩 I_{y_C}、I_{z_C} 及惯性积 $I_{y_C z_C}$。

利用平行移轴公式得

$$I_{y_C} = \frac{0.12\mathrm{m} \times (0.01\mathrm{m})^3}{12} + 0.12\mathrm{m} \times 0.01\mathrm{m} \times (0.015\mathrm{m})^2 +$$

$$\frac{0.01\mathrm{m} \times (0.07\mathrm{m})^3}{12} + 0.01\mathrm{m} \times 0.07\mathrm{m} \times (0.04\mathrm{m} - z_C)^2$$

$$= 1.003 \times 10^{-6}\mathrm{m}^4$$

$$I_{z_C} = \frac{0.01\mathrm{m} \times (0.12\mathrm{m})^3}{12} + 0.01\mathrm{m} \times 0.12\mathrm{m} \times \left(\frac{0.12\mathrm{m}}{2} - y_C\right)^2 +$$

$$\frac{0.07\mathrm{m} \times (0.01\mathrm{m})^3}{12} + 0.07\mathrm{m} \times 0.01\mathrm{m} \times (0.115\mathrm{m} - y_C)^2$$

$$= 2.783 \times 10^{-6}\mathrm{m}^4$$

$$I_{y_C z_C} = 0.01\mathrm{m} \times 0.12\mathrm{m} \times (-0.015)\mathrm{m} \times \left(\frac{0.12\mathrm{m}}{2} - y_C\right) +$$

$$0.07\mathrm{m} \times 0.01\mathrm{m} \times (0.04\mathrm{m} - z_C) \times (0.115\mathrm{m} - y_C)$$

$$= 9.725 \times 10^{-7}\mathrm{m}^4$$

3）确定形心主轴位置。

由式（A-23）得

$$\tan2\alpha_0 = -\frac{2I_{y_Cz_C}}{I_{y_C} - I_{z_C}} = -\frac{2 \times 9.725 \times 10^{-7}\mathrm{m}^4}{1.003 \times 10^{-6}\mathrm{m}^4 - 2.783 \times 10^{-6}\mathrm{m}^4} = 1.093$$

由此得

$$2\alpha_0 = 47.5° \text{ 或 } 227.5°$$

$$\alpha_0 = 23.8° \text{ 或 } 113.8°$$

结果表明，形心主惯性轴是由轴 y_C、z_C 逆时针旋转 $\alpha_0 = 23.8°$ 得到的。

4）计算形心主惯性矩。

由式（A-24）得

$$I_{z_0} = I_{\max} = \frac{I_{y_C} + I_{z_C}}{2} + \frac{1}{2}\sqrt{(I_{y_C} - I_{z_C})^2 + 4I_{y_Cz_C}^2}$$

$$= \frac{1.003 \times 10^{-6}\mathrm{m}^4 + 2.783 \times 10^{-6}\mathrm{m}^4}{2} +$$

$$\frac{1}{2}\sqrt{(1.003 \times 10^{-6}\mathrm{m}^4 - 2.783 \times 10^{-6}\mathrm{m}^4)^2 + 4 \times (9.725 \times 10^{-7}\mathrm{m}^4)^2}$$

$$= 3.214 \times 10^{-6}\mathrm{m}^4$$

$$I_{y_0} = I_{\min} = \frac{I_{y_C} + I_{z_C}}{2} - \frac{1}{2}\sqrt{(I_{y_C} - I_{z_C})^2 + 4I_{y_Cz_C}^2}$$

$$= \frac{1.003 \times 10^{-6}\mathrm{m}^4 + 2.783 \times 10^{-6}\mathrm{m}^4}{2} -$$

$$\frac{1}{2}\sqrt{(1.003 \times 10^{-6}\mathrm{m}^4 - 2.783 \times 10^{-6}\mathrm{m}^4)^2 + 4 \times (9.725 \times 10^{-7}\mathrm{m}^4)^2}$$

$$= 0.574 \times 10^{-6}\mathrm{m}^4$$

附录 B　常用金属材料的主要力学性能

材料名称	牌　号	σ_s/MPa	σ_b/MPa	δ_5(%)
碳素结构钢 （GB/T 700—2006）	Q215 Q235 Q275	165~215 185~235 215~275	335~450 370~500 410~540	26~31 21~26 17~22
优质碳素结构钢 （GB/T 699—2015）	25 35 45 55	275 315 355 380	450 530 600 645	23 20 16 13
低合金高强度结构钢 （GB/T 1591—2018）	Q345 Q390	* 275~355 330~390	* 450~630 370~580	21 19
合金结构钢 （GB/T 3077—2015）	20Cr 40Cr 30CrMnSi	540 785 885	835 980 1080	10 9 10
一般工程用铸造碳钢件 （GB/T 11352—2009）	ZG200-400 ZG270-500	200 270	400 500	25 18
可锻铸铁件 （GB/T 9440—2010）	KTZ450-06 KTZ700-02	270 530	450 700	6 2
球墨铸铁件 （GB/T 1348—2019）	QT400-18 QT600-3	250 370	400 600	18 3
灰口铸铁件 （GB/T 9439—2010）	HT150 HT250	— 	150 250	—
铝合金建筑型材 （GB 5237—2017）	LY11 LY12	216 275	373 422	12 12
铜及铜合金挤制棒 （YS/T 649—2007）	QAl 9-2 QAl 9-4	— 	470 540	24 40

注：表中 δ_5 表示标距 $l=5d$ 标准试件的伸长率；σ_b 为拉伸强度极限。

* 新国标中，按照钢板不同厚度，材料的屈服极限和强度极限有不同，这里给出值的区间范围。

附录 C　型　钢　表

表 C-1　热轧等边角钢 （GB/T 9787—1988）

符号意义：

b——边宽；
d——边厚；
r——内圆弧半径；
r_1——边端内弧半径；

I——惯性矩；
i——惯性半径；
W——弯曲截面系数；
z_0——形心距离。

角钢号数	尺寸 (mm)			截面面积 (cm^2)	理论质量 (kg/m)	外表面积 (m^2/m)	参考数值											
	b	d	r				$x-x$			x_0-x_0			y_0-y_0			x_1-x_1	z_0 (cm)
							I_x (cm^4)	i_x (cm)	W_x (cm^3)	I_{x0} (cm^4)	i_{x0} (cm)	W_{x0} (cm^3)	I_{y0} (cm^4)	i_{y0} (cm)	W_{y0} (cm^3)	I_{x1} (cm^4)	
2	20	3	3.5	1.132	0.889	0.078	0.40	0.59	0.29	0.63	0.75	0.45	0.17	0.39	0.20	0.81	0.60
	20	4		1.459	1.145	0.077	0.50	0.58	0.36	0.78	0.73	0.55	0.22	0.38	0.24	1.09	0.64
2.5	25	3	3.5	1.432	1.124	0.098	0.82	0.76	0.46	1.29	0.95	0.73	0.34	0.49	0.33	1.57	0.73
	25	4		1.859	1.459	0.097	1.03	0.74	0.59	1.62	0.93	0.92	0.43	0.48	0.40	2.11	0.76
3.0	30	3	4.5	1.749	1.373	0.117	1.46	0.91	0.68	2.31	1.15	1.09	0.61	0.59	0.51	2.71	0.85
	30	4		2.276	1.786	0.117	1.84	0.90	0.87	2.92	1.13	1.37	0.77	0.58	0.62	3.63	0.89
3.6	36	3	4.5	2.109	1.656	0.141	2.58	1.11	0.99	4.09	1.39	1.61	1.07	0.71	0.76	4.68	1.00
	36	4		2.756	2.163	0.141	3.29	1.09	1.28	5.22	1.38	2.05	1.37	0.70	0.93	6.25	1.04
	36	5		3.382	2.654	0.141	3.95	1.08	1.56	6.24	1.36	2.45	1.65	0.70	1.09	7.84	1.07

（续）

角钢号数	尺寸(mm)			截面面积 (cm²)	理论质量 (kg/m)	外表面积 (m²/m)	参考数值											
							x-x			x0-x0			y0-y0			x1-x1	z0 (cm)
	b	d	r				I_x (cm⁴)	i_z (cm)	W_x (cm³)	I_{x0} (cm⁴)	i_{x0} (cm)	W_{x0} (cm³)	I_{y0} (cm⁴)	i_{y0} (cm)	W_{y0} (cm³)	I_{x1} (cm⁴)	
4.0	40	3	5	2.359	1.852	0.157	3.59	1.23	1.23	5.69	1.55	2.01	1.49	0.79	0.96	6.41	1.09
		4		3.086	2.422	0.157	4.60	1.22	1.60	7.29	1.54	2.58	1.91	0.79	1.19	8.56	1.13
		5		3.791	2.976	0.156	5.53	1.21	1.96	8.76	1.52	3.10	2.30	0.78	1.39	10.74	1.17
4.5	45	3	5	2.659	2.088	0.177	5.17	1.40	1.58	8.20	1.76	2.58	2.14	0.90	1.24	9.12	1.22
		4		3.486	2.736	0.177	6.65	1.38	2.05	10.56	1.74	3.32	2.75	0.89	1.54	12.18	1.26
		5		4.292	3.369	0.176	8.04	1.37	2.51	12.74	1.72	4.00	3.33	0.88	1.81	15.25	1.30
		6		5.076	3.985	0.176	9.33	1.36	2.95	14.76	1.70	4.64	3.89	0.88	2.06	18.36	1.33
5	50	3	5.5	2.971	2.332	0.197	7.18	1.55	1.96	11.37	1.96	3.22	2.98	1.00	1.57	12.50	1.34
		4		3.897	3.059	0.197	9.26	1.54	2.56	14.70	1.94	4.16	3.82	0.99	1.96	16.69	1.38
		5		4.803	3.770	0.196	11.21	1.53	3.13	17.79	1.92	5.03	4.64	0.98	2.31	20.90	1.42
		6		5.688	4.465	0.196	13.05	1.52	3.68	20.68	1.91	5.85	5.42	0.98	2.63	25.14	1.46
5.6	56	3	6	3.343	2.624	0.221	10.19	1.75	2.48	16.14	2.20	4.08	4.24	1.13	2.02	17.56	1.48
		4		4.390	3.446	0.220	13.18	1.73	3.24	20.92	2.18	5.28	5.46	1.11	2.52	23.43	1.53
		5		5.415	4.251	0.220	16.02	1.72	3.97	25.42	2.17	6.42	6.61	1.10	2.98	29.33	1.57
		6		8.367	6.568	0.219	23.63	1.68	6.03	37.37	2.11	9.44	9.89	1.09	4.16	47.24	1.68
6.3	63	4	7	4.978	3.907	0.248	19.03	1.96	4.13	30.17	2.46	6.78	7.89	1.26	3.29	33.35	1.70
		5		6.143	4.822	0.248	23.17	1.94	5.08	36.77	2.45	8.25	9.57	1.25	3.90	41.73	1.74
		6		7.288	5.721	0.247	27.12	1.93	6.00	43.03	2.43	9.66	11.20	1.24	4.46	50.14	1.78
		8		9.515	7.469	0.247	34.46	1.90	7.75	54.56	2.40	12.25	14.33	1.23	5.47	67.11	1.85
		10		11.657	9.151	0.246	41.09	1.88	9.39	64.85	2.36	14.56	17.33	1.22	6.36	84.31	1.93

7	70	4	8	5.570	4.372	0.275	26.39	2.18	5.14	41.80	2.74	8.44	10.99	1.40	4.17	45.74	1.86
		5		6.875	5.397	0.275	32.21	2.16	6.32	51.08	2.73	10.32	13.34	1.39	4.95	57.21	1.91
		6		8.160	6.406	0.275	37.77	2.15	7.48	59.93	2.71	12.11	15.61	1.38	5.67	68.73	1.95
		7		9.424	7.398	0.275	43.09	2.14	8.59	68.35	2.69	13.81	17.82	1.38	6.34	80.29	1.99
		8		10.667	8.373	0.274	48.17	2.12	9.68	76.37	2.68	15.43	19.98	1.37	6.98	91.92	2.03
7.5	75	5	9	7.367	5.818	0.295	39.97	2.33	7.32	63.30	2.92	11.94	16.63	1.50	5.77	70.56	2.04
		6		8.797	6.905	0.294	46.95	2.31	8.64	74.38	2.90	14.02	19.51	1.49	6.67	84.55	2.07
		7		10.106	7.976	0.294	53.57	2.30	9.93	84.96	2.89	16.02	22.18	1.48	7.44	98.71	2.11
		8		11.503	9.030	0.294	59.96	2.28	11.20	95.07	2.88	17.93	24.86	1.47	8.19	112.97	2.15
		10		14.126	11.089	0.294	71.98	2.26	13.64	113.92	2.84	21.48	30.05	1.46	9.56	141.71	2.22
8	80	5	9	7.912	6.211	0.315	48.79	2.48	8.34	77.33	3.13	13.67	20.25	1.60	6.66	85.36	2.15
		6		9.397	7.367	0.314	57.35	2.47	9.87	90.98	3.11	16.08	23.72	1.59	7.65	102.50	2.19
		7		10.860	8.525	0.314	65.58	2.46	11.37	104.07	3.10	18.40	27.09	1.58	8.58	119.70	2.23
		8		12.303	9.658	0.314	73.49	2.44	12.83	116.60	3.08	20.61	30.39	1.57	9.46	136.97	2.27
		10		15.126	11.874	0.313	88.43	2.42	15.64	140.09	3.04	24.76	36.77	1.56	11.08	171.74	2.35
9	90	6	10	10.637	8.350	0.354	82.77	2.79	12.61	131.26	3.51	20.36	34.28	1.80	9.95	145.87	2.44
		7		12.301	9.656	0.354	94.83	2.78	14.54	150.47	3.50	23.64	39.18	1.78	11.19	170.30	2.48
		8		13.994	10.946	0.353	106.47	2.76	16.42	168.97	3.48	26.55	43.97	1.78	12.35	194.80	2.52
		10		17.617	13.476	0.353	128.58	2.74	20.07	203.90	3.45	32.04	53.26	1.76	14.52	244.07	2.59
		12		20.306	15.940	0.352	149.22	2.71	23.57	236.21	3.41	37.12	62.22	1.75	16.49	293.76	2.67

（续）

角钢号数	尺寸 (mm)			截面面积 (cm²)	理论质量 (kg/m)	外表面积 (m²/m)	参考数值											z₀ (cm)
							x-x			x₀-x₀			y₀-y₀			x₁-x₁		
	b	d	r				I_x (cm⁴)	i_x (cm)	W_x (cm³)	I_{x0} (cm⁴)	i_{x0} (cm)	W_{x0} (cm³)	I_{y0} (cm⁴)	i_{y0} (cm)	W_{y0} (cm³)	I_{x1} (cm⁴)		
10	100	6	12	11.932	9.366	0.393	114.95	3.10	15.68	181.98	3.90	25.74	47.92	2.00	12.69	200.07		2.67
		7		13.796	10.830	0.393	131.86	3.09	18.10	208.97	3.89	29.55	54.74	1.99	14.26	233.54		2.71
		8		15.638	12.276	0.393	148.24	3.08	20.47	235.07	3.88	33.24	61.41	1.98	15.75	267.09		2.76
		10		19.261	15.120	0.392	179.51	3.05	25.06	284.68	3.84	40.26	74.35	1.96	18.54	334.48		2.84
		12		22.800	17.898	0.391	208.90	3.03	29.48	330.95	3.81	46.80	86.84	1.95	21.08	402.34		2.91
		14		26.256	20.611	0.391	236.53	3.00	33.73	374.06	3.77	52.90	99.00	1.94	23.44	470.75		2.99
		16		29.627	23.257	0.390	262.53	2.98	37.82	414.16	3.74	58.57	110.89	1.94	25.63	539.80		3.06
11	110	7	14	15.196	11.928	0.433	177.16	3.41	22.05	280.94	4.30	36.12	73.38	2.20	17.51	310.64		2.96
		8		17.238	13.532	0.433	199.46	3.40	24.95	316.49	4.28	40.69	82.42	2.19	19.39	355.20		3.01
		10		21.261	16.690	0.432	242.19	3.38	30.60	384.39	4.25	49.42	99.98	2.17	22.91	444.65		3.09
		12		25.200	19.782	0.431	282.55	3.35	36.05	448.17	4.22	57.62	116.93	2.15	26.15	534.60		3.16
		14		29.056	22.809	0.431	320.71	3.32	41.31	508.01	4.18	65.31	133.40	2.14	29.14	625.16		3.24
12.5	125	8	14	19.750	15.504	0.492	297.03	3.88	32.52	470.89	4.88	53.28	123.16	2.50	25.86	521.01		3.37
		10		24.373	19.133	0.491	361.67	3.85	39.97	573.89	4.85	64.93	149.46	2.48	30.62	651.93		3.45
		12		28.912	22.696	0.491	423.16	3.83	47.17	671.44	4.82	75.96	174.88	2.46	35.03	783.42		3.53
		14		33.367	26.193	0.490	481.65	3.80	54.16	763.73	4.78	86.41	199.57	2.45	39.13	915.61		3.61

14	140	14	10	27.373	21.488	0.551	514.65	4.34	50.58	817.27	5.46	82.56	212.04	2.78	39.20	915.11	3.82
			12	32.512	25.522	0.551	603.68	4.31	59.80	958.79	5.43	96.85	248.57	2.76	45.02	1099.28	3.90
			14	37.567	29.490	0.550	688.81	4.28	68.75	1093.56	5.40	110.47	284.06	2.75	50.45	1284.22	3.98
			16	42.539	33.393	0.549	770.24	4.26	77.46	1221.81	5.36	123.42	318.67	2.74	55.55	1470.07	4.06
16	160	16	10	31.502	24.729	0.630	779.53	4.98	66.70	1237.30	6.27	109.36	321.76	3.20	52.76	1365.33	4.31
			12	37.441	29.391	0.630	916.58	4.95	78.98	1455.68	6.24	128.67	377.49	3.18	60.74	1639.57	4.39
			14	43.296	33.987	0.629	1048.36	4.92	90.95	1655.02	6.20	147.17	431.70	3.16	68.24	1914.68	4.47
			16	49.067	38.518	0.629	1175.08	4.89	102.63	1865.57	6.17	164.89	484.59	3.14	75.31	2190.82	4.55
18	180	18	12	42.241	33.159	0.710	1321.35	5.59	100.82	2100.10	7.05	165.00	542.61	3.58	78.41	2332.80	4.89
			14	48.896	38.383	0.709	1514.48	5.56	116.25	2407.42	7.02	189.14	621.53	3.56	88.38	2723.48	4.97
			16	55.467	43.542	0.709	1700.99	5.54	131.13	2703.37	6.98	212.40	698.60	3.55	97.83	3115.29	5.05
			18	61.955	48.634	0.708	1875.12	5.50	145.64	2988.24	6.94	234.78	762.01	3.51	105.14	3502.43	5.13
20	200	18	14	54.642	42.894	0.788	2103.55	6.20	144.70	3343.26	7.82	236.40	863.83	3.98	111.82	3734.10	5.46
			16	62.013	48.680	0.788	2366.15	6.18	163.65	3760.89	7.79	265.93	971.41	3.96	123.96	4270.39	5.54
			18	69.301	54.401	0.787	2620.64	6.15	182.22	4164.54	7.75	294.48	1076.74	3.94	135.52	4808.13	5.62
			20	76.505	60.056	0.787	2867.30	6.12	200.42	4554.55	7.72	322.06	1180.04	3.93	146.55	5347.51	5.69
			24	90.661	71.168	0.785	3338.25	6.07	236.17	5294.97	7.64	374.41	1381.53	3.90	166.55	6457.16	5.87

注：截面图中的 $r_1 = \dfrac{1}{3}d$ 及表中 r 值的数据用于孔型设计，不作交货条件。

表 C-2 热轧不等边角钢 (GB/T 9788—1988)

符号意义：
B——长边宽度；
d——边厚；
r_1——边端内弧半径；
i——惯性半径；
x_0——形心距离；

b——短边宽度；
W——弯曲截面系数；
r——内圆弧半径；
I——惯性矩；
y_0——形心距离。

角钢号数	尺寸(mm) B	b	d	r	截面面积 (cm²)	理论质量 (kg/m)	外表面积 (m²/m)	x-x I_x (cm⁴)	i_x (cm)	W_x (cm³)	y-y I_y (cm⁴)	i_y (cm)	W_y (cm³)	x_1-x_1 I_{x1} (cm⁴)	y_0 (cm)	y_1-y_1 I_{y1} (cm⁴)	x_0 (cm)	u-u I_u (cm⁴)	i_u (cm)	W_u (cm³)	$\tan\alpha$
2.5/1.6	25	16	3	3.5	1.162	0.912	0.080	0.70	0.78	0.43	0.22	0.44	0.19	1.56	0.86	0.43	0.42	0.14	0.34	0.16	0.392
			4		1.499	1.176	0.079	0.88	0.77	0.55	0.27	0.43	0.24	2.09	0.90	0.59	0.46	0.17	0.34	0.20	0.381
3.2/2	32	20	3	3.5	1.492	1.171	0.102	1.53	1.01	0.72	0.46	0.55	0.30	3.27	1.08	0.82	0.49	0.28	0.43	0.25	0.382
			4		1.939	1.522	0.101	1.93	1.00	0.93	0.57	0.54	0.39	4.37	1.12	1.12	0.53	0.35	0.42	0.32	0.374
4/2.5	40	25	3	4	1.890	1.484	0.127	3.08	1.28	1.15	0.93	0.70	0.49	6.39	1.32	1.59	0.59	0.56	0.54	0.40	0.385
			4		2.467	1.936	0.127	3.93	1.26	1.49	1.18	0.69	0.63	8.53	1.37	2.14	0.63	0.71	0.54	0.52	0.381
4.5/2.8	45	28	3	5	2.149	1.687	0.143	4.45	1.44	1.47	1.34	0.79	0.62	9.10	1.47	2.23	0.64	0.80	0.61	0.51	0.383
			4		2.806	2.203	0.143	5.69	1.42	1.91	1.70	0.78	0.80	12.13	1.51	3.00	0.68	1.02	0.60	0.66	0.380
5/3.2	50	32	3	5	2.431	1.908	0.161	6.24	1.60	1.84	2.02	0.91	0.82	12.49	1.60	3.31	0.73	1.20	0.70	0.68	0.404
			4		3.177	2.494	0.160	8.02	1.59	2.39	2.58	0.90	1.06	16.65	1.65	4.45	0.77	1.53	0.69	0.87	0.402

参考数值

型号	B	b	d	r																	
5.6/3.6	56	36	3	6	2.743	2.153	0.181	8.88	1.80	2.32	2.92	1.03	1.05	17.54	1.78	4.70	0.80	1.73	0.79	0.87	0.408
			4		3.590	2.818	0.180	11.45	1.79	3.03	3.76	1.02	1.37	23.39	1.82	6.33	0.85	2.23	0.79	1.13	0.408
			5		4.415	3.466	0.180	13.86	1.77	3.71	4.49	1.01	1.65	29.25	1.87	7.94	0.88	2.67	0.78	1.36	0.404
6.3/4	63	40	4	7	4.058	3.185	0.202	16.49	2.02	3.87	5.23	1.14	1.70	33.30	2.04	8.63	0.92	3.12	0.88	1.40	0.398
			5		4.993	3.920	0.202	20.02	2.00	4.74	6.31	1.12	2.71	41.63	2.08	10.86	0.95	3.76	0.87	1.71	0.396
			6		5.908	4.638	0.201	23.36	1.96	5.59	7.29	1.11	2.43	49.98	2.12	13.12	0.99	4.34	0.86	1.99	0.393
			7		6.802	5.339	0.201	26.53	1.98	6.40	8.24	1.10	2.78	58.07	2.15	15.47	1.03	4.97	0.86	2.29	0.389
7/4.5	70	45	4	7.5	4.547	3.570	0.226	23.17	2.26	4.86	7.55	1.29	2.17	45.92	2.24	12.26	1.02	4.40	0.98	1.77	0.410
			5		5.609	4.403	0.225	27.95	2.23	5.92	9.13	1.28	2.65	57.10	2.28	15.39	1.06	5.40	0.98	2.19	0.407
			6		6.647	5.218	0.225	32.54	2.21	6.95	10.62	1.26	3.12	68.35	2.32	18.58	1.09	6.35	0.98	2.59	0.404
			7		7.657	6.011	0.225	37.22	2.20	8.03	12.01	1.25	3.57	79.99	2.36	21.48	1.13	7.16	0.97	2.94	0.402
7.5/5	75	50	5	8	6.125	4.808	0.245	34.86	2.39	6.83	12.61	1.44	3.30	70.00	2.40	21.04	1.17	7.41	1.10	2.74	0.435
			6		7.260	5.699	0.245	41.12	2.38	8.12	14.70	1.42	3.88	84.30	2.44	25.37	1.21	8.54	1.08	3.19	0.435
			8		9.467	7.431	0.244	52.39	2.35	10.52	18.53	1.40	4.99	112.50	2.52	34.23	1.29	10.87	1.07	4.10	0.429
			10		11.590	9.098	0.244	62.71	2.33	12.79	21.96	1.38	6.04	140.80	2.60	43.43	1.36	13.10	1.06	4.99	0.423
8/5	80	50	5	8	6.375	5.005	0.255	41.96	2.56	7.78	12.82	1.42	3.32	85.21	2.60	21.06	1.14	7.66	1.10	2.74	0.388
			6		7.560	5.935	0.255	49.49	2.56	9.25	14.95	1.41	3.91	102.53	2.65	25.41	1.18	8.85	1.08	3.20	0.387
			7		8.724	6.848	0.255	56.16	2.54	10.58	16.96	1.39	4.48	119.33	2.69	29.82	1.21	10.18	1.08	3.70	0.384
			8		9.867	7.745	0.254	62.83	2.52	11.92	18.85	1.38	5.03	136.41	2.73	34.32	1.25	11.38	1.07	4.16	0.381

（续）

角钢号数	尺寸(mm)				截面面积 (cm²)	理论质量 (kg/m)	外表面积 (m²/m)	参考数值														
								x-x			y-y			x1-x1		y1-y1		u-u				
	B	b	d	r				I_x (cm⁴)	i_x (cm)	W_x (cm³)	I_y (cm⁴)	i_y (cm)	W_y (cm³)	I_{x1} (cm⁴)	y_0 (cm)	I_{y1} (cm⁴)	x_0 (cm)	I_u (cm⁴)	i_u (cm)	W_u (cm³)	tanα
9/5.6	90	56	5	9	7.212	5.661	0.287	60.45	2.90	9.92	18.32	1.59	4.21	121.32	2.91	29.53	1.25	10.98	1.23	3.49	0.385
			6		8.557	6.717	0.286	71.03	2.88	11.74	21.42	1.58	4.96	145.59	2.95	35.58	1.29	12.90	1.23	4.18	0.384
			7		9.880	7.756	0.286	81.01	2.36	13.49	24.36	1.57	5.70	169.66	3.00	41.71	1.33	14.67	1.22	4.72	0.382
			8		11.183	8.779	0.286	91.03	2.35	15.27	27.15	1.56	6.41	194.17	3.04	47.93	1.36	16.34	1.21	5.29	0.380
10/6.3	100	63	6	10	9.617	7.550	0.320	99.06	3.21	14.64	30.94	1.79	6.35	199.71	3.24	50.50	1.43	18.42	1.38	5.25	0.394
			7		11.111	8.722	0.320	113.45	3.29	16.88	35.26	1.78	7.29	233.00	3.28	59.14	1.47	21.00	1.38	6.02	0.393
			8		12.584	9.878	0.319	127.37	3.18	19.08	39.39	1.77	8.21	266.32	3.32	67.88	1.50	23.50	1.37	6.78	0.391
			10		15.467	12.142	0.319	153.81	3.15	23.32	47.12	1.74	9.98	333.06	3.40	85.73	1.58	28.33	1.35	8.24	0.387
10/8	100	80	6	10	10.637	8.350	0.354	107.04	3.17	15.19	61.24	2.40	10.16	199.83	2.95	102.68	1.97	31.65	1.72	8.37	0.627
			7		12.301	9.656	0.354	122.73	3.16	17.52	70.08	2.39	11.71	233.20	3.00	119.98	2.01	36.17	1.72	9.60	0.606
			8		13.944	10.946	0.353	137.92	3.14	19.81	78.58	2.37	13.21	266.61	3.04	137.37	2.05	40.58	1.71	10.80	0.625
			10		17.167	13.476	0.353	166.87	3.12	24.24	94.65	2.35	16.12	333.63	3.12	172.48	2.13	49.10	1.69	13.12	0.622
11/7	110	70	6	10	10.637	8.350	0.354	133.37	3.54	17.85	42.92	2.01	7.90	265.78	3.53	69.08	1.57	25.36	1.54	6.53	0.403
			7		12.301	9.656	0.354	153.00	3.53	20.60	49.01	2.00	9.09	310.07	3.57	80.82	1.61	28.95	1.53	7.50	0.402
			8		13.944	10.946	0.353	172.04	3.51	23.30	54.87	1.98	10.25	354.39	3.62	92.70	1.65	32.45	1.53	8.45	0.401
			10		17.167	13.476	0.353	208.39	3.48	28.54	65.88	1.96	12.48	443.13	3.70	116.83	1.72	39.20	1.51	10.29	0.397
12.5/8	125	80	7	11	14.096	11.066	0.403	227.98	4.02	26.86	74.42	2.30	12.01	454.99	4.01	120.32	1.80	43.84	1.76	9.92	0.408
			8		15.989	12.551	0.403	256.77	4.01	30.41	83.49	2.28	13.56	519.99	4.06	137.85	1.84	49.15	1.75	11.18	0.407
			10		19.712	15.474	0.402	312.04	3.98	37.33	100.67	2.26	16.56	650.09	4.14	173.40	1.92	59.45	1.74	13.64	0.404
			12		23.351	18.330	0.402	364.41	3.95	44.01	116.67	2.24	19.43	780.30	4.22	209.67	2.00	69.35	1.72	16.01	0.400

型号	B	b	d	r	A (cm²)	理论重量 (kg/m)	外表面积 (m²/m)	Ix	ix	Wx	Iy	iy	Wy	Ix1	y0	Iy1	x0	Iu	iu	Wu	tan α
14/9	140	90	8	12	18.038	14.160	0.453	365.64	4.50	38.48	120.69	2.59	17.34	730.53	4.50	195.79	2.04	70.83	1.98	14.31	0.411
			10		22.261	17.475	0.452	445.50	4.47	47.31	146.03	2.56	21.22	913.20	4.58	245.92	2.12	85.82	1.96	17.48	0.409
			12		26.400	20.724	0.452	521.59	4.44	55.87	169.79	2.54	24.95	1096.09	4.66	296.89	2.19	100.21	1.95	20.54	0.406
			14		30.456	23.908	0.451	594.10	4.42	64.18	192.10	2.51	28.54	1279.26	4.74	348.82	2.27	114.13	1.94	23.52	0.403
16/10	160	100	10	13	25.315	19.872	0.512	668.69	5.14	62.13	205.03	2.85	26.56	1362.89	5.24	336.59	2.28	121.74	2.19	21.92	0.390
			12		30.054	23.592	0.511	784.91	5.11	73.49	239.06	2.82	31.28	1635.56	5.32	405.94	2.36	142.33	2.17	25.79	0.388
			14		34.709	27.247	0.510	896.30	5.08	84.56	271.20	2.80	35.83	1908.50	5.40	476.42	2.43	162.23	2.16	29.56	0.385
			16		39.281	30.835	0.510	1003.04	5.05	95.33	301.60	2.77	40.24	2181.79	5.48	548.22	2.51	182.57	2.16	33.44	0.382
18/11	180	110	10	14	28.373	22.273	0.571	956.25	5.80	78.96	278.11	3.13	32.49	1940.40	5.89	447.22	2.44	166.50	2.42	26.88	0.376
			12		33.712	26.464	0.571	1124.72	5.78	93.53	325.03	3.10	38.32	2328.38	5.98	538.94	2.52	194.87	2.40	31.66	0.374
			14		38.967	30.589	0.570	1286.91	5.75	107.76	369.55	3.08	43.97	2716.60	6.06	631.95	2.59	222.30	2.39	36.32	0.372
			16		44.139	34.649	0.569	1443.06	5.72	121.64	411.85	3.06	49.44	3105.15	6.14	726.46	2.67	248.94	2.38	40.87	0.369
20/12.5	200	125	12	14	37.912	29.761	0.641	1570.90	6.44	116.73	483.16	3.57	49.99	3193.85	6.54	787.74	2.83	285.79	2.74	41.23	0.392
			14		43.867	34.436	0.640	1800.97	6.41	134.65	550.83	3.54	57.44	3726.17	6.62	922.47	2.91	326.58	2.73	47.34	0.390
			16		49.739	39.045	0.639	2023.35	6.38	152.18	615.44	3.52	64.69	4258.86	6.70	1058.86	2.99	366.21	2.71	53.32	0.388
			18		55.526	43.588	0.639	2238.30	6.35	169.33	677.19	3.49	71.74	4792.00	6.78	1197.13	3.06	404.83	2.70	59.18	0.385

注：1. 括号内型号不推荐使用。

2. 截面图中的 $r_1 = \frac{1}{3}d$ 及表中 r 值的数据用于孔型设计，不作交货条件。

表 C-3 热轧普通槽钢 (GB/T 707—1988)

符号意义:

h—高度;
b—腿宽;
d—腰厚;
t—平均腿厚;
r—内圆弧半径;
r_1—腿端圆弧半径;
I—惯性矩;
W—弯曲截面系数;
i—惯性半径;
z_0—轴 y-y 与轴 y_1-y_1 间距离。

| 型号 | 尺寸 (mm) | | | | | | 截面面积 (cm²) | 理论质量 (kg/m) | 参考数值 | | | | | | | |
| | h | b | d | t | r | r_1 | | | x-x | | | y-y | | | y_1-y_1 | z_0 (cm) |
									W_x (cm³)	I_x (cm⁴)	i_x (cm)	W_y (cm³)	I_y (cm⁴)	i_y (cm)	I_{y1} (cm⁴)	
5	50	37	4.5	7.0	7.0	3.5	6.928	5.438	10.4	26.0	1.94	3.55	8.30	1.10	20.9	1.35
6.3	63	40	4.8	7.5	7.5	3.8	8.451	6.634	16.1	50.8	2.45	4.50	11.9	1.19	28.4	1.36
8	80	43	5.0	8.0	8.0	4.0	10.248	8.045	25.3	101	3.15	5.79	16.6	1.27	37.4	1.43
10	100	48	5.3	8.5	8.5	4.2	12.748	10.007	39.7	198	3.95	7.80	25.6	1.41	54.9	1.52
12.6	126	53	5.5	9.0	9.0	4.5	15.692	12.318	62.1	391	4.95	10.2	38.0	1.57	77.1	1.59
14a	140	58	6.0	9.5	9.5	4.8	18.516	14.535	80.5	564	5.52	13.0	53.2	1.70	107	1.71
14b	140	60	8.8	9.5	9.5	4.8	21.316	16.733	87.1	609	5.35	14.1	61.1	1.69	121	1.67
16a	160	63	6.5	10.0	10.0	5.0	21.962	17.240	108	866	6.28	16.3	73.3	1.83	144	1.80
16b	160	65	8.5	10.0	10.0	5.0	25.162	19.752	117	935	6.10	17.6	83.4	1.82	161	1.75
18a	180	68	7.0	10.5	10.5	5.2	25.699	20.174	141	1270	7.04	20.0	98.6	1.96	190	1.88
18b	180	70	9.0	10.5	10.5	5.2	29.299	23.000	152	1370	6.84	21.5	111	1.95	210	1.84

型号															
20a	200	73	7.0	11.0	11.0	5.5	28.837	22.637	178	1780	7.86	24.2	128	2.11	244	2.01
20b	200	75	9.0	11.0	11.0	5.5	32.833	25.777	191	1910	7.64	25.9	144	2.09	268	1.95
22a	220	77	7.0	11.5	11.5	5.8	31.846	24.999	218	2390	8.67	28.2	158	2.23	298	2.10
22b	220	79	9.0	11.5	11.5	5.8	36.246	28.453	234	2570	8.42	30.1	176	2.21	326	2.03
25a	250	78	7.0	12.0	12.0	6.0	34.917	27.410	270	3370	9.82	30.6	176	2.24	322	2.07
25b	250	80	9.0	12.0	12.0	6.0	39.917	31.335	282	3530	9.41	32.7	196	2.22	353	1.98
25c	250	82	11.0	12.0	12.0	6.0	44.917	35.260	295	3690	9.07	35.9	218	2.21	384	1.92
28a	280	82	7.5	12.5	12.5	6.2	40.034	31.427	340	4760	10.9	35.7	218	2.33	388	2.10
28b	280	84	9.5	12.5	12.5	6.2	45.634	35.823	366	5130	10.6	37.9	242	2.30	428	2.02
28c	280	86	11.5	12.5	12.5	6.2	51.234	40.219	393	5500	10.4	40.3	268	2.29	463	1.95
32a	320	88	8.0	14.0	14.0	7.0	48.513	38.083	475	7600	12.5	46.5	305	2.50	552	2.24
32b	320	90	10.0	14.0	14.0	7.0	54.913	45.107	509	8140	12.2	49.2	336	2.47	593	2.16
32c	320	92	12.0	14.0	14.0	7.0	61.313	48.131	543	8690	11.9	52.6	374	2.47	643	2.09
36a	360	96	9.0	16.0	16.0	8.0	60.910	47.814	660	11900	14.0	63.5	455	2.73	818	2.44
36b	360	98	11.0	16.0	16.0	8.0	68.110	53.466	703	12700	13.6	66.9	497	2.70	880	2.37
36c	360	100	13.0	16.0	16.0	8.0	75.310	59.118	746	13400	13.4	70.0	536	2.67	948	2.34
40a	400	100	10.5	18.0	18.0	9.0	75.068	58.928	879	17600	15.3	78.8	592	2.81	1070	2.49
40b	400	102	12.5	18.0	18.0	9.0	83.068	65.208	932	18600	15.0	82.5	640	2.78	1140	2.44
40c	400	104	14.5	18.0	18.0	9.0	91.068	71.488	986	19700	14.7	86.2	688	2.75	1220	2.42

注：截面图中的 $r_1 = \frac{1}{3}d$ 及表中 r 值的数据用于孔型设计，不作交货条件。

表 C-4 热轧普通工字钢 (GB/T 706—1988)

符号意义：
h——高度；
b——腿宽；
d——腰厚；
t——平均腿厚；
r——内圆弧半径；
r₁——腿端圆弧半径；
I——惯性矩；
W——弯曲截面系数；
i——惯性半径；
S——半截面的静矩。

型号	尺寸 (mm)						截面面积 (cm²)	理论质量 (kg/m)	参考数值						
									x–x				y–y		
	h	b	d	t	r	r_1			I_x (cm⁴)	W_x (cm³)	i_x (cm)	I_x/S_x (cm)	I_y (cm⁴)	W_y (cm³)	i_y (cm)
10	100	68	4.5	7.6	6.5	3.3	14.345	11.261	245	49.0	4.14	8.59	33.0	9.72	1.52
12.6	126	74	5.0	8.4	7.0	3.5	18.118	14.223	488	77.5	5.20	10.8	46.9	12.7	1.61
14	140	80	5.5	9.1	7.5	3.8	21.516	16.890	712	102	5.76	12.0	64.4	16.1	1.73
16	160	88	6.0	9.9	8.0	4.0	26.131	20.513	1130	141	6.58	13.8	93.1	21.2	1.89
18	180	94	6.5	10.7	8.5	4.3	30.756	24.143	1660	185	7.36	15.4	122	26.0	2.00
20a	200	100	7.0	11.4	9.0	4.5	35.578	27.929	2370	237	8.15	17.2	158	31.5	2.12
20b	200	102	9.0	11.4	9.0	4.5	39.578	31.069	2500	250	7.96	16.9	169	33.1	2.06
22a	220	110	7.5	12.3	9.5	4.8	42.128	33.070	3400	309	8.99	18.9	225	40.9	2.31
22b	220	112	9.5	12.3	9.5	4.8	46.528	36.524	3570	325	8.78	18.7	239	42.7	2.27
25a	250	116	8.0	13.0	10.0	5.0	48.541	38.105	5020	402	10.2	21.6	280	48.3	2.40
25b	250	118	10.0	13.0	10.0	5.0	48.541	42.030	5280	423	9.94	21.3	309	52.4	2.40
28a	280	122	8.5	13.7	10.5	5.3	55.404	43.492	7110	508	11.3	24.6	345	56.6	2.50
28b	280	124	10.5	13.7	10.5	5.3	61.004	47.888	7480	534	11.1	24.2	379	61.2	2.49

斜度 1:6

型号															
32a	320	130	9.5	15.0	11.5	5.8	67.156	52.717	11100	692	12.8	27.5	460	70.8	2.62
32b	320	132	11.5	15.0	11.5	5.8	73.556	57.741	11600	726	12.6	27.1	502	76.0	2.61
32c	320	134	13.5	15.0	11.5	5.8	79.956	62.765	12200	760	12.3	26.8	544	81.2	2.61
36a	360	136	10.0	15.8	12.0	6.0	76.480	60.037	15800	875	14.4	30.7	552	81.2	2.69
36b	360	138	12.0	15.8	12.0	6.0	83.680	65.689	16500	919	14.1	30.3	582	84.3	2.64
36c	360	140	14.0	15.8	12.0	6.0	90.880	71.341	17300	962	13.8	29.9	612	87.4	2.60
40a	400	142	10.5	16.5	12.5	6.3	86.112	67.598	21700	1090	15.9	34.1	660	93.2	2.77
40b	400	144	12.5	16.5	12.5	6.3	94.112	73.878	22000	1140	15.6	33.6	692	96.2	2.71
40c	400	146	14.5	16.5	12.5	6.3	102.112	80.158	23900	1190	15.2	33.2	727	99.6	2.65
45a	450	150	11.5	18.0	13.5	6.8	102.446	80.420	32200	1430	17.7	38.6	855	114	2.89
45b	450	152	13.5	18.0	13.5	6.8	111.446	87.485	33800	1500	17.4	38.0	894	118	2.84
45c	450	154	15.5	18.0	13.5	6.8	120.446	94.550	35300	1570	17.1	37.6	938	122	2.97
50a	500	158	12.0	20.0	14.0	7.0	119.304	93.654	46500	1860	19.7	42.8	1120	142	3.07
50b	500	160	14.0	20.0	14.0	7.0	129.304	101.504	48600	1940	19.4	42.4	1170	146	3.01
50c	500	162	16.0	20.0	14.0	7.0	139.304	109.354	50600	2080	19.0	41.8	1220	151	2.96
56a	560	166	12.5	21.0	14.5	7.3	135.435	106.316	65600	2340	22.0	47.7	1370	165	3.18
56b	560	168	14.5	21.0	14.5	7.3	146.635	115.108	68500	2450	21.6	47.2	1490	174	3.16
56c	560	170	16.5	21.0	14.5	7.3	157.835	123.900	71400	2550	21.3	46.7	1560	183	3.16
63a	630	176	13.0	22.0	15.0	7.5	154.658	121.407	93900	2980	24.5	54.2	1700	193	3.31
63b	630	178	15.0	22.0	15.0	7.5	176.258	131.298	98100	3160	24.2	53.5	1810	204	3.29
63c	630	180	17.0	22.0	15.0	7.5	179.858	141.189	102000	3300	23.8	52.9	1920	214	3.27

注：截面图中的 $r_1 = \frac{1}{3}d$ 及表中 r 值的数据用于孔型设计，不作交货条件。

习题参考答案

第1章

1-1 $F_{1x} = 0$, $F_{1y} = 2\text{kN}$; $F_{2x} = 4\text{kN}$, $F_{2y} = 3\text{kN}$;

$F_{3x} = -10\text{kN}$, $F_{3y} = 0$; $F_{4x} = 3\text{kN}$, $F_{4y} = -4\text{kN}$;

$F_{\text{R}x} = -3\text{kN}$, $F_{\text{R}y} = 1\text{kN}$

1-2 $F_y = 0$

1-3 (a) $M_A(\boldsymbol{F}) = Fl$; (b) $M_A(\boldsymbol{F}) = 0$; (c) $M_A(\boldsymbol{F}) = Fl\sin\alpha$;

(d) $M_A(\boldsymbol{F}) = -Fa$; (e) $M_A(\boldsymbol{F}) = F(l + r)$; (f) $M_A(\boldsymbol{F}) = Fl\sin\beta$

1-4 $M_O(\boldsymbol{W}) = -Wc\sin\alpha$, $M_O(\boldsymbol{F}_1) = 0$, $M_O(\boldsymbol{F}_2) = F_2\sqrt{a^2 + b^2}$,

$M_O(\boldsymbol{F}_\text{R}) = -Wc\sin\alpha + F_2\sqrt{a^2 + b^2}$

1-5 $M_A(\boldsymbol{F}_\text{R}) = -15.22\text{kN} \cdot \text{m}$

1-6 $M_A(\boldsymbol{F}) = -Fb\cos\alpha$, $M_B(\boldsymbol{F}) = Fa\sin\alpha - Fb\cos\alpha$

1-7 $M_A(\boldsymbol{F}) = rF\sin\alpha - RF\cos\alpha$

1-8 $M_E(\boldsymbol{F}) = Fa$

1-9 $M = -5\text{kN} \cdot \text{m}$

1-10 $F_{1x} = 0$, $F_{1y} = 0$, $F_{1z} = 6\text{kN}$;

$F_{2x} = -\sqrt{2}\text{kN}$, $F_{2y} = \sqrt{2}\text{kN}$, $F_{2z} = 0$;

$F_{3x} = \sqrt{3}\text{kN}$, $F_{3y} = -\sqrt{3}\text{kN}$, $F_{3z} = \sqrt{3}\text{kN}$

$M_x(\boldsymbol{F}_1) = 6a$, $M_y(\boldsymbol{F}_1) = -6a$, $M_z(\boldsymbol{F}_1) = 0$;

$M_x(\boldsymbol{F}_2) = -\sqrt{2}a$, $M_y(\boldsymbol{F}_2) = -\sqrt{2}a$, $M_z(\boldsymbol{F}_2) = \sqrt{2}a$;

$M_x(\boldsymbol{F}_3) = \sqrt{3}a$, $M_y(\boldsymbol{F}_3) = 0$, $M_z(\boldsymbol{F}_3) = -\sqrt{3}a$

1-11 $M_x(\boldsymbol{F}) = 105\text{N} \cdot \text{m}$, $M_y(\boldsymbol{F}) = -66\text{N} \cdot \text{m}$, $M_z(\boldsymbol{F}) = 8\text{N} \cdot \text{m}$, $M_O(\boldsymbol{F}) = 124.3\text{N} \cdot \text{m}$

1-12 $M_x(\boldsymbol{F}) = \dfrac{F}{4}[2(a + c) - \sqrt{3}d]$, $M_y(\boldsymbol{F}) = \dfrac{F}{4}(2b - 3d)$, $M_z(\boldsymbol{F}) = \dfrac{F}{4}[3(a + c) - \sqrt{3}b]$

1-13～1-15 略

第 2 章

2-1 $F_R = 171.3N$, $\theta = 40.99°$

2-2 $F_R = 351.4N$, $\cos(F_R, i) = 0.836$, $\cos(F_R, j) = 0.548$

2-3 $F_{Ry} = -280kN$, $M_O = -30kN \cdot m$

2-4 $F_R = 0$, $M_O = M_D = 3Fl$

2-5 $F_R = \dfrac{1}{2}ql$, $h = \dfrac{2l}{3}$

2-6 $M_1 = -165N \cdot m$, $M_2 = 220N \cdot m$, $M_3 = 96N \cdot m$, $M = 151N \cdot m$

2-7 $M_1 = 200N \cdot m$, $M_2 = 480N \cdot m$, $M_3 = -160N \cdot m$, $M = 520N \cdot m$

2-8 $F_R = 50N$, $M_O = 300N \cdot m$, 最终合力为 $F = 50N$, 距 O 点 $d = M_O/F_R = $ 6m, 合力的方向: $\cos \langle F_R, i \rangle = 0.6$, $\cos \langle F_R, j \rangle = 0.8$

2-9 向 (3, 2) 点简化: 主矢为 20kN, 主矩为 50kN·m, 顺时针; 向 (-4, 0) 点简化: 主矢为 20kN, 主矩为 90kN·m, 逆时针

2-10 $F_{Ax} = -\dfrac{\sqrt{2}F}{2}$, $F_{Ay} = -2qa - \dfrac{\sqrt{2}F}{2}$, $M_A = -2qa^2 - \dfrac{3\sqrt{2}Fa}{2} - M$

2-11 $M_C = Mx = -50kN \cdot m$

2-12 $F_R = 20kN$; $M_O = 20kN \cdot m$, 主矩矢垂直于平面 $OBDD_1$

2-13 力偶 M_O 的大小为 $M_O = 1.2\sqrt{3}N \cdot m$,

M_O 的方向为 $\cos\alpha = \dfrac{1}{\sqrt{3}}$, $\cos\beta = -\dfrac{1}{\sqrt{3}}$, $\cos\gamma = \dfrac{1}{\sqrt{3}}$

2-14 (a) $x_C = 141mm$, $y_C = 136mm$; (b) $x_C = 151mm$, $y_C = 0$

第 3 章

3-1 $F_A = 20.71kN$, $F_B = 29.28kN$

3-2 $F_1 = \dfrac{F}{2}\cot\alpha$

3-3 $F_1 = 0.612F_2$

3-4 $F_A = \dfrac{2M_1}{a} = F_B$, $M_2 = F_B b = \dfrac{2M_1 b}{a}$

3-5 $F_A = F_B = 2.5kN$

3-6 $M = 3N \cdot m$

3-7 (a) $F_{Ay} = 1kN$, $F_B = 0$

(b) $F_{Ay} = 2.25kN$, $F_B = 2.75kN$

(c) $F_{Ay} = -0.67kN$, $F_B = 1.67kN$

(d) $F_{Ay} = 0$, $F_B = 3kN$

(e) $F_{Ay} = 2kN$, $F_B = 3.5kN$, $M_A = 3.5kN \cdot m$

（f） $F_{Ay}=3\mathrm{kN}$，$M_A=5\mathrm{kN}\cdot\mathrm{m}$

3-8　$F_{Ax}=10\mathrm{kN}$，$F_{Ay}=F=50\mathrm{kN}$，$M_A=65\mathrm{kN}\cdot\mathrm{m}$

3-9　$P_{2\mathrm{min}}=812.5\mathrm{kN}$，$x_{\mathrm{max}}=2.77\mathrm{m}$

3-10　（a）$F_D=15\mathrm{kN}$，$F_C=5\mathrm{kN}$

　　　　$F_B=40\mathrm{kN}$，$F_A=15\mathrm{kN}$（↓）；

　　　（b）$F_{BC}=F_C=1.5\mathrm{kN}$，$F'_{BA}=2.5\mathrm{kN}$，$F_{Ax}=0$，$F_{Ay}=2.5\mathrm{kN}$，$M_A=10\mathrm{kN}\cdot\mathrm{m}$

3-11　$M=\dfrac{Wrr_1r_3}{r_2r_4}$，$F_{O3x}=\dfrac{Wr}{r_4}\tan\alpha$，$F_{O3y}=W\left(1-\dfrac{r}{r_4}\right)$

3-12　$F_D=15\mathrm{kN}(\uparrow)$，$F_{Ax}=50\mathrm{kN}(\rightarrow)$，$F_{Ay}=25\mathrm{kN}(\uparrow)$，$F_B=-10\mathrm{kN}(\downarrow)$

3-13　$M=70\mathrm{N}\cdot\mathrm{m}$

3-14　$F_B=F_C=\dfrac{M}{2a}$，$F'_{Ax}=0$，$F'_{Ay}=\dfrac{M}{2a}(\downarrow)$，$F_{Dx}=0$，$F_{Dy}=\dfrac{M}{a}(\uparrow)$

3-15　（a）$F_D=5\mathrm{kN}$，$F_B=-5\mathrm{kN}$，$F_{Ay}=10\mathrm{kN}$；

　　　（b）$F_D=8.54\mathrm{kN}$，$F_{Ax}=7.071\mathrm{kN}$，$F_{Ay}=18.54\mathrm{kN}$，$M_A=27.08\mathrm{kN}\cdot\mathrm{m}$

3-16　$M=\dfrac{Pr_1r}{r_2}$

3-17　$F_{Ax}=\dfrac{5}{2}W$，$F_{Ay}=2W$；$F_{Bx}=\dfrac{5}{2}W$（←），$F_{By}=W$（↓）

3-18　$F_A=6.7\mathrm{kN}(\leftarrow)$，$F_{Bx}=6.7\mathrm{kN}(\rightarrow)$，$F_{By}=13.5\mathrm{kN}(\uparrow)$

3-19　$F_A=3\sqrt{2}F$，$F_D=5F$

3-20　$F_{Ax}=2\mathrm{kN}$，$F_{Ay}=0.6\mathrm{kN}$（↓）；$F_{Dx}=2\mathrm{kN}$（←），$F_{Dy}=1.6\mathrm{kN}$

3-21　$F_{Ax}=\dfrac{10\sqrt{3}}{3}\mathrm{kN}$，$F_{Ay}=10\mathrm{kN}$，$M_A=0$；$F_{Ex}=\dfrac{10\sqrt{3}}{3}\mathrm{kN}$（←），$F_{Ey}=10\mathrm{kN}$

3-22　$F_{BB'}=F_{CC'}=F_{DD'}=0$，$F_{AB'}=-14.58\mathrm{kN}$，$F_{AB}=11.67\mathrm{kN}$，

3-23　$F_1=0$，$F_2=\dfrac{1}{3}F$，$F_3=-F_2=-\dfrac{1}{3}F$，$F_4=\dfrac{\sqrt{2}}{3}F$

3-24　$F_s=3.46\mathrm{N}$

3-25　$G\dfrac{\tan\alpha-f_s}{1+\tan f_s}\leqslant F_1\leqslant G\dfrac{\tan\alpha+f_s}{1-\tan\alpha f_s}$

3-26　系统处于静止状态

3-27　A 与 B 间的静摩擦力：$F_{sA}=400\mathrm{N}$；B 与墙间的静摩擦力：$F_{sB}=200\mathrm{N}$

3-28　$F\geqslant\dfrac{\sqrt{2}aP_1}{2f_sL}$

3-29　$F_2\mu_s\cos^2\alpha=F_1$

3-30　$F_x=-5\mathrm{kN}$，$F_y=-F_2=-4\mathrm{kN}$，$F_z=0$；

　　　　$M_x=16\mathrm{kN}\cdot\mathrm{m}$，$M_y=-30\mathrm{kN}\cdot\mathrm{m}$，$M_z=20\mathrm{kN}\cdot\mathrm{m}$

3-31　$F_{OA} = 163.3\text{N}$, $F_{OB} = F_{OD} = 149\text{N}$

3-32　$F_A = 0.95\text{kN}$, $F_B = 0.05\text{kN}$, $F_C = 0.5\text{kN}$

3-33　$F_{t2} = 2.194\text{kN}$, $F_{Bx} = -1.769\text{kN}$, $F_{Bz} = -0.152\text{kN}$; $F_{Ax} = 2.005\text{kN}$, $F_{Az} = 0.376\text{kN}$

3-34　$F = 207.85\text{N}$, $F_{Az} = 183.93\text{N}$, $F_{Bz} = 423.93\text{N}$

3-35　$F_1 = -\dfrac{F}{2}(1 + \sqrt{2})$, $F_2 = 0$, $F_3 = \dfrac{F}{2}$, $F_4 = -\dfrac{\sqrt{2}F}{2}$, $F_5 = 0$, $F_6 = \dfrac{\sqrt{2}F}{2}$

第 4 章

4-1　轴力 $F_N = F$, 弯矩 $M = Fe$

4-2　(a) $F_{N1} = F$, $F_{N2} = -F$

　　(b) $F_{N1} = F$, $F_{N2} = 0$, $F_{N3} = 2F$

　　(c) $F_{N1} = -2\text{kN}$, $F_{N2} = 2\text{kN}$, $F_{N3} = -4\text{kN}$

　　(d) $F_{N1} = 5\text{kN}$, $F_{N2} = 10\text{kN}$, $F_{N3} = -10\text{kN}$

4-3

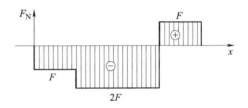

习题 4-3 解图

4-4　(a) $T_1 = -5\text{kN} \cdot \text{m}$, $T_2 = -2\text{kN} \cdot \text{m}$; (b) $T_1 = -15\text{kN} \cdot \text{m}$, $T_2 = -20\text{kN} \cdot \text{m}$, $T_3 = -10\text{kN} \cdot \text{m}$, $T_4 = 20\text{kN} \cdot \text{m}$

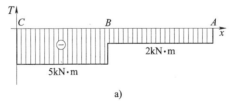

a)

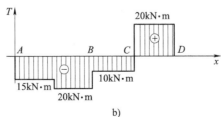

b)

习题 4-4 解图

4-5

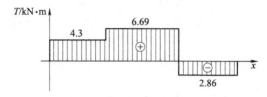

习题 4-5 解图

4-6　（1）

4-7

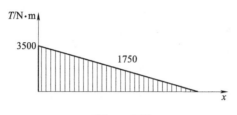

习题 4-7 解图

4-8　（a）截面 A 处：$F_\mathrm{S}=-\dfrac{100}{7}$kN，$M=0$

截面 B 处：$F_\mathrm{S}=-\dfrac{100}{7}$kN，$M=0$

截面 C 处：$F_\mathrm{S}=-\dfrac{100}{7}$kN，$M=\dfrac{50}{7}$kN · m

截面 D 处：$F_\mathrm{S}=-\dfrac{100}{7}$kN，$M=-\dfrac{20}{7}$kN · m

（b）截面 A 处：$F_\mathrm{S}=0$，$M=-10$kN · m

截面 B 处：$F_\mathrm{S}=0$，$M=-10$kN · m

截面 C 处：$F_\mathrm{S}=10$kN，$M=-10$kN · m

截面 D 处：$F_\mathrm{S}=10$kN，$M=-13$kN · m

（c）截面 A 处：$F_\mathrm{S}=2ql$，$M=0$

截面 B 处：$F_\mathrm{S}=-2ql$，$M=0$

截面 C 处：$F_\mathrm{S}=-ql$，$M=1.5ql^2$

截面 D 处：$F_\mathrm{S}=ql$，$M=1.5ql^2$

（d）截面 A 处：$F_\mathrm{S}=0$，$M=0$

截面 B 处：$F_\mathrm{S}=-qa$，$M=-\dfrac{qa^2}{2}$

截面 C 处：$F_S = -qa$，$M = -\dfrac{3qa^2}{2}$

4-9 （a）AB 段：

$F_S(x_1) = -0.89\text{kN}(0 < x_1 \leqslant 1.5\text{m})$，$M(x_1) = -0.89x_1(0 \leqslant x_1 < 1.5\text{m})$

BC 段：

$F_S(x_2) = -0.89\text{kN}(1.5\text{m} \leqslant x_2 < 3\text{m})$，$M(x_2) = -0.89x_2 + 1 (1.5\text{m} < x_2 \leqslant 3\text{m})$

CD 段：

$F_S(x_3) = 1.11\text{kN}(3\text{m} < x_3 < 4.5\text{m})$，$M(x_3) = 1.11x_3 - 5(3\text{m} \leqslant x_3 \leqslant 4.5\text{m})$

（b）AB 段：

$F_S(x_1) = -10\text{kN}(0 < x_1 < 2\text{m})$，$M(x_1) = -10x_1(0 \leqslant x_1 \leqslant 2\text{m})$

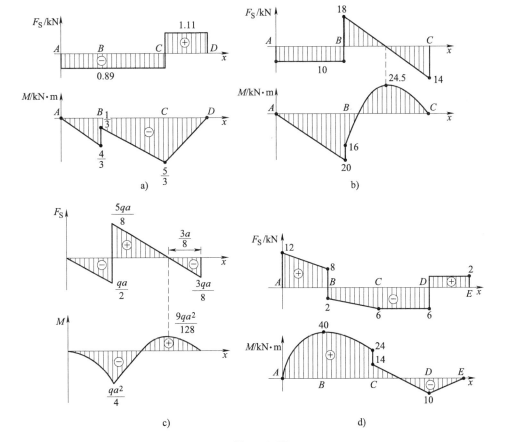

习题 4-9 解图

BC 段：

$F_S(x_2) = -4x_2 + 26(2\text{m} < x_2 < 10\text{m})$，$M(x_2) = -2x_2^2 + 26x_2 - 60(2\text{m} < x_2 \leqslant$

10m)

（c）直接画剪力图和弯矩图，最大剪力和最大弯矩分别为

$$|F_{\text{Smax}}| = \frac{5}{8}qa, \quad |M_{\max}| = \frac{9}{128}qa^2$$

（d）AB 段：

$$F_\text{S}(x_1) = -x_1 + 12(0 < x_1 < 4\text{m}), \quad M(x_1) = -\frac{1}{2}x_1^2 + 12x_1(0 \leqslant x_1 \leqslant 4\text{m})$$

BC 段：

$$F_\text{S}(x_2) = -x_2 + 2(4\text{m} < x_2 < 8\text{m}), \quad M(x_2) = -\frac{1}{2}x_2^2 + 2x_2 + 40(4\text{m} \leqslant x_2 < 8\text{m})$$

CD 段：

$$F_\text{S}(x_3) = -6\text{kN}(8\text{m} \leqslant x_3 < 12\text{m}), \quad M(x_3) = -6x_3 + 62(8\text{m} < x_3 \leqslant 12\text{m})$$

DE 段：

$$F_\text{S}(x_4) = 2\text{kN}(12\text{m} < x_4 < 17\text{m}), \quad M(x_4) = 2x_4 - 34(12\text{m} \leqslant x_4 \leqslant 17\text{m})$$

4-10

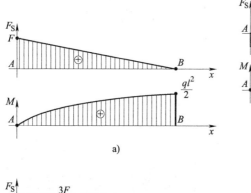

a)

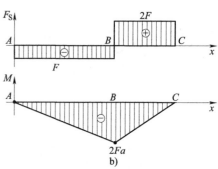

b)

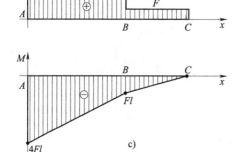

c)

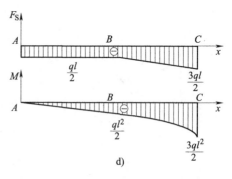

d)

习题 4-10 解图

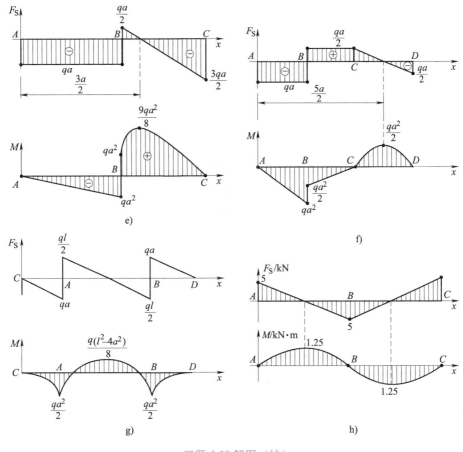

习题 4-10 解图（续）

4-11

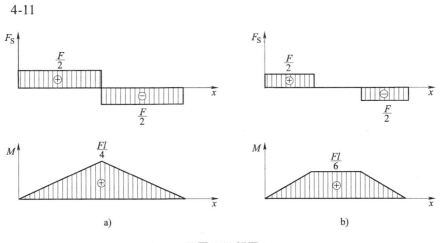

习题 4-11 解图

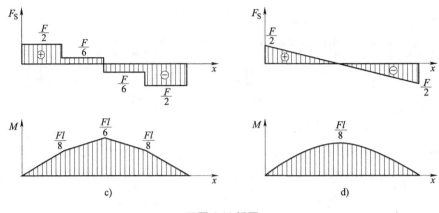

习题 4-11 解图

剪力图弯矩图如习题 4-11 解图 a、b、c、d 所示,其最大弯矩分别为

$$(\, |M| \, _{\max})_a = \frac{1}{4} Fl, \quad (\, |M| \, _{\max})_b = \frac{1}{6} Fl, \quad (\, |M| \, _{\max})_c = \frac{1}{6} Fl, \quad (\, |M| \, _{\max})_d = \frac{1}{8} Fl$$

由此可见,将载荷分散作用于梁上,可减小梁内的最大弯矩,从而提高梁的承载能力。

4-12

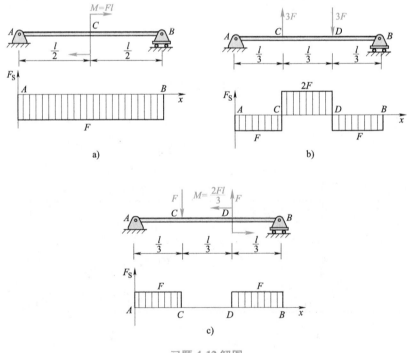

习题 4-12 解图

4-13　　$|F_S|_{\max}=75\text{kN}$，$|M|_{\max}=200\text{kN}\cdot\text{m}$

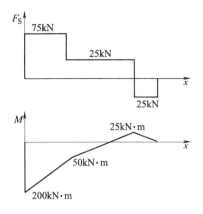

习题 **4-13** 解图

4-14

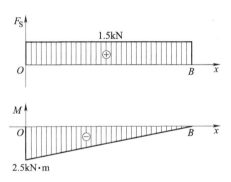

习题 **4-14** 解图

第 5 章

5-1　（a）$\sigma_{1-1}=0\text{MPa}$，$\sigma_{2-2}=33.3\text{MPa}$，$\sigma_{3-3}=-75\text{MPa}$；

　　　（b）$\sigma_{3-3}=-100\text{MPa}$，$\sigma_{2-2}=-66.7\text{MPa}$，$\sigma_{1-1}=50\text{MPa}$

5-2　$\sigma_{AB}=50\text{MPa}$，$\sigma_{AC}=66.7\text{MPa}$，$\sigma_{BC}=-83.3\text{MPa}$，$\sigma_{CD}=-50\text{MPa}$

5-3　$\sigma_{CD}=112.6\text{MPa}$

5-4　$\sigma_{杆1}=127.4\text{MPa}$，$\sigma_{杆2}=63.7\text{MPa}$

5-5　$\sigma_{BC}=127.3\text{MPa}$

5-6　$\theta=26.57°$

5-7　$\tau_{10\text{mm}}=35.1\text{MPa}$，$\tau_{\max}=87.6\text{MPa}$

5-8　$\tau_{\max}=49.4\text{MPa}$

5-9　$P=18.51\mathrm{kW}$

5-10　$\tau_{AB\max}=17.9\mathrm{MPa}$，$\tau_{H\max}=17.4\mathrm{MPa}$，$\tau_{C\max}=16.7\mathrm{MPa}$

5-11　1—1 截面：

　　$\sigma_A=-7.41\mathrm{MPa}$，$\sigma_B=-3.71\mathrm{MPa}$，$\sigma_C=4.94\mathrm{MPa}$，$\sigma_D=7.41\mathrm{MPa}$；

固定端截面：

$$\sigma_A=9.26\mathrm{MPa}，\sigma_B=4.63\mathrm{MPa}，\sigma_C=-6.17\mathrm{MPa}$$

5-12　$\sigma_{实}=159.1\mathrm{MPa}$，$\sigma_{空}=93.6\mathrm{MPa}$，$\dfrac{\sigma_{实\max}}{\sigma_{空\max}}=1.7$

5-13　$b=225\mathrm{mm}$

5-14　$\sigma_{\max}=101.2\mathrm{MPa}$，$\tau_{\max}=3.4\mathrm{MPa}$；最大正应力发生在梁中点截面的 A、B 两点，最大切应力发生在梁中点截面的 CD 直径上

5-15　（1）$\sigma'_{\max}=17\mathrm{MPa}$；

　　　（2）$\sigma''_{\max}=17.3\mathrm{MPa}$

5-16　$\sigma_{\max}=142\mathrm{MPa}$，$\tau_{\max}=18.1\mathrm{MPa}$

5-17　$\tau_1=7.1\mathrm{MPa}$、$\tau_2=8\mathrm{MPa}$

5-18　$\tau_{\max}=58.98\mathrm{MPa}$；空心轴比实心轴节省约 30% 的材料

5-19　$\dfrac{\sigma_{\max}^{(a)}}{\sigma_{\max}^{(b)}}=2:1$

5-20　$[F]=44.2\mathrm{kN}$

5-21　梁的最大拉应力发生在 $A(B)$ 截面的上边缘处；最大压应力发生在 C 截面的上边缘处，其大小相等，即有 $\sigma_{c\max}=\sigma_{t\max}=30.1\mathrm{MPa}$

第 6 章

6-1　略

6-2　（a）$\sigma_1=50\mathrm{MPa}$、$\sigma_2=0\mathrm{MPa}$、$\sigma_3=0\mathrm{MPa}$，单向应力状态；

　　　（b）$\sigma_1=40\mathrm{MPa}$、$\sigma_2=0\mathrm{MPa}$、$\sigma_3=-30\mathrm{MPa}$，二向应力状态；

　　　（c）$\sigma_1=20\mathrm{MPa}$、$\sigma_2=10\mathrm{MPa}$、$\sigma_3=-30\mathrm{MPa}$，三向应力状态

6-3　（a）$\sigma_\alpha=45\mathrm{MPa}$，$\tau_\alpha=-8.66\mathrm{MPa}$；

　　　（b）$\sigma_\alpha=7.32\mathrm{MPa}$，$\tau_\alpha=7.32\mathrm{MPa}$；

　　　（c）$\sigma_\alpha=28.48\mathrm{MPa}$，$\tau_\alpha=-36.65\mathrm{MPa}$

6-4　（a）$\sigma_\alpha=30\mathrm{MPa}$、$\tau_\alpha=30\mathrm{MPa}$，

　　　　　$\sigma_1=120\mathrm{MPa}$、$\sigma_2=20\mathrm{MPa}$、$\sigma_3=0\mathrm{MPa}$，$\alpha_0=-26.53°$，

　　　　　$\tau_{\max}=50\mathrm{MPa}$；

　　　（b）$\sigma_\alpha=-14.02\mathrm{MPa}$、$\tau_\alpha=-49.64\mathrm{MPa}$，

　　　　　$\sigma_1=70\mathrm{MPa}$、$\sigma_2=0\mathrm{MPa}$、$\sigma_3=-30\mathrm{MPa}$，$\alpha_0=18.43°$，

$\tau_{max} = 50MPa$；

（c）$\sigma_\alpha = 79.64MPa$、$\tau_\alpha = 5.98MPa$，

$\sigma_1 = 80MPa$、$\sigma_2 = 0MPa$、$\sigma_3 = -20MPa$，$\alpha_0 = 26.53°$，

$\tau_{max} = 50MPa$

6-5　（a）$\sigma_1 = 4.7MPa$，$\sigma_3 = 0$，$\sigma_3 = -84.7MPa$，$\tan2\alpha = 0.5$，$\alpha = 13.3°$，

$\tau_{max} = 44.7MPa$；

（b）$\sigma_1 = 0$，$\sigma_2 = -4.3MPa$，$\sigma_3 = -45.6MPa$，$\tan2\alpha = 4$，$\alpha = 38°$，

$\tau_{max} = 20.65MPa$

6-6　A点：$\sigma_x = -93.75MPa$，$\sigma_y = 0MPa$，$\tau_{xy} = 0MPa$；

$\sigma_1 = 0MPa$，$\sigma_2 = 0MPa$，$\sigma_3 = -93.75MPa$；$\tau_{max} = 46.875MPa$；

B点：$\sigma_x = -46.875MPa$，$\sigma_y = 0MPa$，$\tau_{xy} = 14.06MPa$；

$\sigma_1 = 3.9MPa$，$\sigma_2 = 0MPa$，$\sigma_3 = -50.7MPa$；$\tau_{max} = 27.3MPa$；

C点：$\sigma_x = 0MPa$，$\sigma_y = 0MPa$，$\tau_{xy} = 18.75MPa$；

$\sigma_1 = 18.75MPa$，$\sigma_2 = 0MPa$，$\sigma_3 = -18.75MPa$；$\tau_{max} = 18.75MPa$

6-7　$\sigma_1 = 10.62MPa$，$\sigma_2 = 0$，$\sigma_3 = -0.07MPa$；$\alpha_0 = 4.73°$

6-8　（1）$\sigma_1 = 150MPa$，$\sigma_2 = 75MPa$，$\sigma_3 = 0$，$\tau_{max} = 75MPa$；

（2）$\sigma_\alpha = 131MPa$，$\tau_\alpha = -32.5MPa$

6-9　（a）$\sigma_1 = 50MPa$、$\sigma_2 = 50MPa$、$\sigma_3 = -50MPa$，$\tau_{max} = 50MPa$；

（b）$\sigma_1 = 50MPa$、$\sigma_2 = 37MPa$、$\sigma_3 = -27MPa$，$\tau_{max} = 38.5MPa$；

（c）$\sigma_1 = 130MPa$、$\sigma_2 = 30MPa$、$\sigma_3 = -30MPa$，$\tau_{max} = 80MPa$

6-10　$\tau = 15MPa$；$\sigma_1 = 0MPa$，$\sigma_2 = 0MPa$，$\sigma_3 = -30MPa$

6-11　略

6-12　（1）$\sigma_{-60°} = -5.02MPa$，$\tau_{-60°} = 1.06MPa$；

（2）$\sigma_1 = 11.46MPa$，$\sigma_2 = 0$，$\sigma_3 = 5.09MPa$，主方向：$\alpha_0 = 33.68°$

6-13　圆心坐标 $C(120MPa, 0)$，应力圆半径 $R = 100MPa$

6-14　$F = \dfrac{E\pi d^2(\varepsilon' + \varepsilon'')}{4(1 - \nu)}$

6-15　$T = \dfrac{\sqrt{3}E\pi d^3\varepsilon_{-30°}}{24(1 + \nu)}$

6-16　$F = 125.5kN$

6-17　（1）$\sigma_3 = -40.8MPa$，$\sigma_1 = \sigma_2 = 0$，$\varepsilon_1 = \varepsilon_2 = 174.9 \times 10^{-6}$，$\varepsilon_3 = -582.9 \times 10^{-6}$；

（2）$\sigma_3 = -101.9MPa$，$\sigma_1 = \sigma_2 = -23.7MPa$，$\varepsilon_2 = \varepsilon_3 = 2 \times 10^{-4}$，$\varepsilon_1 = -1.25 \times 10^{-3}$

6-18　$F = 37.2kN$

6-19　$\sigma_x = 80\text{MPa}$, $\sigma_y = 0$

6-20　$\sigma_{-40°} = 53\text{MPa}$, $\tau_{-40°} = 18.5\text{MPa}$

6-21　（1）$\sigma_x = 63.7\text{MPa}$, $\sigma_y = 0$, $\tau_{xy} = -76.4\text{MPa}$；

　　　（2）$\sigma_{30°} = 114\text{MPa}$, $\sigma_{120°} = -50.3\text{MPa}$, $\tau_{30°} = -10.6\text{MPa}$；

　　　（3）$\sigma_1 = 114.6\text{MPa}$, $\sigma_2 = 0$, $\sigma_3 = -51\text{MPa}$, $\alpha_0 = 33.7°$

6-22　$\sigma_{\max} = 130\text{MPa}$, $\sigma_{\min} = -30\text{MPa}$, $\tau_{\max} = 80\text{MPa}$,

　　　$\sigma_1 = 130\text{MPa}$, $\sigma_2 = 30\text{MPa}$, $\sigma_3 = -30\text{MPa}$

第 7 章

7-1　略

7-2　略

7-3　略

第 8 章

8-1　$W \leqslant 22.62\text{kg}$

8-2　杆AC：$\sigma_{AC} = 103\text{MPa} < [\sigma]$，杆$BC$：$\sigma_{BC} < [\sigma^+]$，结构校核安全

8-3　$d = 9\text{mm}$

8-4　$[F] = 57.6\text{kN}$

8-5　（1）$P = 42.41\text{kW}$；（2）$d = 40\text{mm}$；（3）略

8-6　$\tau_{\max} = 79.58\text{MPa} < [\tau] = 80\text{MPa}$，结构强度满足要求

8-7　$n = 2$

8-8　$b = 30\text{mm}$, $h = 2b = 60\text{mm}$

8-9　$\sigma_{\max} = 75.45\text{MPa} < [\sigma] = 80\text{MPa}$，梁强度满足要求

8-10　$\sigma_A^+ = 24.09\text{MPa} < [\sigma^+] = 25\text{MPa}$, $\sigma_A^- = 15.12\text{MPa} < [\sigma^-] = 40\text{MPa}$,

　　　$\sigma_B^- = 18.07\text{MPa} < [\sigma^-] = 40\text{MPa}$，梁强度满足要求

8-11　$[q] = 15.68\text{kN/m}$

*8-12　（1）正方形截面，$b = 92\text{mm}$；（2）工字形截面，取 No.18 工字钢

8-13　$d = 10\text{mm}$

8-14　$\tau = 22.10\text{MPa} < [\tau] = 60\text{MPa}$，剪切强度满足

　　　$\sigma_{bs} = 20.83\text{MPa} < [\sigma_{bs}] = 125\text{MPa}$，挤压强度满足

8-15　设计键的长度 $l = 90\text{mm}$

8-16　$\tau = 45.85\text{MPa} < [\tau] = 56\text{MPa}$，满足剪切强度要求

　　　$\sigma_{bs} = 91.90\text{MPa} < [\sigma_{bs}] = 200\text{MPa}$，满足挤压强度要求

8-17　$\delta = 19.1\text{mm}$

8-18　$l = 213\text{mm}$

8-19 （1）$\sigma_{r1}=\sigma_1=100\text{MPa}$，$\sigma_{r3}=100\text{MPa}$，$\sigma_{r4}=87.18\text{MPa}$；

（2）$\sigma_{r1}=10\text{MPa}$，$\sigma_{r3}=60\text{MPa}$，$\sigma_{r4}=52.92\text{MPa}$

8-20 $\sigma_{r2}=34.44\text{MPa}<[\sigma]$，故满足强度要求

8-21 $\sigma_{r1}=\dfrac{pD}{2\delta}\leqslant[\sigma]$，$\sigma_{r3}=\dfrac{pD}{2\delta}\leqslant[\sigma]$，$\sigma_{r4}=\dfrac{\sqrt{3}\,pD}{4\delta}\leqslant[\sigma]$

8-22 $\sigma_{r2}=26.6\text{MPa}<[\sigma_t]=30\text{MPa}$，强度符合要求

8-23 （1）略；（2）$\sigma_{r4}=72.1\text{MPa}\leqslant[\sigma]=80\text{MPa}$，该容器的强度符合要求

8-24 $\sigma_{\max}=79.1\text{MPa}$

8-25 截面 A 为折杆的危险截面

8-26 8 倍

8-27 $[F]=50\text{N}$

8-28 $\sigma_A=26.45\text{MPa}<[\sigma^+]=30\text{MPa}$，$|\sigma_B|=32.69\text{MPa}<[\sigma^-]=80\text{MPa}$，压力机框架立柱的强度满足要求

8-29 两根 No.18a 槽钢

8-30 $F=12000\text{N}=12\text{kN}$

8-31 $\sigma_{\max}=55.8\text{MPa}<[\sigma]=160\text{MPa}$，强度满足要求

8-32 $\sigma_{(2)}=151\times10^6\text{Pa}=151\text{MPa}<[\sigma]$，安全

8-33 $W=788\text{N}$

8-34 $d=60\text{mm}$

8-35 $\sigma_{r4}=112.5\text{MPa}<[\sigma]$，曲轴满足强度要求

8-36 $d=30\text{mm}$

8-37 $d\geqslant72\times10^{-3}\text{m}=72\text{mm}$

*8-38 $\sigma_{r3}=84.44\text{MPa}<[\sigma]=100\text{MPa}$，强度满足要求

第 9 章

9-1 5mm

9-2 $F=1931\text{kN}$

9-3 $\Delta_C=0.69\text{mm}$

9-4 2.947mm，5.286mm

9-5 $\dfrac{4}{5}l$

9-6 $\Delta D=-0.0179\text{mm}$

9-7 $\varphi_{EA}=-0.0004835\text{rad}$，端面 E 相对端面 A 顺时针转动

9-8 $d_1=91\text{mm}$，$d_2=80\text{mm}$，$d=91\text{mm}$

9-9 $M_1=5.23\text{kN}\cdot\text{m}$，$M_2=10.5\text{kN}\cdot\text{m}$

9-10 $E = 216\text{GPa}$, $G = 81.72\text{GPa}$, $\mu = 0.32$

9-11 （1）$M_e = 2.2\text{kNm}$；（2）$\varphi_B = 9.17°$

9-12 $\varphi_C = \dfrac{209 M_e l}{4\pi G d_2^4}$

9-13 $(\tau_{\max})_{AD} = 51.6\text{MPa} < [\tau] = 60\text{MPa}$，$(\tau_{\max})_{CB} = 15.3\text{MPa} < [\tau] = 60\text{MPa}$

所以，该轴的强度满足要求。

$\dfrac{|\varphi'_{AD}| - [\varphi']}{[\varphi']} \times 100\% = 5.6\% > 5\%$ ，所以该轴的刚度不满足要求。

9-14 （a）$w_A = w_B = 0$；（b）$w_A = w_B = 0$；（c）$w_A = 0$，$w_B = -\Delta_{BC}$；（d）$w_B = 0$，$\theta_B = 0$

9-15 略

9-16 18 工字钢

9-17 $w_A = \dfrac{F(l + a)k}{l}\left(1 + \dfrac{a}{l}\right) + \dfrac{F}{3EI}(a^3 + a^2 l)$

9-18 （a）$\theta_B = \dfrac{Fa(2b + a)}{2EI}$（逆时针），$w_A = \dfrac{Fa(2a^2 + 6ab + 3b^2)}{6EI}$（↓）

　　　（b）$\theta_B = \dfrac{9Fl^2}{16EI}$（逆时针），$w_C = \dfrac{Fl^3}{12EI}$（↓）

　　　（c）$\theta_A = \dfrac{ql^3}{12EI}$（逆时针），$w_A = \dfrac{ql^4}{16EI}$（↑）

　　　（d）$\theta_B = \dfrac{b^3 - 4a^2 b}{24EI}$（逆时针），$w_C = \dfrac{q(b^3 a - 4a^3 b - 3a^4)}{24EI}$

9-19 $w_D = \left(\dfrac{1}{2A} + \dfrac{5a^4}{24I}\right)\dfrac{qa^2}{E}$（↓），$\theta_D = \dfrac{qa}{2EA}$（逆时针）

9-20 $b = 90\text{mm}$，$h = 180\text{mm}$

9-21 $w = 22.5\text{mm}$

9-22 $w_B = \dfrac{Fl^3}{48EI}$，$\theta_B = \dfrac{Fl^2}{8EI}$

9-23 $W_z \geqslant 62.5 \times 10^{-6}\text{m}^3 = 62.5\text{ cm}^3$，$I_z \geqslant 1.17 \times 10^{-5}\text{m}^4 = 1170\text{ cm}^4$，可选择 18 工字钢

9-24 $F = \dfrac{3}{4}ql$

9-25 $\dfrac{M_{e1}}{M_{e2}} = \dfrac{1}{2}$

9-26 （b）梁的最大挠度比（a）梁的要大

9-27 （1）$\dfrac{q_0 l^2}{16}$；（2）$\dfrac{\sqrt{3} q_0 l^2}{27}$；（3）$-\dfrac{q_0}{l} x$

9-28 $M_{max} = \dfrac{9 q_0 l^2}{128}$

9-29 （1）$\sigma_{max} = 9.8\text{MPa}$；（2）$w = 6\text{mm}$，$\tan\alpha = \dfrac{w_z}{w_y} = 0.4615$，$\alpha = 24.8°$

9-30 $|w_C| = 2.45 \times 10^{-5}\text{m} < [w] = 5 \times 10^{-5}\text{m}$，故梁的刚度满足要求

第 10 章

10-1 $F_{cr} = 24.2\text{kN}$

10-2 （1）a 图压杆的临界载荷较大；（2）$F_{cr1} = 2.6 \times 10^3 \text{kN}$，$F_{cr2} = 3.21 \times 10^3 \text{kN}$

10-3 $\sigma_{cr} = 7.39\text{MPa}$

10-4 $\sigma_{cr} = 65.8\text{MPa}$，$F_{cr} = 3.95\text{kN}$

10-5 $F_{cr} = 77.1\text{kN}$

10-6 $n = 11.5 > [n]_{st} = 10$，该压杆满足稳定性要求

10-7 $d = 24.6\text{mm}$

10-8 $\sigma = 1.59\text{MPa} < [\sigma_{cr}]$，满足稳定性要求

10-9 $\dfrac{l}{D} = 65$，$\sigma_{cr} = 197.4\text{MP}$

10-10 $l_{min} = 1.83\text{m}$

10-11 压杆稳定

10-12 结构稳定

10-13 $n = 2.88$

10-14 $[F] = 32.56\text{kN}$

10-15 $n = 1.695 > n_{st} = 1.6$，立柱的稳定性满足要求

第 11 章

11-1 $F_A = \dfrac{2}{3} F$，$F_C = \dfrac{1}{3} F$，最大轴力 $F_{NAB} = \dfrac{2}{3} F$

11-2 $[F] = 742\text{kN}$

11-3 $A = 400\text{mm}^2$

11-4 $F_{NC} = 3.6\text{kN}$，$F_{ND} = 7.2\text{kN}$；$F_{Ax} = 0$，$F_{Ay} = -4.8\text{kN}$

11-5 $\quad T_1 = \dfrac{G_1 I_{p1} M_e}{G_1 I_{p1} + G_2 I_{p2}}, \quad T_2 = \dfrac{G_2 I_{p2} M_e}{G_1 I_{p1} + G_2 I_{p2}}$

11-6 $\quad d = 58\text{mm}$

11-7

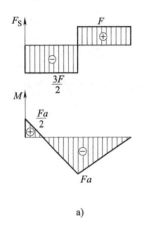
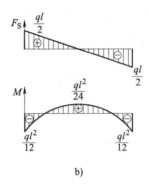
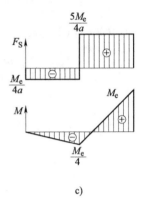

a)   b)   c)

习题 11-7 解图

11-8 略

11-9 $\quad \Delta l_{CB} = 1.75\text{mm}$

11-10 $\quad \sigma = 75.6\text{MPa}, \quad F_A = F_B = 37110\text{N}$

11-11 $\quad 12.15\text{MPa}, \quad 34.43\text{MPa}$

11-12 $\quad \tau = 22.65\text{MPa}$

11-13 $\quad \delta = \dfrac{7ql^4}{72EI}$

*11-14 $\quad M_A = \dfrac{4EI\theta}{l}, \quad M_B = \dfrac{2EI\theta}{l}, \quad F_A = F_B = \dfrac{6EI\theta}{l^2}$

参 考 文 献

[1] 王永廉，唐国兴. 理论力学 [M].3 版. 北京：机械工业出版社，2019.

[2] 王永廉. 材料力学 [M]. 北京：机械工业出版社，2017.

[3] 王琪，谢传锋. 理论力学 [M].3 版. 北京：高等教育出版社，2021.

[4] 单辉祖，谢传锋. 工程力学：静力学与材料力学 [M]. 北京：高等教育出版社，2021.

[5] 孙伟，陈建平，范钦珊. 工程力学 [M]. 北京：机械工业出版社，2021.

[6] 蒋持平. 材料力学常见题型解析及模拟题 [M]. 北京：国防工业出版社，2009.

[7] 邓宗白，陶阳，吴永瑞. 材料力学 [M]. 北京：科学出版社，2021.

[8] 哈尔滨工业大学理论力学教研室. 理论力学习题全解 [M]. 北京：高等教育出版社，2017.

[9] 铁木辛柯. 材料力学史 [M]. 常振檝，译. 上海：上海科学技术出版社，1961.

[10] 希伯勒. 工程力学：静力学与材料力学　原书第 3 版 [M]. 影印版. 北京：机械工业出版社，2018.

[11] 王铎，程靳. 理论力学解题指导及习题集 [M].3 版. 北京：高等教育出版社，2005.

[12] 蒋平. 新编工程力学基础 [M]. 北京：机械工业出版社，2012.